研究问题、输入学理、整理国故、再造文明。

——胡适：『「新思潮」的意义』，《新青年》，第 7 卷第 1 号，1919 年 12 月

乐嘉藻　　乐嘉藻的中国建筑史研究延续了传统经学的方法，并在此基础上借鉴了文献与实物相互参证的考古学方法、图像与实物相参证的美术史学方法，以及死标本和活化石相互参证的民俗学方法。

朱启钤　　如同一位都料匠，朱启钤首先为中国建筑史这一学术领域的界定和发展勾勒了草图。

梁思成　　如同一位大木匠，梁思成以对古代法式的解读、对重要历史个案的发现和调查，以及在此基础上对中国建筑结构与风格演变规律的把握，从建筑学的角度建构了中国建筑史的叙述框架。

刘敦桢　　如同一位瓦石匠，刘敦桢以其对中国营造学几乎全方位研究所获得的材料，为中国建筑史这座学术殿堂划分了空间、砌筑了墙体。

林徽因　　如同一位彩绘师，林徽因为这座殿堂点染的彩画则凸显了这座古老建筑的结构之美与现代意义。

童　寯　　回溯中国建筑的史学史，我们可以清楚地看到童寯研究的意义。这就是在广泛地了解世界建筑发展潮流的同时，将中国营造学社从结构技术角度对中国建筑的研究引向了空间和环境体验。

鲍希曼　　在20世纪初期，大多数建筑师们并没有接受过中国古代建筑史的教育，那么他们进行中国风格建筑设计所参照的材料是什么？这部分答案其实在于当时的一些出版物，而德国学者鲍希曼的著作就是其中最重要者。

喜龙仁　　梁思成曾在哈佛大学学习美术史，而喜龙仁的著作无疑为他研究中国美术提供了一个直接参考。

中国近代思想史与建筑史学史

Changing Ideals in
Modern China and Its Historiography of
Architecture

赖德霖　著

中国建筑工业出版社

历史的过程不是单纯事件的过程而是行动的过程，它有一个由思想的过程所构成的内在方面；而历史学家所要寻求的正是这些思想过程。一切历史都是思想史。

——柯林武德（Robin G. Collingwood）

《历史的观念》[1]

一切历史都是当代史。

——克罗齐（Benedetto Croce）

《历史学的理论和历史》

本书是一项建筑史学史研究。不同于以历史遗物和历史过往为基本研究材料的建筑史，也不同于围绕着一部史书的编纂过程对相关人和事的记述，建筑史学史关注的是"史学"，即包括历史研究对象、研究方法和叙述方法等问题在内的历史认知模式的发展史。史学史的基本研究对象是历史的书写或文本，建筑史学史的研究对象即是建筑历史叙述本身的建构方式及其背后的思想，形成的历史原因、历史关联和历史过程。如果说建筑史研究的基本对象是建筑的本体论问题，那么建筑史学史研究的则是建筑的认识论问题。

中国第一代现代建筑史家从其起步伊始就伴随着史学史的思考，如林徽因的"论中国建筑之几个特征"（1932年）和梁思成的"乐嘉藻《中国建筑史》辟谬"（1934年）两篇文章无疑就是他们对于前人工作在立论和方法方面的反思甚至批判。1950年代，中国又曾出现过对于梁思成建筑史学的批判，其中包括刘敦桢的重要文章"批判梁思成先生的唯心主义建筑思想"（1955年）。但由于受到了意识形态和政治运动的强烈影响，这一原本应该是中国建筑史学界一次全面而严肃的史学史检讨最终却成为各当事人一段不堪回首的记忆。由于海峡对岸同行学者的介入，有关梁、林所代表的中国营造学社中国建筑史研究的史学史反思在 20 世纪 60 年代末终于成为一个学术话语。[2] 不过尽管有关研究在 1990 年的台湾又见新作，[3] 但之后却再无续话。

对史学史的长期忽视阻碍了中国建筑史研究本身的发展，表现在历史研究的视角有欠开阔，方法论的创新也不够自觉，价值评判标准更是相对单一。多年来，第一代学者的叙述借助经院化的教育主导了社会和业界对于中国建筑传统的认知，这一情形固然表明了前辈研究本身所具有的恒久价值，但同时也无可讳言地折射出历史研究和教育不能"与时俱新"的现状。相对于当前中国城市和建筑实践的蓬勃发展，历史研究在建筑学科中被边缘化的危机已不容学界漠视。建筑史学史研究有助于超越本体论探索，开拓认识论思考，推动建筑思想发展，促进批判性思维，是建筑历史、建筑理论和建筑批评的基础，无疑应该是中国建筑史研究和教学进一步扩展的一个重要方向。

中国建筑史学史的研究在大陆的出现至今尚不足 15 年。而这一话语形成过程本身的历史和历史关联，如传统学术、外来影响、设计实践，乃至更大范围的现代学术史和文化史观照，虽间有研究或已涉及，但依然有待学界更为广泛和深入的探讨。本书拟对几位中国建筑史学奠基人的研究和论著进行史学史分析，主要目的即在弥补这一缺憾。

在中国，有关建筑——包括单体、群体、城市乃至全部人造环境——和建筑活动的记述见诸经、史、子、集各类著作，历史悠久。它们或涉工官制度、匠作则例、人物业绩、宫室纪实、坊巷志略，或关揽胜访古、忆旧谈往、记功铭德、抒怀言志，内容十分丰富，对于理解中国古代的建筑活动、建筑制度和建筑观念至今具有重要价值。不过它们历来只是经学、史学或文学所涉及的部分内容而非史学的一个专门学科。而作为一门以实存为主要证据，探讨和揭示技术进化、风格演变、环境变迁、制度嬗替、思想发展，以及社会与文化关联的独立学科，建筑史学在中国的兴起和形成则是在 20 世纪。建筑史学独立于传统学术而成为一门学科，体现在研究对象、研究方法和叙述方式三个方面的转变。第一，古代建筑物（之后扩展到园林、城市及空间环境，乃至外国建筑）及其技术原理与美学思想成为建筑史研究的基本问题。第二，通过实地考察发现历史实物并以之作为研究的基础成为建筑史研究的基本方法。第三，总结历代建筑结构原理与造型风格演变的特点，揭示建筑活动的赓续，以及多方面的自然、文化和社会关联成为建筑史叙述的基本范式。

针对建筑史研究在欧洲的兴起原因，英国著名建筑史家大卫·沃特金（David Watkin）曾概括指出："在 17 和 19 世纪，对中世纪建筑的研究通常都与对特定的宗教理念的倡导有关，而在 19 世纪它与早期的民族主义的兴起有关。在英国，从 16 世纪到 20 世纪早期，作为一种建筑类型和一个社会焦点，乡村住宅都具有主导性。可以理解，这一情形反映在该国现代建筑写作的范围之中。而建筑史的生产背后有两个最重要和最持久的动力，即实践和对建筑的保护，这一点也已愈发清楚。"[4] 而在 20 世纪中国，建筑史研究的开展也有多种契机或起因。例如著名历史学家王国维（1877-1927）在 1917 年发表《殷周制度论》并讨论周代"庙数之制"之前，曾于 1913 年发表《明堂庙寝通考》，显示出他对先秦社会政治与文化制度的全面关注。又如 1910 年代以后，不少现代杂志都曾刊登过有关中国园林的文章，反映出当时正在兴起的旅游文化的影响。[5] 再如 1933 年曾任京师大学堂提调、内务府大臣等职的金梁（1878-1962）根据嘉庆至宣统朝宫史编纂出版了《清宫史略》，这应该是他复清企图的一部分。[6]沃特金提到的民族主义也是中国建筑史研究兴起的一个原因。如1904年康有为在参观欧洲城市和建筑时就注意到，建筑是"文明实据"，所以他说："印、埃、雅典多遗迹，瑰构雄奇尽石工。行遍地球看古物，尚看罗马四三雄。……古物存，可令国增文明。古物存，可知民敬贤英。古物存，能令民心感兴。"[7]以建筑为"文明实据"的观念在中国建筑史研究中首先见诸日本学者伊东忠太（1867-1954）的表述以及关野贞（1868-1935）和常盘大定（1870-1945）编著的《支那佛教史迹》（1925-1928年出版）。之后关野和常盘二人编著的《支那文化史迹》（1939-1941年出版），中国学者汤用彬（1883-？）等编著的《旧都文物略》（1935年初版）和朱偰（1907-1968）编著的《金陵古迹图考》（1936年初版）等书也都是这一观念的体现。

不过，确如沃特金所认为，相对于这些外部的影响，建筑学本身的需要，即实践和对建筑的保护，才是建筑史研究"最重要和最持久的动力"。它们也是20世纪中国建筑史研究新范式形成的关键。实践的前提是对历史建筑在造型、结构和设计原理等各个方面的总结，保护的前提则是在总结的基础上进一步证明历史建筑过去的地位和今天存在的价值。这两个动力在中国知识现代化与文化全球化之后变得尤为强大。这是因为，伴随着西方建筑学作为一门专业学科在中国的播布与生根，外来建筑家和刚刚登上历史舞台的中国现代建筑家们都要面对诸如"中国古代有无建筑学"、"何为传统中国的建筑学"与"中国建筑的特征为何"这样的问题，同时也需要认识外国建筑的发展，进而评价中国建筑学在世界建筑学体系中的地位，以及中国建筑在现代社会条件下存在的必要性及其复兴的可能。

新范式下中国建筑史的研究方法就与

这样的诉求有关。即当历史建筑的研究与今天的设计实践和遗产保护联系在一起之后，建筑史家们就不再满足于仅仅了解建筑事件及其相关历史背景，而且更希望厘清传统营造的原理。设计方法遂成为现代建筑史研究的一个基本问题。由于古代文献并不足以帮助复原传统营造学，历史遗存于是充当了认识过去不可或缺的标本。不仅寻找、发现、记录和鉴定历史遗存成为了建筑史研究的重要内容，而且实物与文献的相互参证也成为新的研究范式。除此之外，新学理和新材料还会带来新的问题，为引发新的历史论述提供可能，最终造成叙述范式的变化。从此建筑物、建筑空间与环境，与建筑相关的科技、美术及其他制度和习俗不再是其他学科的附带内容，而是建筑史这门新学科研究和论述的本体与核心。

研究对象、研究方法和叙述方式都具有历史性，不可避免地会受到时代的影响。

如20世纪初在西方居于主导地位的学院派建筑教育从"构图"和"要素"两方面分析建筑"语言"的方式，考古学和美术史教育中实物调查和通过类型分析与风格比较研究实物的方式都曾影响到中国早期的建筑历史研究。而作为对过往建筑传统的回溯、发现、整理、选择、重新解释与重新建构，历史叙述受史家所处时代的影响更大。这些影响不仅包括20世纪初依然流行的传统史学和不断勃兴的新史学，而且包括中国社会、政治和文化中的民族主义、科学主义、世界主义、无政府主义和马克思主义，建筑专业中的复兴主义和现代主义，此外还有外来建筑学术，即外国学者的建筑史研究在方法上的示范作用，以及他们的建筑史叙述和关于中国建筑的话语对中国学者建构本国建筑史的参考作用。十分显然，较之建筑设计、城市规划和建筑教育等其他研究领域，中国建筑史学史更集中地体现了中国近代建筑史中新旧转型、中外交流与对话、社会思潮影响、现代化与民族性表达等核心议题。因此，研究中国建筑史学史不仅有助于反思中国建筑传统在 20 世纪的发现与建构历程，而且有助于总结中国现代建筑思想和建筑美学并厘清其发展脉络，甚至还有助于推动现代中国的建筑文化史研究并丰富现代中国的社会文化史讨论。

本书将在 20 世纪中国社会政治、思想文化、专业美学和中国风格建筑探索的背景之下，对乐嘉藻（1869-1944）、朱启钤（1871-1964）、梁思成（1901-1972）、刘敦桢（1897-1968）、林徽因（1904-1955），以及童寯（1900-1983）等几位主要的中国建筑史学奠基人的论著进行知识考古学的分析。全书分三篇。第一篇"开篇"以乐嘉藻和朱启钤为例讨论中国建筑史学的现代兴起及其与传统史学、营造学和新史学的关联。第二篇"内篇"将讨论以梁思成、刘敦桢和

林徽因为代表的中国营造学社成员的研究，并以梁林所代表的叙述范式为第一部分，而以刘敦桢所代表的叙述范式为第二部分。第三篇"外篇"讨论中国建筑业界和学界曾经的边缘人物童寯及其对于同样处于主导性中国建筑史论述之外的外国建筑史与中国园林史的研究。笔者的主要目标有三：一是通过追溯作为一门独立学科的建筑史学在中国出现，以及作为一个知识体系的建筑史论述在中国形成的历史和复杂关联，改进或增进学界对于前人学术心路与探索的认识；二是通过历史方法论的分析，对第一代中国建筑史家建构的中国建筑和西方建筑话语进行反思与检讨；三是以 20 世纪最重要的中国建筑史家梁思成亲自参与设计的一个重要建筑个案为例，展现近代中国建筑史话语与"中国风格"建筑创作之间的互动。此外，在着重讨论 20 世纪中国建筑史主导性叙述的同时，笔者还试图以童寯的外国建筑史和中国

园林史研究为例，引发读者对于其他非主导性叙述的关注。总之，本书视"中国建筑传统"为一个开放的话语场。借助分析20世纪代表性中国建筑史家历史建构过程，笔者将进一步揭示他们的历史文本所包含的学术思想、社会影响和文化观念，乃至这些文本与20世纪中国建筑现代化探索与实践之间丰富的历史关联，进而贡献于具有中国特色的建筑学科体系建构和更为多元的具有中国特色的设计实践。

英国历史学家柯林伍德认为，史学家的任务就在于挖掘出历史上的各种思想，而要做到这一点，"唯一的办法就是在他的心灵中重新思想它们。"[8] 意大利历史学家克罗齐说"一切历史都是当代史"，所指是历史学家所在的时空环境及其个人特质都会反映在他对过去的写作之中。[9] 本书就是对于中国建筑史学建构和发展的一次"重新思想"，也是对于20世纪早期中国建筑史文本"当代性"的一次表微发凡。

注释

1　R. G. 柯林武德著, 何兆武、张文杰译《历史的观念》
　　（*The Idea of History*）（北京：中国社会科学院出
　　版社，1986 年），241 页。

2　汉宝德《明清建筑二论》（台北：境与象出版社，
　　1969 年）。

3　夏铸九："营造学社—梁思成建筑史论述构造之理
　　论分析"，《台湾社会研究季刊》，第 3 卷第 1 期，
　　1990 年春季号，6-48 页。

4　Watkin, David, *The Rise of Architectural History*
　　(Chicago: University of Chicago Press, 1980), ix.

5　如周婉："拙政园旅行记"，《妇女杂志》，第 1 卷第 8 号，
　　1915 年 8 月，4 页；胡长风："记拙政园"，《同南》，
　　第 6 期，1917 年，54-55 页；胡石予："游拙政园记"，
　　《新月》，第 1 卷第 2 期，1925 年 11 月，183 页。

6　1919 年金梁曾条陈溥仪："臣意今日要事，以密图
　　恢复为第一。恢复大计，旋乾转坤，经纬万端，当
　　先保护官廷，以固根本；其次清理财产，以维财政。
　　盖必有以自养，然后有以自保，能自养自保，然后
　　可密图恢复，三者相连，本为一事，不能分也。今
　　请次第陈之：一曰筹清理。…… 一、清地产。……

一、清宝物。…… 一曰重保护。保护办法当分旧殿、
古物二类。一、保古物，拟将宝物清理后，即请设
皇室博览馆，移置尊藏，任人观览，并约东西各国
博物馆，借赠古物，联络办理，中外一家，古物公
有，自可绝人干涉。一、保旧殿，拟即设博览馆于
三殿，收回自办，三殿今成古迹，合保存古物古迹
为一事，名正言顺，谁得觊觎。且此事既与友邦联
络合办，遇有缓急，互相援助，即内廷安危，亦未
尝不可倚以为重。…… 此保护官廷之大略也。一曰
图恢复。…… 机事唯密，不能尽言……此密图恢复
之大略也。" 见爱新觉罗·溥仪《我的前半生》（北京：
群众出版社，1983 年），155-156 页。

7　康有为《欧洲十一国游记》（长沙：湖南人民出版社，
　　1980 年），102 页。

8　R. G. 柯林武德著, 何兆武、张文杰译《历史的观念》
　　（*The Idea of History*）（北京：中国社会科学院出
　　版社，1986 年），244 页。

9　参见田时纲："一切历史都是当代史——《克罗齐
　　史学名著译丛》概论"，《哲学动态》，2005 年 12 期，
　　65-68 页。

目　　录

开篇：中国建筑史学的现代兴起

乐嘉藻（1869-1944）
来源：http://baike.baidu.com/link?url=52ADTth1YwHcGK4rFv_I4nc185BdXD-oLHj_q4JW8RcsFxL64SobRvXESEwSxlrRwiCVdG6j9GNKTjS_HcFPd_

朱启钤（1871-1964）
来源：《中国营造学社汇刊》，3卷2期，1932年4月

第 1 章 经学、营造学和新史学：
乐嘉藻与朱启钤

> 本朝学者治经史多分类考究，兹举经部示例，约分六目。一天文历象，……。二地理，……。三典治，……。四氏族姓名，……。五宫室舆服，有程瑶田《释宫小记》、洪颐煊《礼经宫室答问》、胡培翚《宴寝考》、阮元《车制图考》、郑珍《轮舆私笺》、任大椿《弁服释例》。六考工，有戴震《考工记图》、程瑶田《考工创物小记》。
>
> ——罗振玉《清代学术源流考》[1]

20 世纪现代中国建筑史学的兴起始于欧洲和日本学者的考察和论述。据王军统计，在 1930 年以前，由外国学者编著的关于中国建筑的书籍包括法国学者伯希和（Paul Pelliot，1878-1945）的《敦煌图录》（*Les grottes de Touen-houang*）（1920 年出版）和谢阁兰（Victor Segalen，1878-1919）的《考古图谱》（*Mission archéologiqueen Chine*，两卷）（1923-1924 年出版），德国学者鲍希曼（Ernst Boerschmann，1873-1949）的《中国的建筑与景观》（*Baukunst und Landschaft in China*）（1923 年出版）和《中国建筑》（*Chinesische Architektur*，两卷）（1925 年出版），瑞典学者喜龙仁（Osvald Sirén，1879-1966）的《中国早期艺术史·建筑卷》（*A History of Early Chinese Art. Vol 4. Architecture*）（1930年出版），以及日本学者伊东忠太和关野贞合著的《东洋建筑》（1925

年出版），关野贞和常盘大定合著的《支那佛教史迹》（第 1-5 卷）
（1925-1928 年出版），伊东忠太、关野贞和塚本靖（1869-1937）
合著的《支那建筑》（上、下卷）（1928-1929 年出版）。[2] 除此之外，
还有英国传教士、汉学家艾约瑟（Joseph Edkins，1823-1905）所
著的论文 "中国建筑"（Chinese Architecture）（1890 年发表），[3]
由 1908 年在北京成立的西人组织 "中国纪念建筑学会" 的书记马
克密（Fredrick McCormick）编著的《中国的纪念建筑》（China's
Monuments）（1912 年出版），[4] 法国汉学家戴密微（Paul Demié-
ville，1894-1979）所著的论文 "评宋李明仲营造法式"（Edition
photolithographique de la Méthode d'architecture de Li Ming-
tchong des Song）（1925 年发表），[5] 美国建筑师茂飞（Henry K.
Murphy，1877-1954）所著的论文 "中国建筑的文艺复兴——在
现代公共建筑中采用过去的伟大风格"，[6] 英国学者叶慈（Walter
Perceval Yetts，1878-1957）所著的论文 "营造法式之评论"（A
Chinese Treatise on Architecture）和 "论中国建筑"（Writings
on Chinese Architecture）等。[7] 而英国建筑史家福格森（James
Fergusson，1808-1886）在其《印度和东方建筑史》（History of
Indian and Eastern Architecture）（1891 年出版）和弗莱彻尔父
子（Banister Fletcher，1833-1899/1866-1953）在其《比较法建
筑史》（A History of Architecture on the Comparative Method）
（1901 年第 4 版）中也都有对于中国建筑的介绍。这些著作首先将
建筑作为独立的研究对象，并展现了多种研究方法的可能性，其中
有考古学式的对于古迹遗存的考察记录，有人类学式的对于建筑类
型意义和装饰题材象征的推测解读，有历史学式的对于古代文献建
筑记载的钩沉索引，还有美术史式的对于风格演变的比较判断。一
些学者还以编年的方式或分类的方式概括中国建筑的发展演变过程
和特点。他们的工作为 1930 年代以后现代中国建筑史家们的研究
提供了史料的准备、方法的参照，甚至立论的借鉴。

　　不过，在强调外国建筑学术和历史观念对于现代中国建筑史学
建立的革命性影响的同时，我们不应忽视传统学术在建筑研究方面

的持续和发展。事实上，外来学术和本土传统学术构成了现代中国建筑史学的建立在专业上的内外两种动因。

20世纪初期延续了传统学术方法的建筑研究著作包括近代杰出学者王国维所作的《明堂庙寝通考》（1913年出版），曾任清翰林院编修、京师大学堂提调等职的金梁根据嘉庆至宣统朝宫史所编的《清宫史略》（1933年出版），以及中国营造学社创社初期的许多版本学和校勘学研究。此外还有许多与建筑相关的游记。[8] 但是伴随着中国近代学术革命，一些学者在继承传统学术方法的同时，也在探索新的研究方法。其中的代表人物就是乐嘉藻和朱启钤。他们的研究代表了中国建筑史研究从传统到现代的过渡和转型。

一、乐嘉藻

乐嘉藻，字彩臣（彩澄），贵州黄平人。清光绪十九年（1893）恩科举人，1895年赴北京会试，曾参加康有为发起的"公车上书"，不久赴日考察学务。此后投身多项政治、教育和工商业的改革事业，如1904年参与创办贵州第一所新式学校蒙学堂，并为贵州科学会（1904年成立）会员，1905年创设实质学堂，1907年参与创办《黔报》，任编辑。1909年被举为贵州谘议局议长，先后三次赴京请愿，要求速开国会。1910年因慨捐图书银两计至4,000两之多而获贵州巡抚庞鸿书奏请奖给主事，[9] 1911年起担任贵州军政府枢密院枢密员，1913年起任天津工商陈列所所长，兼办中国参加巴拿马国际博览会赛事事宜，后补农商部主事，1931年时任北平大学艺术学院建筑系讲师，教授庭园建筑法，1941年故于北京。著作有《大会参观日记》（三卷）、《东美调查日记》（一卷）（见《巴拿马赛会直隶观会丛编》，1921年）。从乐的这些经历可以看出，他是一位具有深厚的国学根底，同时又颇具革新思想和国际视野的中国文人。

乐在《中国建筑史》一书的前言中说："嘉藻自成童之年，即留心建筑上之得失，……民国以后，往来京津，始知世界研究建筑，亦可成一种学问。偶取其书读之，则其中亦有论及我国建筑之处，终觉情形隔膜，未能得我真相。民国四年，至美国旧金山，参加巴拿马赛会，因政府馆之建筑，无建筑学家为之计划，未能发挥其固有之精神，而潦草窳败之处，又时招外人之讥笑，致使觉本国建筑学之整理，为不可缓之事。"从 1930 年起，乐开始发表有关建筑研究的文章或论文，其中包括"北平旧建筑保存意见书"（《大公报》（艺术半月刊），1930 年，14-15 期 ）、"中国建筑之美"（《大公报》（艺术半月刊），1930 年，19 期 ）、"中国苑囿园林考"（《美术丛刊》，1931 年，1 期 ）、"中国建筑屋盖考"（《河北第一博物院半月刊》，1931-1932 年，第 3-13 期 ）、"中国塔考"（《河北第一博物院半月刊》，1932-1933 年，第 30-53 期 ）、"轩考"（《河北博物院画刊》，1935 年，80、82、84 期 ），以及"斗栱考"（《河北博物院画刊》，1936 年，104、106、107、110、112 期 ）等。[10] 而他最重要的著作则是他在 1933 年自费出版的《中国建筑史》。该书是 20 世纪中国学者撰写的第一部本国建筑史，无疑具有开创意义。不过由于它在出版翌年便受到了梁思成的尖锐批评，又由于梁本人所开创的中国建筑史研究新范式迅速获得学界乃至社会的认可，所以作者的观点长期得不到主流话语的重视。尽管乐提出的许多话题都被后人继续讨论，一些方法也被后人继续采用，但他的贡献依然没有获得应有的承认。在此笔者试图在中国建筑史学现代转型的背景下重新反思乐著的内容和研究方法，不仅是为重新评价他的贡献，而且也是为进一步厘清中国建筑史学现代转型的轨迹。

　　出自一名传统教育出身、具有深厚国学根基的学者之手，乐嘉藻的中国建筑史研究在内容上和基本方法上都明显受到了传统经学的影响，具体表现在他对建筑名物和门、宫室、都城和明堂等礼制制度问题的重视。

　　经学是研究儒家经典的学问，这些经典包括《易经》《诗经》《尚书》《春秋》《论语》《孝经》《尔雅》《孟子》，以及"三礼"——《仪礼》《周礼》和《礼记》等著作。而名物研究本是经学的一个分支，它主要是对经传中出现的动植物、车马、宫室、冠服、星宿、山川、郡国，以及职官的得名由来、异名别称、名实关系、渊源流变进行对照考查,进而研究相关的文化内涵、典章制度和风俗习惯。[11] 名物制度的考订曾是清代学术尤其是乾嘉以来经学研究的一个重要内容。学者们从考证经史文献记录的名物入手,试图重建古代社会生活的原貌。所以名物研究也是中国传统史学研究的一部分。如经学大师江永在《乡党图考》一书中就试图通过整理经传中记录的图谱、圣迹、朝聘、宫室、衣服、饮食、器、容貌,以及杂典等九类名物制度,对周代知识阶层的生活进行阐发。[12]

名物学对乐嘉藻的影响首先体现在他对各类建筑名称的由来及演变的关注。在这方面,他的基本方法是查考文献。例如,他在"楼观"、"阁"、"庭园建筑"、"亭"、"坊"等章中分别引用了《尔雅》《说文解字》、《释名》、《广雅》等辞书的解释。这些辞书在中国传统的四部书目分类体系中属于经部。而他引用的其他各部文献就更多。仅如"桥"一章就不仅有经部的《孟子》、《大雅》和《仪礼》,还有《史记》、《唐六典》、《元和志》、《旧唐书》、《华阳国志》、《沙州记》、《庄子》,以及《花笑廎杂笔》等共十余种史、子部和集部书籍。

除钩稽文献之外,乐还采用了经学研究中常用的训诂方法。如他解释"宫"一词说:"所谓宫者,即建于空地之上。古文'宫'字,即象此形'宫',其三面之墙,中两方形,则两环堵之室也。"而在另一篇讨论斗栱的论文中他解释说:"斗栱之拱,恰效两手对举之形,故即名之曰共。而因字形之孳乳,遂又易为拱、为栱矣。"[13] 他的解释得自训诂学中的"形训",即从字形的角度对名词的意义进行解释。

通过名物的考证,乐试图揭示某类建筑或建筑要素的原初构成以及功能。除"宫"和"斗栱"二例,他在解释楼观建筑时也说:"楼者,台上之建物也。其本名曰'榭',曰'观'。……《尔雅》曰:'四方而高曰台,狭而修曲曰楼。'《说文》曰:'榭,台有屋也。'……以观为建筑物之名,当始于周。《三辅黄图》曰:'周置两观以表宫门,登之可以远观,故谓之观。'《左传》'僖五年,公既视朔,遂登观台。'《礼记·礼运》'昔者仲尼与于蜡宾,事毕,出游于观之上'皆是也。"

乐还关心一些建筑构筑物名称的沿革。如在《中国建筑史》的

第二编（上）第八章"坊"中，他详细介绍了不同时期这一构筑物的名称，其中有周代的"揭橥"、汉代的"华表"、北魏至北宋的"乌头门"、五代的"缀楔"，以至于后世的"牌坊"和"棂星门"。对于乐嘉藻，排比建筑要素名称的沿革就体现了一种历史的发展。

经学传统对乐嘉藻影响的另一个表现是他对"三礼"所规定的建筑制度的重视，并以之作为看待后世对应建筑或城市设计的基础。这些礼制制度包括都城之制（或称"营国制度"）、宫室之制、门制，以及明堂之制。

乐对都城制度的讨论见于《中国建筑史》的第二编（下）第一章"城市"，在其中他以《周礼·考工记》记载的周王城（东都）为原型参考讨论了中国几个重要朝代都城宫殿在城市中的位置。这些都城包括周东都、隋唐、宋东京、元大都、金中都，以及明清北京。他认为明代的北京城"盖合周、隋两代之制而参用之矣。"

乐对宫室之制的关注见于《中国建筑史》的第二编（下）第二章"宫室"，其中他讨论了周朝"三朝"加"寝"和"市"的"前朝后市"之制在隋后各朝宫室建筑中的不同表现、继承与创新。

乐对门制的讨论见于《中国建筑史》第二编（上）第九章"门"，在其中他介绍了周代士大夫、诸侯和天子等不同等级的门制，即他所说："士大夫皆二门，诸侯则三门，前为墙门两重，一曰'库门'，二曰'雉门'，其制皆台门也，三曰'路门'，当士大夫之寝门，制度亦略相等。天子亦有三门，一曰'皋门'，为台门之制，二曰'应门'，为观阙之制，三亦曰'路门'，与诸侯者同而较为复杂。"以周代门制为参照，他又结合文献记载或实物讨论了后世一些宫殿门阙的设计。

必须指出的是，乐说"天子亦有三门"并不符合《礼记·明堂位》中的记述："天子五门：皋、库、雉、应、路"。他的这一说法当采自清代著名学者、经学家戴震，后者在《三朝三门考》一文中即认为天子宫门有皋、应、路三门，而古传天子有皋、库、雉、应、路五门的说法"失其传也"。乐认为诸侯有库、雉、路三门和周代宫室有外、内（治）、燕三朝的看法也与戴同。[14] 不过他认为紫禁城太和门即周之路门，太和三殿当周之路寝——"天子之正室也"，完全没有考虑清朝太和三殿的实际功能，不能不说是有失牵强。但他从礼制的角度解释紫禁城中轴线诸门设计和宫室布局的尝试在包括刘敦桢在内的许多后继学者的研究中得到发展，适足证明其方法不谬（详见表1-1）。

除门、都城和宫室三种制度之外，乐还在《中国建筑史》的第二编（下）第三章中对经学研究中另一个众说纷纭的制度——明堂——进行了讨论。夏、商、周三代明堂之制见于《周礼·考工记·匠人》、《大戴礼记·明堂》、《礼记·月令》等历史文献，历代经学对其功能和布局都曾反复考证。据刘昭仁，仅清人专考明堂者就有19家、23篇之多。[15] 1913年王国维在《明堂寝庙通考》一文中也曾对明堂平面布局做过推想，李开认为王的结论与戴庶几一致。[16] 乐嘉藻延续了这一经学传统。他赞同王的观点，但根据实际应用的可能对之进行了修正，即改王所绘复原图明堂之中"太庙"之后的"室"为通向中庭"太室"的"通道"，他说："此于古说皆可通，而于应用上亦全无窒碍。"

身处大变革时代的中国，乐嘉藻也是一名对于新学同样怀有热情的文化人。除继续采用经学研究的方法之外，他在中国建筑史研究中还曾作过一些颇具开创性或时代性的新探索，同样值得今人总结。乐的新探索首先表现在内容上，这就是他将传统经学和史学研究对宫室、明堂、城坊的关注扩展到更广泛的构筑物类型，如台、楼观、阁、亭、塔、桥、坊、门，甚至庭园和庙寺观。其次，在讨论桥和屋盖时他特别提到了结构的做法。第三，在研究金中都的规划设计时，他曾结合历史遗存对原城墙的基址进行复原。此外他还将对城市规划的讨论扩展到地方城镇的形制。更具创意的是，乐将史料的范围扩展到当代摄影与古代绘画。前者弥补了他因经济条件有限，难以进行田野调查的缺憾，后者则为他追踪现存实物的早期原型提供了视觉依据。如他书中的一些插图明显是描自鲍希曼的《中国的建筑与景观》和《中国建筑》，[17] 又如他还指出紫禁城角楼的原型可追溯到宋代的界画《黄鹤楼图》（图1-1），而紫禁城文渊

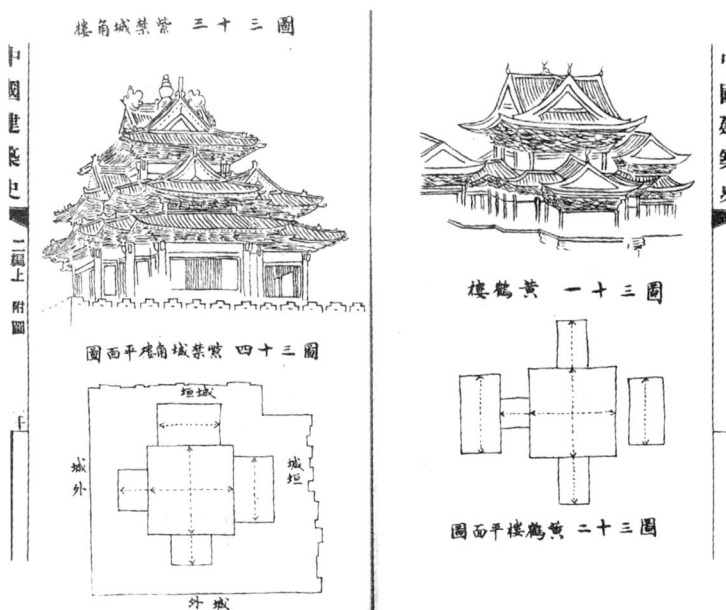

图 1-1　紫禁城角楼与宋画中的黄鹤楼比较
来源：乐嘉藻《中国建筑史》，二编上，附图 31-34。刘敦桢编《中国古代建筑史》（1980 年）图 138-2 "宋画《黄鹤楼图》"即为乐著图三十一所参考之图。

阁东隅碑亭上凸下凹的曲面形屋顶也可在明代仇英的绘画中找到先例（"楼观"）。除此之外，他还试图结合民俗、人类学材料为解释古代建筑的设计提供证据。如他说：

穴居者需平原附近有丘陵之处。若纯为平地，则只能野处。今国内犹存此种习俗，黄河南岸，尚有穴居。（"平屋"）

井干楼又名井干台。……中国建筑纵面用木材者，向皆用立柱支撑，此独用横叠之法，且仅汉魏之间，用于楼台结构。此外殊不易睹。然民间则时时有之。常在黔楚之交，见山中伐薪人，有用此法作临时住屋者。行时拆卸亦甚易，仍作木薪运去。又兴安岭山中索伦人，其平屋有用此法者。美洲红人亦然。合众国总统林肯诞生之屋即此式。盖一种最易成立之营作也。（"楼观"）

北京宫殿坛庙中，间有井亭，形皆正方，其顶空若井口，以便天光下注井中。《辍耕录》记元宫中有盝顶井亭，即属此制。盝字，字书谓与漉同。盝顶，指天光之下漏处也。元宫中又有盝顶殿，想亦不外此制。游牧人所用穹庐，有于顶上正中处，开一穴口，以散烟气，如南方之开天窗然。盝顶之制，想自此变来者也。（"亭"）

1910 年代，王国维在其古史研究中提出以文献和考古学材料作为历史证据的"二重证据法"。1930 年顾颉刚在《中国上古史研究讲义》中说："中国的古史，为了糅杂了许多非历史的成分，弄成了一笔糊涂账。……我们现在受了时势的诱导，知道我们既可用了考古学的成绩作信史的建设，又可用了民俗学的方法作神话和传说的建设，这愈弄愈糊涂的一笔账，自今伊始，有渐渐整理清楚之望了。"[18] 顾以民俗学材料为又一种历史证据的方法被后人称为"三重证据法"。[19] 乐嘉藻堪称是中国建筑史研究中率先使用"第三重证据"的一位先驱。

总之，乐嘉藻的中国建筑史研究延续了传统经学的方法，并在此基础上借鉴了文献与实物相互参证的考古学方法、图像与实物相参证的美术史学方法，以及死标本和活化石相互参政的民俗学方法。虽然其著作在体例上远非系统，在论说上也有欠严密，但在笔者看来，其探索仍不失重要价值。事实证明，许多后起中国建筑史家都借鉴、或不谋而合地关注了乐曾经关注过的问题或采用了他曾经采用过的方法（表 1-1）。

乐嘉藻关注的中国建筑史问题及其研究方法
与其他学者的相关研究举例比较　　　　　　　　　　表 1-1

宫室制度	刘敦桢："六朝时期之东、西堂"，《说文月刊》，第 4 卷，1944 年；刘敦桢主编《中国古代建筑史》（北京：中国建筑工业出版社，1980 年）；于倬云："紫禁城始建经略与明代建筑考"，《禁城营缮记》（北京：紫禁城出版社，1992 年）
都城制度	贺业钜《〈考工记〉营国制度研究》（北京：中国建筑工业出版社，1985 年）；郭湖生《中华古都——中国古代城市史论文集》（台北：空间出版社，2003 年）
明堂制度	王世仁："汉长安城南郊礼制建筑（大土门村遗址）原状的推测"，《考古》，1963 年第 3 期、1963 年 9 月，501-15 页；卢毓骏："中国古代明堂建筑之研究"，卢毓骏《中国建筑史与营造法》（台北：中国文化学院建筑及都市计划学会，1971 年），109-140 页；侯幼彬《中国建筑美学》（哈尔滨：黑龙江科学技术出版社，1997 年）
门制	刘敦桢主编《中国古代建筑史》（北京：中国建筑工业出版社，1980 年）；李允鉌《华夏意匠》（香港：广角镜出版社，1982 年）；萧默："五凤楼名实考——兼谈宫阙形制的历史演变"，《故宫博物院刊》，1984 年第 1 期，76-86 页；吴庆洲："宫阙、城阙及五凤楼的产生和发展演变"，《古建园林技术》，2006 年第 4 期，43-50 页。
单体类型	刘致平《中国建筑类型及结构》（北京：中国建筑工业出版社，1957 年）
庭园建筑／苑囿园林	林语堂《吾国吾民》（1935 年）；童寯《江南园林志》（1937 年完稿）[20]；Henry Inn（阮勉初）& Shao Chang Lee（李绍昌），*Chinese Houses and Gardens*（Honolulu：Fong Inn's Limited，1940）；周维权《中国古典园林史》（北京：清华大学出版社，1990 年）

续表

斗栱	刘致平《中国建筑类型及结构》(北京：中国建筑工业出版社，1957 年)；汉宝德《斗栱的起源》(台北：境与象出版社，1973 年)
名物	刘致平《中国建筑类型及结构》(北京：中国建筑工业出版社，1957 年)；李允鉌《华夏意匠》(香港：广角镜出版社，1982 年)；Feng, Jiren (冯继仁), *Chinese Architecture and Metaphor: Song Culture in the Yingzaofashi Building Manual* (Honolulu: University of Hawai'i Press; Hong Kong: Hong Kong University Press, 2012)
绘画材料	梁思成："我们所知道的唐代佛寺与宫殿"，《中国营造学社汇刊》，第 3 卷第 1 册，1932 年 3 月，75–114 页；刘敦桢："中国古典园林与传统绘画之关系"，1961 年；傅熹年："王希孟《千里江山图》中的北宋建筑"，《故宫博物院院刊》，1979 年第 2 期，50–61 页；刘涤宇："北宋东京的街市空间界面探析——以《清明上河图》为例"，《城市规划学刊》，2012 年第 3 期，111–119 页
民俗材料	杨鸿勋："明堂泛论——明堂的考古学研究"，［日］《东方学报》，第 70 卷，1998 年 3 月，1–94 页

二、朱启钤

与乐嘉藻相比，朱启钤的影响更大，也更重要。这一是因为他在 1919 年首先发现了《营造法式》这部中国现存年代最早的建筑技术专书，二是因为他在 1929 年又发起成立了中国第一个建筑研究的专门组织"中国营造学社"，并延聘和资助了梁思成、刘敦桢和林徽因等学兼中西的建筑学者参与研究。据现存数据，在 1937 年之前，学社所调查的古建筑有 2,738 处，测绘过的重要古建筑有 206 组。至 1945 年学社解散之时，学社成员已经调查了中国 190 个县市。[21]他们不仅为 20 世纪中国建筑史的研究奠定了坚实的基础，还为这项研究建立了新的研究和写作范式。

1930 年 2 月 16 日，朱启钤在中国营造学社成立会上的讲演中说：[22]

本社命名之初，本拟为中国建筑学社，顾以建筑本身，虽为吾人所欲研究者，最重要之一端。然若专限于建筑本身，则其于全部文化之关系，仍不能彰显。故打破此范围，而名以营造学社，则凡属实质的艺术，无不包括。由是以言，凡彩绘、雕塑、染织、髹漆、铸冶、搏埴，一切考工之事，皆本社所有之事。极而推之，凡信仰传说仪文乐歌，一切无形之思想背景，属于民俗学家之事，亦皆本社所应旁搜远绍者。

目前多数有关营造学社的研究都高度评价这位中国古代建筑研究的开拓者与奠基人的领导作用，但对于他的学术思想——他对营造学社研究对象和工作目标的构想——依然重视不足。这一思想的核心就是在他的讲演词中所强调的作为"考工之事"的营造学及其与"全部文化之关系"。朱的建筑考量显然有别于乐嘉藻所重视的名物制度及沿革。要理解他，有必要了解 19 世纪末和 20 世纪初中国传统学术两个重要转变，这就是经世致用学风的普及和新史学的发展。

经世致用的学术主张兴起于明末清初，它强调学术当关注社会现实、有益于治事和救世，并反对空谈心性的学风和脱离实际的考据。如面对晚明的社会政治危机，这一主张最著名的倡导者顾炎武曾尖锐地指出："刘（渊）石（勒）乱华，本于清谈之流祸，人人知之。孰知今日之清谈，有甚于前代者？昔之清谈谈老庄，今之清谈谈孔孟，未得其精而遗其粗。未究其本而辞其末。不习六艺之文，不考百王之典，不综当代之务，举夫子论学、论政之大端一切不问，而曰一贯，曰无言，以明心见性之空谈，代修己治人之实学。股肱惰而万事荒，爪牙亡而四国乱。神州荡覆，宗社丘墟。"[23] 经世致用思想曾极大地影响了有清一代的众多学者、思想家，乃至封疆大吏。[24] 在清末国家危亡之际，甚至历来以"求是"而非"致用"为学术目标的古文家都不能不调整立场。如出于现实关怀，出身经学世家的刘师培与老师章太炎都认同《汉书·艺文志》诸子百家出于王官之论，即儒家出于掌户籍和授田的"司徒之官"，道家出于掌记录史事和保管档案的"史官"，阴阳家出于掌观象授时的"义和之官"，法家出于掌刑狱的"理官"，名家出于掌仪节的"礼官"，墨家出于掌守宗庙的"清庙之守"，纵横家者出于掌使节往来的"行人之官"，杂家出于掌谏议的"议官"，农家出于掌农事的"农稷之官"，小说家出于"稗官"。所以刘师培说，诸子"虽曰沿周官之旧典，实则诸子之学术见诸施用者也，故官吏曹者，当守名家之学；官户曹者，当通儒家之学；官礼曹者，当悉墨家之学；官兵曹者，当知兵家之学；官刑曹者，当习法家之学；官工曹者，当参知农家之学。盖学古人官，必洞明诸子一家之言，斯为致用之学，则天下岂有空言之学哉！"[25]

从未参加过科举，却在 42 岁时就代理国务总理，朱的政治生涯在很大程度上可以说就是经世之学的学习和实践。按照清代杰出的思想家魏源所编的《皇朝经世文编》，"经世之学"主要包括了各种与国计民生相关的事务，如学术、治体、吏政、户政、礼政、兵政、刑政、工政；而户政又分理财、养民、赋役、屯垦、农政、仓储、荒政、漕运、盐课、钱币等。[26]朱虽曾从名师学习举业，并熟稔经书，却因父亲早逝而无功名，甚至没有应过乡试。所幸的是，他从少年时期就寄居外祖父所在的河南臬署（按：即提刑按察使衙），故有机会接触到大量社会事务。19 岁时他又进入姨夫瞿鸿機幕中，随瞿赴四川办理学政。瞿为同治十年（1871 年）进士，选庶吉士，授翰林院编修。光绪元年（1875 年），擢为侍讲学士。光绪二十三年（1897 年）升内阁学士，先后典福建、广西乡试，督河南、浙江、四川学政。1900 年八国联军攻入北京，瞿护送两宫"西狩"（按：即出逃西安），出任工部尚书。1901 年返京后任军机大臣、政务大臣，曾请以策论试士，开经济特科（按：即清末特设选拔洞达中外时务人员的科目）。同年总理各国事务衙门改为外务部，他又任首任尚书。据《清史稿》，瞿"持躬清刻，以儒臣骤登政地，锐于任事。"朱跟随他多年，极大地锻炼了自己的干才，并为日后从政打下了基础。1904 年他效力正在推行新政改革的直隶总督袁世凯。袁是晚清朝廷中的要员，他的成功也是通过实干而非科举。作为他的幕僚，朱先后负责主持天津习艺所工程，担任了京师内城巡警厅厅丞，后又调任外城巡警厅厅丞，创办京师警察市政。1908 年他任蒙务局督办，1910 年任邮传部丞参，兼津浦铁路北段总办，负责筹建山东乐口黄河桥工程，1911 年任津浦铁路督办，1912 年任交通总长，翌年 7 月代理国务总理，9 月任内务总长。1916 年袁世凯病逝，他脱离政界，转向经营山东峄县中兴煤矿公司，又成为一名成功的实业家。[27]

朱不愧是一位官工曹者而参知考工之学的人。在创办京师警察市政之时，他就以务实的态度对待建筑营造，"于宫殿苑囿城阙衙署、一切有形无形之故迹，一一周览而谨识之。"当时学术风气未开，一般学者和士人所关注的建筑，不过是流连景物的《日下旧闻考》和《春明梦余录》中的记录与描写，而作为"司隶之官、兼将作之役"，朱"所与往还者，颇有坊巷编氓、匠师耆宿，聆其所说。实有学士大夫所不屑闻、古今载籍所不经觏。而此辈口耳相传，转更足珍者。"他更还"蓄志旁搜，零闻片语、残鳞断爪，皆宝若拱璧。即见於文字而不甚为时所重者，如《工程则例》之类，亦无不细读而审详之。"民国后，他执掌内务部，兼督市政，于是便立志"举历朝建置、宏伟精丽之观，恢张而显示之。"他先后从事于殿坛之开放、古物陈列所之布置、正阳门及其他市街之改造。通过耳目所触，他"愈有欲举吾国营造之环宝，公之世界之意"。然而每兴一工或举一事，他都深感"载籍之间缺，咨访之无从"，于是蓄意"再求故书，博征名匠"。1918 年朱受时任总统的徐世昌委托，以北方代表身份赴上海出席南北议和会议，经过南京时在江南图书馆发现手抄本宋《营造法式》。他于是"一面集资刊布，一面悉心校读"，"治营造学之趣味乃愈增"，由此而"引起营造研究之兴会"。[28]

《营造法式》在四部书目分类体系中属于史部的政书类，但朱启钤视之为经部《周礼·考工记》的发展。《考工记》记载了先秦近 30 个工种的产品形制和工艺规范，几乎包括了当时所有的手工业部门，是中国现存最早的关于手工业技术的国家规范。然而与传统经学研究对《周礼》名物制度的执迷不同，朱关心的是这本经籍中所记载的工程技术，因此他说："《周礼·考工记》为先秦古籍，殆无可疑。有此一篇，吾曹乃得稍稍窥见古人制作之精宏，与先哲立言之懿美。……言营造学者，所奉为日星河岳者也。"他感叹此后"亦越千有余载，嗣响寂寥"，[29] 所以庆幸有李明仲并称赞他的著作"一洗道器分途、重士轻工之锢习"，因此"今欲研究中国营造学，宜将李书读法用法，先事研穷，务使学者，融会贯通，再博采图籍，编成工科实用之书。"[30]

西方的"建筑学"在 20 世纪初就已传入中国，至 1930 年建筑学教育在中国的高等教育中也已开办多年。它的基础是力学、材料学、机械工学、测量学等现代科技以及西方自希腊罗马时代发展起来的构图法则和形式美原则。而朱"营造学"概念的内涵依然是与传统建筑营造相关的各种法式和做法。如他在介绍中国营造学社的成立过程的同时还拟定了学社工作的三个目标，即"沟通儒匠、濬发智巧"、"资料之征集"和"编辑进行之程序"。在"资料之征集"一项中，他仿照《营造法式》的体例罗列了辞汇、论著、诸例，以及需要记录的各种建筑"法式"，其中包括：大木作（斗科附）、小木作（内外装修附）、雕作（旋作锯作附）、石作、瓦作、土作、油作、彩画作、漆作（释道相装銮附）、砖作（砍凿附）、琉璃窑作、搭材作、铜作、铁作、裱作，以及工料分析和物料价值考，涵盖了传统建筑施工从物料到工艺乃至造价控制几乎所有方面。[31] 朱对于记录、整理和研究传统营造学的用心反映在《中国营造学社汇刊》最初两卷之中。除了介绍《营造法式》和考证李明仲生平之外，两卷《汇刊》最主要的内容是有关元大都宫苑制度、诸作、工料的考证（第 1 卷第 1 册），圆明园遗物与文献、《营造算例》的大木做法（第 2 卷第 1 册），热河普陀宗乘寺诵经亭的遗物与模型、《营造算例》的土作、发券、瓦作、石作做法（第 2 卷第 2 期），《工段营造录》记录的建筑施工技术，以及《营造算例》的桥座分法和琉璃瓦料做法等（第 2 卷第 3 册）。他自己还曾撰写"样式雷考"、[32] 编纂"存素堂入藏图书河渠之部目录"。[33] 这些过去"学士大夫所不屑闻"的知识终因朱的重视而获得了它们在中国文化体系中的地位。

值得一问的是，如果说朱关注中国营造学的实用技术和做法是出于经世致用的目的，那么身处 20 世纪，他又如何看待传统营造学在现代社会之"用"？事实上早在 20 世纪初，中国文化人士就已经认识到建筑是"文明实据"，[34] 朱在民国初年从事的殿坛开放、古物陈列所布置、正阳门及其他市街改造曾使他"愈有欲举吾国营造之环宝，公之世界之意。"从 1910 年代后期到 1920 年代，他有更多机会参与中国风格现代建筑的设计和施工。如 1918 年，北京协和医学院的加拿大建筑师何士（Harry Hussey）曾向他请教中国屋顶的细节问题；[35] 1931 年正在施工的国立北平图书馆（丹麦工程师莫律兰 /V. Leth-Moller 设计）又请营造学社帮助审定和绘制彩画图案。[36] 此外，另有多位中国建筑师加入营造学社，还有一些事务所和学校向学社订制了中国建筑的模型和彩画样本。[37] 可以相信，无论是中外业主还是建筑师都使朱看到了弘扬中国传统建筑艺术并使之发扬光大的需要和希望。

更为难得的是，朱对于建筑还有超乎实用主义的社会和文化关怀。除了整理和记录《考工记》意义上的营造学，朱对中国建筑研究目标的看法与以往文人建筑论述的一个显著不同还在于他对历史因果的关注。如他在"李明仲八百二十周忌之纪念"一文中说：[38]

> 吾曹读《营造法式》，而知北宋建筑之风格，有以异于其他时代也。第一，知北宋疆土削蹙，鲜域外之交，不能广取环材料，以成杰构。燕云既不隶版图，褒斜巴蜀之木，又罄于汉唐累代之撷取，海南异值，复艰于运致。材木之窘乏，殆无逾此时。观《法式》卷四云，凡构屋之制，皆以材为祖，材有八等，度屋之大小，因而用之。其第一等，不过广九寸厚六寸，殿身九间至十一间则用之。以此推之，其局促可想。不似有明能取南海之香木，有清能取辽东之黄松。……第二，知宋代黄金竭乏，素有销金之禁。故彩画制度中，绝少金饰。观《法式》全书，止于第十四卷中衬地之法，有贴真金地一条。至装金镂错乃绝未之及。至于珠玑琼玉之饰，更无论矣。

不难看出，这些因果关系显示出朱对社会、政治和经济等因素对建筑之影响的思考。毋庸怀疑，这种思考首先当出自他长期参预政务和办理实业的体验和感悟，但中国近代以来新史学的发展未始不是另一重要原因。中国史学史的研究已经表明，19 世纪以来，面对种种内忧外患，并伴随着西方学术的引进以及新材料的发现，至 20 世纪初期，中国的历史研究和写作已经发生了巨大的转变，其明显标志一是从传统的"君史"转向了"民史"，即从人类文明史的角度看待过去的一切，二是从传统的"复古史观"和"循环史观"

转向了"进化史观"，即以发展的眼光看待过去的一切。[39] 正如新史学的著名倡导者之一邓实所说："史者，叙述一群一族进化之现象者也，非为陈人塑偶像也，非为一姓作家谱也。是故，所贵乎民史者何？贵其能叙述一群人所以相触接、相交通、相竞争、相团结之道，一面以发明既往社会政治进化之原理，一面以启导未来人类光华美满之文明，使后之人食群之幸福。享群之公利。"[40]

对文明史的关注将史学家们的视角引向了人类生活与活动的各个方面，如伦理、政治、国家、宗教、法律、种族、语言、学术、社会、风俗、交通（中外交流）；而对进化史的关注又将史学家们的思考引向了历史发展的因果关系或动力，如自然条件、经济条件、社会条件、政治条件、文化条件，以及心理条件。20 世纪以来中国涌现出的诸多文学史、哲学史、宗教史、社会史、民族史、中外交通史、美术史，乃至建筑史著作就是新史学兴起后的产物。从公羊学的"三世"观，到"天演论"的进化观，再到辩证唯物主义的发展观，也是新史学发展的结果。

出于对建筑所体现的社会文化的关注，朱在中国营造学社成立之初便向社员们提出了一系列课题。他说：[41]

启钤所有志者，更为一纵剖之工作。自有史以来，关于营造之史迹事也，处民生活之演进，在在与建筑有关。试观其移步换形，而一切跃然可见矣。……凡此皆史承上绝巨问题。即其一而研究之，足以使吾人认识吾民族之文化。更深一层，是宜有一自上而下之表格，以显明建筑兴废之迹。匪独此也。一种工事之盛于某时代、某地域，其背景盖无穷也。齐之丝业发达，自其始封时而已然。有周一代，惟齐衣被天下。……汉初绣业，盛于襄邑，而季汉以来，织锦盛于巴蜀。……试思此于社会经济势力之推迁关系为何等邪？更不独此也。凡工匠之产生，亦与时代有关。名工师之生，有荟集于一时者，有亘数百年而阒然无闻者。契丹入晋，虏其工匠北迁，以达其北朝艺术；……洪武营南京，悉为吴匠。吴匠聚于苏州之香山。永乐营北京，复用北匠，聚于冀州。此其故皆不可不深察也。

朱应该会注意到，在中国营造学社成立之前，日本学者伊东忠太和关野贞已经通过实地考察，分别发现了中国山西大同云冈石窟和天龙山石窟雕刻细部与日本 7 世纪的建筑遗物法隆寺建筑构件造型的相似性，并得出后者受到中国影响的结论。[42] 朱也应该会注意到 1928 年刘敦桢发表的"佛教对中国建筑之影响"一文。[43] 如果营造学是中国建筑史研究的内涵，中外文化交流当就是这一研究的外延。所以他还说：[44]

凡一种文化，决非突然崛起，而为一民族所私有。其左右前后，有相依倚者，有相因袭者，有相假贷者，有相缘饰者，纵横重叠，莫可穷诘，爰以演成繁复奇幻之观。学者循其委以竟其原。执其简以御其变，而人类全体活动之痕迹，显然可寻。此近代治民俗学者所有事，而亦治营造学者，所同当致力者也。

虽然朱启钤与他在中国营造学社的早期社友在研究中国营造学方面所运用的方法尚停留在汇编文献、校勘文本、搜集实物材料，以及寻访匠师耆宿，但他以"一切考工之事"为学社使命，以营造学为研究中心，并以阐明社会文化史为目标的学术思想预示了中国建筑史研究的一场革命。而他的思想在梁思成、刘敦桢，以及林徽因的共同努力下最终也获得了创造性的实现。如同一位都料匠，朱启钤首先为中国建筑史这一学术领域的界定和发展勾勒了草图。如同一位大木匠，梁思成以对古代法式的解读、对重要历史个案的发现和调查，以及在此基础上对中国建筑结构与风格演变规律的把握，从建筑学的角度建构了中国建筑史的叙述框架。如同一位瓦石匠，刘敦桢以其对中国营造学几乎全方位研究所获得的材料，为中国建筑史这座学术殿堂划分了空间砌筑了墙体。如同一位彩绘师，林徽因为这座殿堂点染的彩画则凸显了这座古老建筑的结构之美与现代意义。而协助他们或创造性地发展了他们的工作的营造学社，同仁还有陈明达、刘致平、王世襄、单士元、王璧文、卢绳、莫宗江，以及罗哲文等，更毋需一一列举难以数计的后辈学人。

注释

1　罗振玉《清代学术源流考》（南京：江苏文艺出版社，2011 年），134-135 页。

2　王军："建筑师林徽因的一九三二——谨以此文纪念林徽因一百一十周岁诞辰"，《中国建筑史论汇刊》，第 10 辑，2014 年 10 月，3-20 页。

3　该文英文本发表在 Journal of the China Branch of the Royal Asiatic Society，XXIV，1890，转载于《中国营造学社汇刊》，第 2 卷第 2 册，1931 年 9 月，1-31 页，并附有瞿祖豫中译。

4　McCormick, Fredrick, China's Monuments（Royal Asiatic Society, Shanghai, 1912）

5　该文法文文本发表在 Bulletin de l'Ecolefrançaised' Extrême-Orient，Vol. 25，1925，转载于《中国营造学社汇刊》，第 2 卷第 2 册，1931 年 9 月，213-264 页，并附有唐在复中译。

6　Murphy, H. K., "An Architectural Renaissance in China—The Utilization in Modern Public Buildings of the Great Styles of the Past," Asia 28（June 1928），468-474; 507-509.

7　"A Chinese Treatise on Architecture"（英叶慈博士营造法式之评论），"Writings on Chinese Architecture"（英叶慈博士论中国建筑），《中国营造学社汇刊》，第 1 卷第 1 册，1930 年 7 月，473-492、1-8 页。

8　仅如关于苏州拙政园的游记就有：周婉："拙政园旅行记"，（上海）《妇女杂志》，第 1 卷第 8 号，1915 年 8 月，4；胡长风："记拙政园"，《同南》，第 6 期，1917 年，54-55 页；胡石予："游拙政园记"，《新月》，1 卷第 2 期，1925 年 11 月，183 页。

9　"贵州巡抚庞鸿书奏乐嘉藻慨捐图书请奖给主事片"，《学部官报》，135 期，宣统二年九月（1910

年 10 月）；李希泌、张椒华编《中国古代藏书与近代图书馆史料》（春秋至五四前后）（北京：中华书局，1982 年），164-165 页。

10　陈春生、张文辉、徐荣编《中国古建筑文献指南（1900-1990）》（北京：科学出版社，2000 年），53、289、297、437、537-538 页。

11　参见王强："中国古代名物学初论"，《扬州大学学报（人文社会科学版）》，第 8 卷第 6 期，2004 年 11 月，53-57 页。

12　同上。

13　乐嘉藻："斗栱考"，《河北博物院画刊》，104、106、107、110、112 期，1936 年。转引自乐嘉藻《中国建筑史》（长春：吉林人民出版社，2013 年），107-116 页。

14　刘昭仁《戴学小记：戴震的生平与学术思想》（台北：秀威资讯科技股份有限公司，2009 年），145 页。同样据刘，清代经学家黄以周说"诸侯三门以雉、库、路为次"也与戴的说法相近。（146 页）

15　林尹《大戴礼记今注今译—自序》，转引自刘昭仁《戴学小记：戴震的生平与学术思想》，142 页。

16　王国维《观堂集林》（北京：中华书局，1984 年），第一册卷三，123-124 页。李开《戴震评传》（南京：南京大学出版社，2001 年），105-106 页，转引自刘昭仁《戴学小记：戴震的生平与学术思想》，144 页。

17　赖德霖："鲍希曼对中国近代建筑之影响试论"，《建筑学报》，2011 年第 5 期，94-99 页。本书附篇 1。

18　顾颉刚《中国上古史研究讲义》自序一，1930 年（北京：中华书局，1988 年），1-2 页。

19　王煦华《〈秦汉的方士与儒生〉导读》（上海：上海古籍出版社，1998 年），5-6 页。

20　张帆注意到《童寯文集（三）》中童的《中国建筑史》

笔记有摘录自乐著的内容（362-64 页）。见张帆：
"乐嘉藻《中国建筑史》评述"，王贵祥主编《中国
建筑史论汇刊》，第 4 辑，2011 年，337-368 页。

21　林洙《叩开鲁班的大门》(北京：中国建筑工业出
版社，1995 年)，120、124 页。按：书中 120 页
关于 1937 年以前学社所调查的建筑物的统计数据
为 2738 处，122 页写为 2783 处。

22　朱启钤："中国营造学社开会演词"，《中国营造学
社汇刊》，第 1 卷第 1 册，1930 年 7 月，1-10 页。

23　顾炎武《日知录》，卷七《夫子之言性与天道》

24　"中央研究院近代史研究所编"《近世中国经世思想
研讨会论文集》(台北："中央研究院" 近代史研究
所，1984 年)

25　刘光汉："古学出于官守论"，《国粹学报》，14 期，
1906 年 3 月。转引自罗检秋："清末古文家的经世
学风及经世之学"，《近代史研究》，2001 年第 6 期，
21-54 页。

26　刘广京、周启荣：《皇朝经世文编》关于经世之学
的理论"，《中央研究院近代史研究所集刊》，第 15
期，上册，1986 年，33-99 页。

27　"朱启钤自撰年谱"，崔勇："朱启钤小传（附：朱
启钤年表）"，见于崔勇、杨永生选编，朱启钤著《营
造论（暨朱启钤纪念文选）》(天津：天津大学出版社，
2009 年)，131-141、260-263 页。

28　朱启钤："中国营造学社开会演词"。

29　"李明仲八百二十周忌之纪念"，《中国营造学社汇
刊》，第 1 卷第 1 册，1930 年 7 月，1-24 页。

30　朱启钤："中国营造学社缘起"，《中国营造学社汇
刊》，第 1 卷第 1 册，1930 年 7 月，1-6 页。

31　朱启钤："中国营造学社缘起"。另参见张驭寰：
"近年发现的朱启钤先生手稿——《中国营造学研

究计画书》"，《建筑史论文集》，第 17 辑，189-
192 页。

32　朱启钤、梁启雄编《哲匠录·样式雷考》，《中国营
造学社汇刊》，第 4 卷第 1 期，1933 年 3 月，86-89 页。

33　朱启钤："存素堂入藏图书河渠之部目录"，《中
国营造学社汇刊》，第 5 卷第 1 期，1934 年 3 月，
98-117 页。

34　康有为《欧洲十一国游记》(长沙：湖南人民出版社，
1980 年)，102 页。

35　Hussey, Harry, *My Pleasures and Palaces: An
Informal Memoir of Forty Years in Modern China*
(New York: Doubleday & Company, 1968): 211.

36　"本社纪事"，《中国营造学社汇刊》，第 2 卷第 3 册，
1931 年 11 月，15 页；第 3 卷第 1 期，1932 年 3 月，
187-188 页。

37　"本社纪事"，《中国营造学社汇刊》，第 3 卷第 1 册，
1932 年 3 月，187 页。

38　"李明仲八百二十周忌之纪念"。

39　参阅白寿彝主编，陈其泰著《中国史学史（近代时
期）》(上海：上海人民出版社，2006 年)

40　邓实《史学通论》(四)，《壬寅政艺丛书》，史学文
编卷一，转引自陈其泰著《中国史学史（近代时期）》，
315 页。

41　朱启钤："中国营造学社开会演词"。

42　刘敦桢："法隆寺与汉、六朝建筑式样之关系并补
注"，《中国营造学社汇刊》，第 3 卷第 1 册，1932
年 3 月。

43　刘敦桢："佛教对于中国建筑之影响"，《科学》，第
13 卷第 4 期，1928 年。《刘敦桢文集（一）》(北京：
中国建筑工业出版社，1982 年)，1-6 页。

44　朱启钤："中国营造学社开会演词"。

内篇 I：新范式的确立

梁思成（1901–1972）和林徽因（1904–1955）
来源：Fairbank, Wilma（费慰梅），
Liang and Lin: Partners in Exploring China's Architectural Past (Philadelphia: University of Pennsylvania Press, 1994)
封面

第 2 章　民族主义与梁思成、
　　　　　林徽因中国建筑史写作

　　研究中国建筑可以说是逆时代的工作。近年来中国生活在剧烈
的变化中趋向西化，社会对于中国固有的建筑及其附艺多加以普遍
的摧残。……一切时代趋势是历史因果，似乎含着不可免的因素。
幸而同在这时代中，我国也产生了民族文化的自觉，搜集实物、考
证过往，已是现代的治学精神，在传统的血流中另求新的发展，也
成为今日应有的努力。中国建筑既是延续了两千余年的一种工程技
术，本身已造成一个艺术系统，许多建筑物便是我们文化的表现，
艺术的大宗遗产。除非我们不知尊重这古国灿烂文化，如果有复兴
国家民族的决心，对我国历代文物，加以认真整理及保护时，我们
便不能忽略中国建筑的研究。

——梁思成："为什么研究中国建筑" [1]

　　在中国现代建筑史上，梁思成无疑是最为杰出的先驱。他广泛
的影响今天已波及中国建筑领域的几乎所有分枝，如建筑教育、建
筑设计、城市规划和文物建筑保护。不过，他最重要的成就还在于
他对中国建筑史的开拓性研究。他和妻子林徽因以及刘敦桢等中国
营造学社的同仁一起，开创了用现代考古学和艺术史的方法研究中
国古代建筑的新路。他们不仅发现并记录了大量重要的中国建筑遗
构，而且建立了一种新的历史叙述范式：即以结构分析为基础，对

中国建筑的发展进行风格分期，并在此基础上对不同时期的建筑进行美学评判。20 世纪 60 年代以后，新一代学者开始反思以梁、林和刘敦桢为代表的第一代中国建筑史家的研究，对他们以中国北方官式建筑作为主要研究对象、以西方结构理性主义作为评价标准的中国建筑史写作进行了批评。尽管笔者同样认识到前辈学者们工作的局限性，但是我认为，对于他们的写作文本的研究还必须结合他们写作的具体语境，即当时中国的社会文化以及学术背景。只有这样，我们才能清楚地理解他们写作的目的以及他们文本背后的微言大义。

梁思成 1927 年毕业于美国宾夕法尼亚大学艺术学院并获建筑学硕士学位。毕业后他进入哈佛大学以中国宫室史为题攻读博士学位。但他很快发现西方学者对于中国建筑的研究难以令人满意，所以仅仅三个月后便离开。他在 1928 年回国，创办并主持了沈阳东北大学建筑工程系，并担任系主任。1931 年他回到北平（今北京），与妻子林徽因一同加入了中国营造学社。林是 1927 年宾夕法尼亚大学毕业的学士。梁林二人后来被美国友人费慰梅（Wilma Fairbank）称为研究中国建筑史的"一对伴侣"。[2]中国营造学社由曾任北洋政府总理的朱启钤于 1929 年创办，是 20 世纪前半叶中国唯一的建筑史研究机构。为了改变学社先前的中国建筑研究所采用的纯文献方法，朱邀请了梁思成以及 1921 年毕业于日本东京高等工业大学的刘敦桢两位年轻建筑家加入并分别负责学社的法式和文献两部。在梁、刘二人的领导下，学社进行了一系列实地考察，旨在发现中国古代建筑的重要遗存，并据之解读历史文献。

1932 年 3 月，梁思成发表了他的第一篇建筑学术论文——"我们所知道的唐代佛寺与宫殿"。[3]与此同时，他开始了对中国古建筑遗构的实地调查，并在同年 6 月发表了自己的第一篇调查报告"蓟县独乐寺观音阁山门考"（图 2-1）。[4]这篇报告是现代中国建筑史上的一座里程碑。在报告中，梁向世人介绍了两座建于公元 987 年，也即当时所知年代最早的中国建筑。同时，通过将它们与宋朝的建筑典籍《营造法式》相对照，他发现了许多与这部古代术书的描述

图 2-1　独乐寺山门和观
音阁
来源：中国科学院土木建
筑研究所、清华大学建筑
系合编《中国建筑》(北京：
文物出版社，1957 年)

相符的实物做法，一方面为研究这部古代典籍找到了实物的依据，
另一方面，也以此书为一项重要的断代标准，确立了中国古建筑的
考古类型学方法。如果说《营造法式》是朱启钤所称的一把开启中
国营造学宝库的"键钥"，[5] 梁就是持着这把键钥走进中国古建筑殿
堂的第一人。除此之外，他针对这两座建筑所采用的结构理性主义
的评价标准，还奠定了新的中国建筑美学的理论基础。

　　讨论梁思成的建筑历史方法论，我们绝不能忽视林徽因所起的
重要作用。1932 年 3 月，与梁思成发表"我们所知道的唐代佛寺
与官殿"一文同时，林也发表了一篇重要论文——"论中国建筑之
几个特征"。[6] 本书第三章将详细分析这篇论文的论点与当时国外学
者有关中国建筑研究之间的"对话"关系。在此笔者仅概括其中的
主要观点：第一，中国建筑的基本特征在于它的框架结构，这一点
与西方的哥特式建筑和现代建筑非常相似；第二，中国建筑之美在
于它对于结构的忠实表现，即使外人看来最奇特的外观造型部分 (如
屋顶) 也都可以用这一原则进行解释；第三，结构表现的忠实与否
是一个标准，据此可以看出中国建筑从初始到成熟，继而衰落的发
展演变。这些观点在 1934 年林为梁思成的第一部著作《清式营造
则例》所写的"绪论"中得到进一步阐发，[7] 并在此后二人的中国
建筑史论述中继续贯彻。

　　也就在 1934 年,梁思成发表了"读乐嘉藻《中国建筑史》辟谬"

一文。在批评乐"读书不慎"和"观察不慎"的缺点同时，他也阐明了自己对于这一历史叙述的要求。他说：[8]

> 最简单的讲来，这部书既成为"'中国''建筑''史'"了，那么我们至少要读到他用若干中国各处现存的实物材料，和文籍中记载，专述中国建筑事项循年代次序赓续的活动，标明或分析各地方时代的特征，相当的给我们每时代其他历史背景，如政治、宗教、经济、科学等等所以影响这时代建筑造成其特征的。然后或比较各时代的总成绩，或以现代眼光察其部分结构上演变，论其强弱优劣。然后庶几可名称其实。

换言之，他所理想的《中国建筑史》不仅要包括文献与实物的互证，具有历史的发展观和因果观，还要能总结出"各地方时代的特征"，并在"以现代眼光察其部分结构上演变"的基础上对各时代的成就进行价值评判。

由于梁、林在宾夕法尼亚大学所受的是学院派以历史风格为主导的建筑教育，所以他们对于中国建筑的研究注重形式和与之相应的结构体系并不令人意外。但是，中国地域广袤，各地习俗和文化传统的多样性十分显著，建筑在形式和结构类型也不尽相同，因而他们选择何种结构体系的建筑作为中国建筑的代表就是一个颇令人关注的问题。当他们将《营造法式》和《工部工程作法》这两部官式建筑规则以及与之最为相关的宫殿和寺庙建筑当作研究对象时，实际上已把北方官式建筑当作中国建筑最重要的代表，他们的工作的核心内容也因此就是阐明官式中国建筑的结构原理，并揭示它的演变过程。

正因为梁、林把中国的地方性建筑放在研究和写作的次要位置，台湾建筑家汉宝德在 1969 年批评他们忽略了中国建筑的地区性差异。汉认为，中国古代，尤其是在宋代以后，文化传统的多样性非常显著，南方地区，特别是在明清时期，在经济上占有突出重要的位置。这一地区的地理条件和独特的人文传统促成了南方建筑在环境、功能、空间和材料等方面所取得的突出成就。所以他说："要研究中国建筑史，即使简而化之，亦必须分为南北两系。"[9]

汉宝德指出了梁、林的中国建筑史研究在研究对象上的局限，无疑十分中肯。但是，笔者以为，他的文本讨论没能联系到其语境，即他们所处的历史现实，因此没能认识到在20世纪20和30年代中国民族主义知识分子探索现代化的中国文化的过程中，梁、林的中国建筑研究以官式建筑为对象所具有的必然性。这一历史现实就是，起源于西方的建筑学和建筑史研究在中国的确立与第一次世界大战，特别是五四运动后中国民族主义的兴起同时，所以中国学者对中国建筑的研究从初始就是这一时期中国新文化建设的一个组成部分，并在实践上服务于当时社会对于中国风格新建筑的需要。

20世纪10年代末，面对着第一次世界大战带给全球的巨大灾难，许多曾经热情颂扬西方现代文明，并极力主张仿效西方的模式、改革中国社会、文化和政治的知识分子在思想上发生了很大转变。梁思成的父亲梁启超就是一个代表人物。梁启超曾经相信西方社会达尔文主义社会进化论的普遍性，积极宣传以变革和"新学"拯救中国。可是，当他在1918到1920年间访问欧洲，亲眼目睹了大战之后深重的社会危机和弥漫的悲观主义之后，他否认了自己曾经深信不疑的技术进步导致社会进步的幻想，转而肯定东方文明对于救济西方的"精神饥荒"所具有的价值。他提出将东西文化的优点结合起来，以创造一种"综合主义"的现代文化。[10]他在1923年草拟的中国文化史目录可以说就是这一"综合主义"的体现。[11]目录表明，梁启超在当时已经注意到中国建筑作为一个物质文化和精神文化的统一体在中国文化体系中的位置。目录有单独的"宅居篇"，拟讨论中国的宅居、宫室、室内陈设、城垒井渠等内容。他还另辟"美术篇"，包括绘画、书法、雕塑、建筑和刺绣五个门类。值得注意的是，传统中国并无"美术"（fine arts）这一概念，一般文人仅把书法和绘画视作与诗文同等的艺术，而把雕塑、建筑和刺绣当作低级的匠作。梁启超在他的目录中引入西方的"美术"概念及其相应的建筑、雕塑和绘画的内涵，同时加入书法和刺绣这两项中国固有的视觉文化门类，构成了一个中西综合的"中国美术"的新体系。

　　重新认识中国建筑的愿望同样体现在梁启超同时代的其他一些社会精英和建筑师的事业之中。早在 1919 年，时任北洋政府南北谈判代表的朱启钤在南京江南图书馆发现了宋《营造法式》的抄本，他随后促成了该书的再版，并在 1929 年发起成立了研究中国建筑的专门组织——中国营造学社。1925 年新版的《营造法式》印行，[12] 梁启超获赠于朱，称之为"吾族文化之光宠"，并把他寄给正在美国学习建筑的爱子及其未婚妻，同时嘱咐他们"永宝之"（图 2-2）。[13] 与梁启超构想中国文化史目录同年，三位毕业于日本的中国建筑师在江苏省立苏州工业专门学校创办了中国第一个建筑系。和现代主义之前西方大多数学校一样，日本的建筑教育也把建筑史放在重要位置，开设了西方建筑史和日本建筑史课程。三位中国建筑师模仿日本学校的教程，制定了苏州工专建筑科的教学体系，但将日本教程中的"日本建筑史"一课替换为"中国建筑史"。[14]

　　梁思成的事业无疑体现了父亲建构中国文化史，特别是中国美术框架体系的理想：不仅他后来撰写中国建筑史、雕塑史，注释《营造法式》的工作与梁启超的构想有关，他曾经准备在哈佛大学从事的研究方向和完成的博士论文的题目也都如此，它们分别是"中国美术史"和"中国宫室史"。[15] 后者还是他在东北大学建筑系开设的课程之一。[16]

　　中国建筑史课程的开设表明了这样一个事实，即中国现代建筑家在获得关于外国建筑的知识后，开始思考中国建筑自身在世界建筑体系中的位置，并试图打破建筑学中以西方的建筑师、建筑思想和建筑作品为主导的话语体系。正是因为在这一时期"中国建筑"是相对于外国建筑的集合名词和独立体系，所以这一概念所强调的就是体系内部的同一性而不是多样性和差异性。在这一体系中，宫室、庙宇以及其他官式建筑在类型上更丰富，在设计和施工水平上更成熟，在地域分布上更广，在文献记录上更为系统，因而必然会被早期的中国建筑研究视为最重要的研究对象和中国建筑体系

图 2-2 "梁任公先生题识《营造法式》之墨迹"
来源：《中国营造学社汇刊》，第 2 卷第 3 册，1931年 11 月。

的代表。

对于中国建筑体系内部的同一性的强调，在实际的创作领域里就是对于新建筑的所谓"中国风格"的探寻。如果说梁、林和他们在中国营造学社的同事以官式建筑为对象的中国建筑研究在学术上确立了这一风格的一种代表建筑类型，那么对于实践，他们的研究则为这一风格确立了一种古典的规范。

近代中外建筑师对于中国风格现代建筑的探索兴起于 19 世纪后期，当时西方传教士意识到有必要将他们的传教使命与中国人的民族自尊相结合，以缓和中西在文化观念上的对立。[17] 通过在新的教会建筑上采用中国建筑的造型母题，西方教会开创了美国建筑师茂飞所称的"中国建筑的文艺复兴"。[18] 由于在 20 世纪 20 年代之前，现代建筑学教育在中国尚未开始，留学归国的中国建筑师人数亦少，所以把中国式样建筑母题运用于新建筑的尝试，不得不依靠中国的传统工匠和外国建筑师。由于地区差异和建筑师对中国建筑特征的理解不同，他们创作的"中国式"新建筑便缺少风格上的统一性。茂飞本人不仅曾规划并设计了多所中国大学的校园和校舍建筑，[19] 他还是最早根据中国官式建筑总结中国建筑造型特征的外国建筑师之一。如他曾将自己对北京紫禁城建筑造型的认识归纳为反曲的屋顶（curving roof）、有序的布局（orderliness of arrangement）、真率的构造（frankness of construction）、华丽的彩饰（lavish use of gorgeous color），以及建筑各构图要素间完美的比例（the perfect proportioning, one to another, of its archituctural elements）五个方面，他甚至还注意到中国建筑装饰的象征意义和布局方面的风水考虑。[20] 他的设计体现了许多这些特征，他的设计方法也影响了一些中国建筑师，其中最著名的是设计了南京中山陵（1925）和广州中山纪念堂（1926）的吕彦直（1894-1929）。吕 1918 年毕业于美国康奈尔大学，回国开业前，他曾经在纽约茂飞的事务所工作，协助茂飞设计了金陵女子学院建筑。他的两个著名作品都沿用了茂飞的创作方法，即以西方现代材料和结构技术集合清代的官式风格。[21]

茂飞和吕彦直的设计方法得到他们同时代的中外人士和建筑师的普遍认同。但是，对于大多数西方教育背景出身的建筑师来说，进行他们所不熟悉的中国风格的设计不仅效率不高，而且难免出错。梁思成批评那些外国建筑师说："他们的通病则全在对于中国建筑权衡结构缺乏基本的认识的一点上。"吕也一样，"对于中国旧法，无论在布局，构架，或详部上，实在缺乏了解，以至在权衡比例上有种种显著的错误。"[22] 极为可能，梁的批评意见反映了他对当时中国建筑设计状况的不满。但是，由于梁本人也是会员之一的中国建筑师学会为了加强中国建筑师之间的团结，早在 1928 年就制定了《公守诫约》，规定会员"不应损害同业人之营业及名誉，不应评判或指摘他人之计划及行为"，所以他只能针对外国建筑师和已在 1929 年病逝的吕彦直的设计提出直接批评。他更积极也更富有建设性的做法是在 1934 年出版了《清式营造则例》。他把这本书和他后来整理的宋《营造法式》称为中国建筑的"两部文法课本"。[23]他还在 1935 至 1937 年间，与学生刘致平编纂了十卷介绍中国古建筑细部做法的《建筑设计参考图集》，"专供国式建筑图案设计参考之助"。[24] 这些建筑上的细部以及其他许多构图要素，后来被他称作中国建筑的"词汇"，它们和两部文法一起，构成了一套中国建筑的"古典语言"，[25] 成为了"中国风格"新建筑设计的规范。而这套"语言"的基础就是官式建筑的"法式"。

作为当时中国唯一的古建筑研究的专门机构，营造学社不仅主导了当时对于中国建筑的研究和保护，也主导了对于中国建筑古典造型特征的解释，它的学术研究成果被业界接受后成为了中国风格新建筑的设计依据。除梁、林和另一位杰出的中国建筑史家刘敦桢之外，营造学社在 1935 年以后还接纳了另外 12 名建筑师作为社员，他们中的多数都是中国风格新建筑的积极倡导者，也是营造学社研究成果的应用者。[26] 例如，社员卢树森建筑师在 1935 年设计了南京中山陵园藏经楼，他以苏州圆妙观弥罗阁为原型，但对其地方风格进行了修改。不难看出，他所采用的清官式做法、平坐栏杆，以及室内的八角形天井，就依据了梁思成对清《工部工程做法》《营

图 2-3　卢树森. 南京
中山陵园藏经楼, 南京,
1935（左）
来源：卢海鸣、杨新华主
编《南京民国建筑》(南京:
南京大学出版社, 2001 年）

图 2-4　圆妙观弥罗阁,
苏州（右）
来源：Boerschmann, Ernst,
Chinesische Architektur
(Berlin: E. Wasmuth, A. G.,
1925)

造法式》与蓟县独乐寺观音阁的研究所获得的古典语言（图 2-3、
图 2-4）。[27] 此外, 这一时期营造学社还为一些事务所和学校制作
过中国建筑的模型和彩画样本, 供建筑师和建筑学生学习和参考。
梁思成则在 1935 年亲自担当了南京国立中央博物馆建筑的设计顾
问, 指导建筑师修改了原初的设计。[28]

　　需要指出的是, 虽然梁、林从官式建筑出发阐释中国建筑造
型特征的做法与茂飞非常接近, 但有一点最大的不同, 即作为经过
了"五四运动"和受到过中国近代科学主义洗礼的新一代中国学者,
他们极少谈论中国建筑造型和装饰的象征性问题, 更没有研究风水
思想在中国建筑中所起的作用。他们对中国建筑探讨最多的是它的
结构逻辑, 并坚信中国建筑的美学本质在于它的科学性, 即结构的
理性, 正如林徽因所说：[29]

　　建筑上的美, 是不能脱离合理的, 有机能的, 有作用的结构而
独立。能呈现平稳, 舒适, 自然的外象；能诚实的袒露内部有机的
结构, 各部的功能, 及全部的组织；不事掩饰；不矫揉造作；能自
然的发挥其所用材料的本质的特性；只设施雕饰于必需的结构部分,
以求更和悦的轮廓, 更谐调的色彩；不勉强结构出多余的装饰物来
增加华丽；不滥用曲线或色彩来求媚于庸俗；这些便是"建筑美"
所包含的各条件。

　　梁思成也说："研究中国的建筑物首先就应剖析它的构造。正
因为如此, 其剖面图就比立面图更为重要。这是和研究欧洲建筑大
异其趣的一个方面。"[30]

梁、林受西方建筑学术的熏陶，他们对中国建筑的结构理性分析延续了西方近代建筑批评的结构理性主义传统。19 世纪英国著名建筑师和建筑理论家普金（Augustu Welby Northmore Pugin, 1812-1852）在对哥特式建筑的研究中指出，哥特式建筑明晰而富有逻辑的结构体系体现了自然界的有机性以及宗教的真理，是最理想的建筑形式。而法国著名建筑师和建筑理论家维奥雷—勒—杜克（Eugène Emmanuel Viollet-le-Duc, 1814-1879）则认为，13 世纪 [哥特] 建筑的形式与其结构不可分割，因为建筑的每一个部件都是结构需要的结果，因此也不可能移除或添加任何装饰形体而无损于建筑的坚实性或机能（organism）。[31] 他们对建筑的这一评价标准被后来许多著名的建筑理论家、评论家和历史学家所采纳，成为从 19 世纪中期到 20 世纪中期西方建筑评论的主流思想。根据结构表现的效果，梁、林把中国建筑的发展分为豪劲的隋唐时期、醇和的宋辽金时期和羁直的明清时期。同时，受瑞典美术史家喜龙仁的影响，[32] 他们认为，由于在明清建筑中，原先起结构作用的斗栱等构件已蜕变成不具结构功能的装饰品，中国建筑在这一时期已经堕落。[33]

梁、林的结构理性主义思想和他们的线性发展的历史框架，受到汉宝德和另一位台湾学者夏铸九的批评。汉说："数十年来，我们对明清宫廷建筑的看法是犯着一种结构的机能主义的错误。带着这副眼镜的人，认为结构是建筑的一切，结构的真理就是建筑的真理。这是一种清教徒精神，未始不有其可贵之处，然而要把它错认为建筑学的唯一真理，则去史实远矣。"[34] 夏也说，结构理性主义逻辑所造成的"结构决定论"，"不自觉地化约了空间的社会历史建构过程，……产生了非社会与非历史的说法。"[35] 汉、夏的观点延续了 19 世纪德国艺术科学学派（也即维也纳学派）的艺术史理论。这一学派认为艺术作品的形式和风格特质反映了艺术家和其时代的"艺术意志"（artistic volition/kunstwollen）。艺术意志因时代、民族及其他条件的不同而不同，并导致艺术风格的差异，所以任何建筑形式的存在都具有历史的必然性,这也就是形式所体现的"机能"；

历史学家应该平等地对待不同时代和不同文化的研究对象，发现和理解它们所体现的机能，而不应将艺术现象类比为生物现象，用一种固定的尺度去描述和评判它的发展、成熟和衰落。夏尤其受到了大卫·沃特金的影响。后者在另一本影响广泛的专著《道德性与建筑》（*Morality and Architecture*）（1977）一书中站在后现代主义历史保护的立场，尖锐地批判了现代主义建筑师和建筑理论家们以能否真实地体现所谓"时代精神"的建筑材料及结构作为评价建筑的一种"道德"标准的做法。

与汉宝德对梁、林在研究对象方面的局限性的批评一样，他和夏铸九针对梁、林中国建筑评价标准的批评也一语中的，发人深省。不过在笔者看来，他们二人却都忽视了梁、林的写作在中国近代的文化政治方面所具有的"机能"，——这就是借助西方所通行的结构理性主义的评价标准来审视中国建筑，从而回应西方学者和近代中国向往现代化的建筑师和公众对它的贬斥态度；在这个基础上，赋予中国建筑一个在世界建筑体系和现代建筑条件下应有的地位。

从 17 世纪开始，中国建筑就已经进入了西方人的视野。直至 18 世纪欧洲的"中国热"（chinoiserie），中国建筑曾经受到了西方业主和建筑师赞赏。但这种态度在 19 世纪发生了变化，尤其是在鸦片战争以后，中国建筑就不断受到贬斥。在梁思成和林徽因开始研究中国建筑史之时，西方有两部关于中国建筑的历史专著最具影响，一部是著名英国建筑史家福格森所写、1876 年初版的《印度和东方建筑史》，另一部是 1896 年出版的《比较法建筑史》，它的作者也是英国人，即著名建筑史家弗莱彻尔父子。并非偶然，两部著作对中国建筑都持贬斥的态度。对弗氏来说，欧洲建筑是"历史的建筑"（Historical Architecture）（图 2-5），它的发展过程体现在从古埃及到现代英国的建筑之中，具体表现为由古典建筑所代表的梁柱体系建筑向哥特式建筑所代表的拱券体系建筑的转变。而中国、印度、日本和中美洲国家的建筑是"非历史的"（non-historical），其最大特点不在于它的结构而在于它的装饰，

图 2-5　弗莱彻尔 . "建筑之树"，《比较法建筑史》
资料来源：Fletcher, Banister, *A History of Architecture on thecomparative Method* (London: B. T. Batsford Ltd., 1921)

它的装饰设计 "往往超过了其他方面的考虑"。[36] 弗氏的 "非历史的建筑" 概念借用了黑格尔对于中国和印度历史所用的 "非历史的历史"（unhistorical history）一语。[37] 在黑格尔的哲学和历史学框架中，历史就是绝对精神或理念不断显现的过程，这个过程因此体现了进步的程度。将非欧洲的建筑称作 "非历史的建筑"，与欧洲建筑相对比，弗莱彻尔否定了它们所体现的理念，也就把它们排斥在世界建筑发展的主流之外。福格森则说："中国建筑和中国的其他艺术一样低级。它富于装饰，适于家居，但是不耐久，而且完全缺乏庄严、宏伟的气象。"[38] 他还说："中国建筑并不值得太多的注意。不过，有一点启发的是，中国人是现在唯一视色彩为建筑一种本质的人。事实上，对他们来说，色彩比造型更重要。……在艺术的低层次上做到这一点虽毋庸置疑，但对于高层次的艺术来说则另当别论。"[39]

意大利社会主义思想家葛兰西（Antonio Gramsci）认为，某些文化形式具有支配另一些文化形式的力量，这就是所谓的"文化的霸权"（hegemony）。[40] 如果福格森和弗莱彻尔对中国建筑乃至东方建筑的评价可以被称作为一种文化霸权的话，梁思成、林徽因的中国建筑史研究和写作从一开始就可以被视作是对这种文化霸权的应战，或葛兰西所说的"抗争"（resistance）。例如，林的"论中国建筑之几个特征"一文在立论上就明显针对了他们的观点。她说：[41]

因为后代的中国建筑，即达到结构和艺术上极复杂精美的程度，外表上却仍呈现一种单纯简朴的气象，一般人常误会中国建筑根本简陋无甚发展，较诸别系建筑低劣幼稚。这种错误观念最初自然是起于西人对东方文化的粗忽观察，常作浮躁轻率的结论，以致影响到中国人自己对本国艺术发生极过当的怀疑乃至于鄙薄。

她还说："中国建筑的美观方面，现时可以说，已被一般人无条件地承认了。但是这建筑的优点，绝不是在那浅现的色彩和雕饰，或特殊之式样上面，却是深藏在那基本的，产生这美观的结构原理里，及中国人的绝对了解控制雕饰的原理上。"[42]

梁、林从研究中国建筑的结构原理入手，指出它在不同朝代由于结构构件的功能变化而导致的形式变化和发展过程，因此赋予中国建筑一个与西方建筑相同的"历史的建筑"的地位。更重要的是，由于他们采用了西方建筑史家定立的结构理性的评价标准来审视中国建筑，因此使中国建筑获得了一种在当时具有普遍性的建筑美学的认证。

如果我们仔细比较，还可以发现梁著《中国建筑史》（1944）

在结构上还模仿了弗莱彻尔著作的体例。例如，弗氏对于每一个建筑体系的介绍都分为"影响"、"建筑特征"、"建筑实例"和"比较"四个部分。他的"影响"部分包括了地理、地质、气候、宗教、社会政治和历史等方面，而"比较"部分包括了平面、墙体、门窗、屋顶、柱、装饰等内容。梁思成的《中国建筑史》则在绪论中讨论了环境思想、道德观念、礼仪风俗对中国建筑的影响，而他对每一时期建筑的分析都分为"大略"、"实物"、"特征"等节，并在"特征"节中分析型类和细节，这就使读者完全可以把这部书当作弗氏著作中有关中国建筑的章节的替代材料。

在叙述上，梁、林的中国建筑史写作还体现出一种很明显的比较意识，即他们常常有意将中国建筑与希腊和罗马建筑所代表的西方古典建筑以及哥特建筑进行比较，如林徽因在为梁思成的《清式营造则例》一书所写的"绪论"中说：[43]

就我们所知，至迟自宋始，斗栱就有了一定的大小权衡；以斗栱之一部为全部建筑权衡的基本单位，如宋式之"材"、"栔"与清式之"斗口"。这制度与欧洲文艺复兴以后以希腊罗马旧物作则所制定的法式，以柱径之倍数或分数定建筑物各部一定的权衡极相似。所以这用斗栱的构架，实是中国建筑真髓所在。

梁思成在讨论独乐寺梁腹的卷杀现象时也说："此制于梁之力量，固无大影响，然足以去其机械的直线，……希腊雅典之巴瑟农神庙（Parthenon）亦有类似此种之微妙手法，以柔济刚，古有名训。乃至上文所述侧脚，亦希腊制度所有，岂吾祖先得之自西方先哲耶？"[44]

在讨论中国建筑的框架结构时，林徽因说："在欧洲各派建筑中，除去最现代始盛行的钢架法，及钢筋水泥构架法外，唯有哥特式建筑，曾经用过构架原理；……哥特式中又有所谓'半木构法'则与中国构架极相似。唯因有垒石制影响之同时存在，此种半木构法之应用，始终未能如中国构架之彻底纯净。"[45]

非常明显，梁、林在他们的中国建筑史叙述中将中国建筑与西

方的古典建筑和哥特式建筑相对比，是为了说明中国建筑与这两个
西方最重要的建筑体系在原则上有许多相似之处。他们试图以此证
明，中国建筑与它们一样，也是高度发达的建筑体系。为了这一目的，
他们十分强调中国建筑的结构原则，因为它是中国建筑与西方古典
建筑和哥特建筑的最重要的共同点，也最符合西方建筑评论的结构
理性主义标准。

　　梁、林将中国建筑与西方古典建筑对比和强调中国建筑结构理
性的意识集中反映在《图像中国建筑史》一书中那幅著名的插图——
"中国建筑之'ORDER'"之上（图 2-6）。与书中所有插图一样，

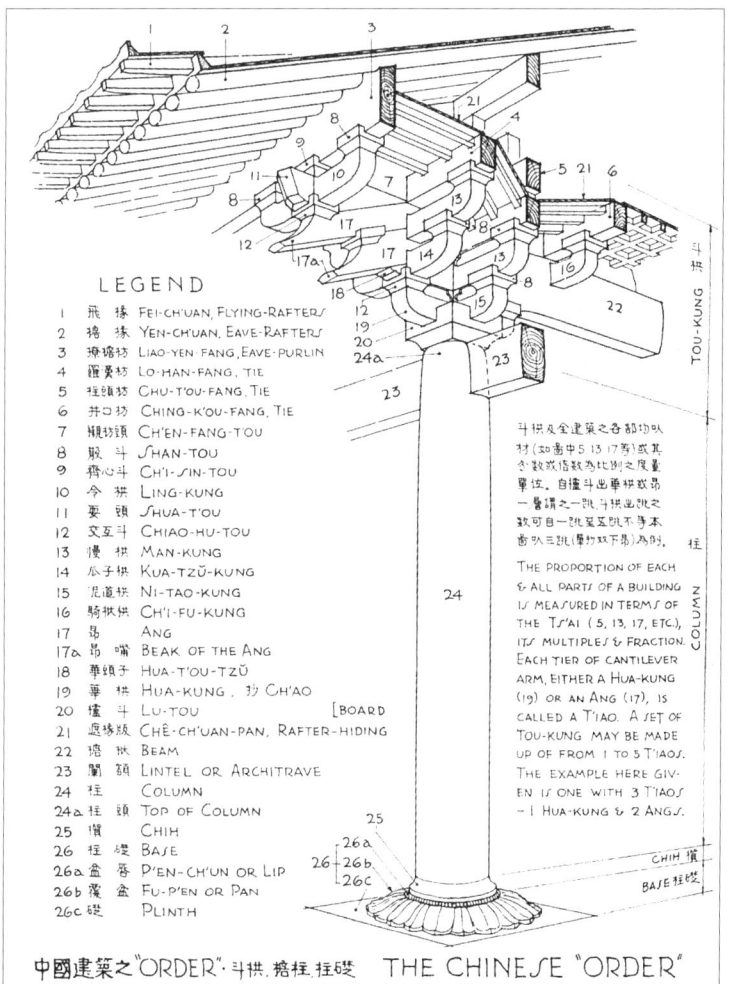

图 2-6　梁思成，"中国建筑之'Order'"

来源：Liang, Ssu-ch'eng, *A Pictorial History of Chinese Architecture* (Cambridge, Mass.: MIT Press, 1984), Plate 2.

这幅图的说明也采用了中、英两种文字，表明他们写作时所预期的西方读者；而其标题"中国建筑之'ORDER'"则暗示了中国建筑在设计原则上与以柱式（Order）为模度的西方古典建筑的一致性；同时，选择梁柱与斗栱作为中国建筑的典型细节又强调了中国建筑结构的框架特征。除此之外，在结构构件名称的翻译上，作者还采用了两种不同方式，即对椽、枋、栱、阑额、柱、础等重要的结构构件采用音译和意译结合的方式，而对"瓜子栱"、"泥道栱"、"华头子"等非重要构件只提供音译。这样做的结果是，在西方读者面前凸显中国建筑的结构理性或科学性的同时，掩饰了其因工匠口语所造成的随意性或非科学性。[46]

　　除了上述来自西方建筑史家的批评之外，中国建筑在 20 世纪初期还受到国内认同于西方建筑先进性的专业人士和公众的普遍抨击。他们从功能和工程技术的角度出发，批评中国传统建筑在使用条件上的落后、材料上的原始，以及施工质量的粗劣。出于这种认识，社会上的公众普遍崇羡西式建筑，而对中国建筑则多持鄙薄的态度。[47] 如何看待中国建筑在现代建筑条件下存在的意义和价值，既关乎历史遗存的保护，也关乎新建筑的创作，因此也成为梁、林中国建筑研究所必须回答的问题。虽然他们并不否认中国建筑在功能和工程技术方面的落后，但显然不愿意因此而否认中国建筑作为一个独立的建筑体系的存在价值和它在艺术上的成就。林说：

　　"已往建筑因人类生活状态时刻推移，致实用方面发生问题以后，仍然保留着它的纯粹美术的价值，是个不可否认的事实。和埃及的金字塔，希腊的巴瑟农庙（Parthenon）一样，北京的坛、庙、宫、殿，是会永远继续着享受荣誉的，虽然它们本来实际的功用已经完全失掉。"[48]

　　梁思成则试图从结构理性主义的角度论证中国建筑与西方最新的现代主义建筑的共同性。1932 年由希区柯克（Henry-Russell Hitchcock，1903-1987） 和 约 翰 逊（Philip Johnson，1906-

2005）出版的现代建筑经典名著《国际式——1922 年以来的建筑》（*International Style: Architecture Since 1922*）一书恰好为他的立论提供了极好的依据。该书同样采取结构理性主义的立场，把现代建筑在结构方面的发展，尤其是框架结构的普遍采用，看作是现代建筑造型变化的根本原因和现代建筑的本质特征。1927 年梁在哈佛大学学习艺术史时，希区柯克也正在同系读研究生。虽然我们并无二人交往的任何证据，但他对"国际式"建筑有所了解却是可知的。"国际式"建筑的名称和它的基本原理，在 1933 年春天随着一位名叫林朋（Carl Lindbohm）的外国建筑师来到上海而被媒体广为宣传。林朋对国际式新建筑的介绍很快就引起中国建筑界的注意，有些评论家根据"国际式"建筑的名称批评它否定了建筑作为一种文化现象所体现的民族性。[49] 但是梁思成却发现了现代建筑所坚持的理性主义思想，特别是它在结构上所表现的合理性与中国建筑的一致。他说：[50]

所谓"国际式"建筑，名目虽然笼统，其精神观念，却是极诚实的；……其最显著的特征，便是由科学结构形成其合理的外表。……对于新建筑有真正认识的人，都应知道现代最新的构架法，与中国固有建筑的构架法，所用材料虽不同，基本原则却一样——都是先立骨架，次加墙壁的。因为原则的相同，"国际式"建筑有许多部分便酷类中国（或东方）形式。这并不是他们故意抄袭我们的形式，乃因结构使然。同时我们若是回顾到我们古代遗物，它们的每个部分莫不是内部结构坦率的表现，正合乎今日建筑设计人所崇尚的途径。

因此，他充满信心地得出结论说："这正该是中国建筑因新科学、材料、结构，而又强旺更生的时期，值得许多建筑家注意的。"[51]

英国历史学家爱德华·卡尔（Edward H. Carr）曾说："在研究历史之前，要先研究历史学家……在研究历史学家之前，要先研究他所在的历史与社会环境。作为个人，历史学家同样是历史和社会的一个产物。历史学者必须在这双重探照之下看待一位史家。"[52]

同样，看待梁思成和林徽因也不能仅仅依据他们写作的文本，还必须借助历史和社会的"双重探照"。作为中国民族主义知识分子的杰出代表，梁思成、林徽因关于中国建筑史的写作与中国 20 世纪 20 和 30 年代的文化政治密切相关。他们的工作不仅仅是实证性地记录和整理中国建筑遗产，而且还是中国现代民族主义文化建设的一个组成部分，具有很强的目的性。首先，他们阐明了以官式建筑为代表的中国建筑的结构原理和由此产生的形式特征，为中国风格新建筑的创造确立了中国古典的规范；另一方面，他们依据 19 世纪以来在西方建筑评论中占主导的结构理性主义标准评价中国建筑，将它提高到与西方古典建筑和哥特建筑相当的地位，从而批判了西方学者和中国一般公众对它的贬斥态度，并赋予它在现代建筑的条件下继续存在的意义。本文无意否定当代建筑史家针对他们的历史写作忽视中国建筑的多样性以及社会历史因素的复杂性所提出的批评。[53] 但是，笔者认为，对梁、林的中国建筑史写作进行历史性的考察非常必要，它不仅有助于我们理解他们写作的背景和目的，还可以使我们从中国现代民族主义文化建设的角度，重新认识他们工作的意义和价值。

注释

1　梁思成："为什么研究中国建筑",《中国营造学社汇刊》,第 7 卷第 1 期,1944 年 10 月,5-12 页。

2　Fairbank, Wilma, *Liang and Lin: Partners in Exploring China's Architectural Past* (Philadelphia: University of Pennsylvania Press, 1994).

3　梁思成："我们所知道的唐代佛寺与宫殿",《中国营造学社汇刊》,第 3 卷第 1 期,1932 年 3 月,75-114 页。

4　梁思成："蓟县独乐寺观音阁山门考",《中国营造学社汇刊》,第 3 卷第 2 册,1932 年 6 月,1-99 页。

5　朱启钤："中国营造学社开会演词",《中国营造学社汇刊》,第 1 卷第 1 册,1930 年 7 月,1-10 页。

6　林徽音(林徽因)："论中国建筑之几个特征",《中国营造学社汇刊》,第 3 卷第 1 期,1932 年 3 月,163-179 页。

7　林徽音(林徽因)："绪论",载梁思成《清式营造则例》(北京:中国建筑工业出版社,1981 年)。

8　梁思成："读乐嘉藻《中国建筑史》辟谬",《大公报》,1934 年 3 月 3 日;《梁思成全集(二)》(北京:中国建筑工业出版社,2001 年),291 页。

9　汉宝德《明清建筑二论》(台北:境与象出版社,1969 年)

10　Tang, Xiaobing, *Global Space and the Nationalist Discourse of Modernity, The Historical Thinking of Liang Qichao* (Stanford: Stanford University Press, 1996): 2-10; 165-223.

11　梁启超《原拟中国文化史目录》,载《饮冰室合集·专集之四十九》(北京:中华书局,1996 年)

12　Li, Shiqiao(李士桥), "Reconstituting Chinese Building Tradition: The *Yingzaofashi* in the Early Twentieth Century," *Journal of the Society of Architectural Historians*, Dec. 2003, 470-489.

13　"梁任公题识《营造法式》之墨宝",《中国营造学社汇刊》,第 2 卷第 3 册,1931 年 11 月。

14　赖德霖："中国现代建筑教育的先行者——江苏省立苏州工业专门学校建筑科",载杨鸿勋、刘托编《建筑历史与理论》(北京:中国建筑工业出版社,1997 年),71-77 页。

15　梁启超致梁思成、林徽因信,1928 年 4 月 26 日。《梁启超著作选集》,第 21 卷(北京:北京出版社,1999 年),6291 页。

16　赖德霖："梁思成建筑教育思想的形成及特色",《建筑学报》,1996 年,第 6 期,26-29 页。

17　顾长声《传教士与近代中国》(上海:上海人民出版社,1981 年)

18　Murphy, H. K., "An Architectural Renaissance in China—The Utilization in Modern Public Buildings of the Great Styles of the Past," *Asia* 28 (June 1928): 468-74; 507-509.

19　Cody, Jeffrey W., *An American Architect's Renaissance in China: Henry K. Murphy's First Decade, 1914-1923* (Ph.D. diss., Cornell University, 1989);村松伸："二十世纪初中国における'中国建筑の复兴'と西洋人建筑家",载稻垣荣三先生还历记念委员会编《建筑史论丛》(东京:中央公论美术出版社,1987 年 10 月),687-726 页;傅朝卿《中国古典式样新建筑——20 世纪中国新建筑官制化的历史研究》(台北:南天书局,1993 年)。

20　Murphy, H. K., "An Architectural Renaissance in China—The Utilization in Modern Public Buildings of the Great Styles of the Past", *Asia*

28 (June 1928): 507-509.

21　赖德霖：“吕彦直和中山陵及中山堂”，《光明日报》，1996 年 10 月 23 日、30 日。

22　梁思成：“建筑设计参考图集序”，《建筑设计参考图集（一）》（北平：中国营造学社，1935 年）

23　梁思成：“中国建筑之两部‘文法课本’”，《中国营造学社汇刊》，第 7 卷第 2 册，1945 年 10 月，1-8 页。

24　梁思成：“建筑设计参考图集序”，《建筑设计参考图集（一）》（北平：中国营造学社，1935 年）

25　梁思成：“中国建筑的特征”，《建筑学报》，1954 年第 1 期。需要说明的是，早在 17 世纪，欧洲的理论家就开始将建筑与语言相类比，因为语言和建筑一样具有构成要素，结构规则和功能。将一种风格比拟于一种语言的认识到了 19 世纪已经非常普遍，仅仅从英国建筑史家 Peter Collins 在 Changing Ideals in Modern Architecture, 1750-1950 一书中的介绍中就可以了解到，当时的建筑家已经认识到，建筑风格和语言一样，具有集体性、历史性、时代性，并与文明程度有很大关系。美国十九世纪末的著名建筑评论家舒勒（Montgomery Shuyler）还坚持认为，建筑和语言一样具有民族性。梁思成从“文法”和“词汇”两方面分析中国建筑风格特征的作法，显然与这一西方建筑理论传统有很大关系。事实上，他在 50 年代也是从语言的角度论述建筑的民族性的，虽然我们尚不了解是否读过舒勒的著作。

26　这些建筑师包括基泰工程司的关颂声和杨廷宝，华盖建筑事务所的赵深和陈植，兴业建筑师事务所的徐敬直，以及鲍鼎、华南圭、林志可（即林是镇）、卢树森、汪申、夏昌世、庄俊。见林洙《叩开鲁班的大门——中国营造学社史略》（北京：中国建筑工业出版社，1995 年），26-27 页。

27　据刘敦桢“苏州古建筑调查记”（见《刘敦桢文集（二）》，北京：中国建筑工业出版社，1984 年，257-317 页），弥罗阁为清光绪九年建筑，民国初毁于火。但其造型可见于鲍希曼（Ernst Boerschmann）《中国建筑》（Chinesische Architektur，1925）一书，刘文弥罗阁图片即引自鲍著。同据刘文，卢与刘敦桢、梁思成和夏昌世一同进行了这次苏州古建调查。又，刘文所记调查时间前后为“民国二十五年”8 月 9 日至 9 月 14 日，但据文章发表时间（1936 年 9 月）和文中提到的担任中央博物院设计竞赛（举行于 1935 年 9 月）审查员，可知“二十五年”当为“二十四年”之误。另，杨廷宝在 1947 年设计的中央研究院社会科学研究所建筑的屋顶造型应也受到弥罗阁的启发。藏经楼正脊中央有一喇嘛塔形华盖，其设计或许就近借鉴了南京金陵刻经处创始人杨仁山居士墓塔的塔刹造型。该塔就在刻经处的院内。

28　Su, Gin-djih, Chinese Architecture—Past and Contemporary (Hong Kong: The Sin Poh Amalgamated [H.K.] Ltd., 1964). 有关中央博物院设计的详细讨论见本书第 5 章。

29　林徽音（林徽因）：“绪论”，载梁思成《清式营造则例》（北京：中国建筑工业出版社，1981 年）

30　梁思成著，梁从诫译，《图像中国建筑史》，《梁思成全集（八）》（北京：中国建筑工业出版社，2001 年），17 页。

31　参见 Watkin, David, Morality and Architecture Revisited (Chicago: The University of Chicago Press, 1977, 2001): 21-36；Peter Collins, Changing Ideals in Modern Architecture 1750-1950, 198-217.

32　Sirén, Osvald, A History of Early Chinese Art (London: Ernest Benn, 1930), 4:72. 关于喜龙仁对梁思成和林徽因的影响，详见李军：“古典主义、结构理性主义与诗性的逻辑——林徽因、梁思成早期建筑设计与思想的再检讨”，《中国建筑史论汇刊》，第 5 辑，2012 年，383-427 页。

33　Liang, Ssu-ch'eng, A Pictorial History of Chinese Architecture (Cambridge, Mass.: MIT Press, 1984)

34　汉宝德《明清建筑二论》（台北：境与象出版社，1969 年）

35　夏铸九：“营造学社—梁思成建筑史论述构造之理论分析”，《台湾社会研究季刊》，第 3 卷第 1 期，1990 年春季号，6-48 页。

36　Fletcher, Banister, A History of Architecture on the Comparative Method, 6th ed. (London: B. T. Batsford Ltd., 1921), 784. 据赵辰查证，“首版的弗莱彻尔‘建筑史’并没有涉及到西方以外的建筑文化，而仅仅将正统的西方建筑文化的主线，以‘历史性风格’（The Historical Style）为主题，从埃及、希腊、罗马，到中世纪、文艺复兴等一一描述。该书出版后，在当年再版了两次。这巨大的成功给了弗莱彻尔父子极大的鼓舞，同时也由于西方学者对东方文化视野的扩大，他们准备将当时已经成为热点的印度、中国、日本、中美洲的撒拉逊尼（伊斯兰）等非欧洲建筑文化列入他们的‘建筑史’，并将之定为'非历史性风格'（The Non-Historical Style），这就是我们后来所看到的，在 1901 年由小弗莱彻尔出版的第四版《弗莱彻尔建筑史》的基本两大部分（Volumn）。那棵著名的'建筑之树'也是第一次出现在这版之中，可以说是小弗莱彻尔的所为。"见赵辰："从'建筑之树'到'文化之河'"，《建筑师》，第 93 期，2000 年 4 月，92-95 页。

37 Hegel, Georg W. F. (Sibree, J., trans), *The Philosophy of History* (New York: Dover Publications, 1956); Duara, Prasenjit, *Rescuing History from the Nation* (Chicago: The University of Chicago Press, 1995): 19-27.

38 Fergusson, James, *History of Indian and Eastern Architecture* (New York: Dodd, Mead & Company, 1891): 687.

39 同注释 38

40 Gramsci, Antonio (Hoare, Quintin & Smith, Nowell, edit and trans.), *Selections from the Prison Notebook* (London: Lawrence and Wishart, 1971)

41 林徽音（林徽因），"论中国建筑之几个特征"，《中国营造学社汇刊》，第 3 卷第 1 期，1932 年 3 月，163-179 页。美术史家李军在"弗莱切尔'建筑之树'图像渊源考"一文（《艺术史研究》，第 11 辑，2009 年，1-60 页）中说，目前中国建筑史学者普遍认为弗氏的"非历史的风格"概念带有贬义其实是没有认真研究弗氏原著造成的误解。他说"这与其说是一位西方学者出自西方中心论的偏见，毋宁更属于'一个趣味和教育的问题'，即源自于对于东方建筑的缺乏了解和无知——关于这一点，也恰恰是弗莱切尔本人指出了正确的应对之道，即应该致力于'对它们作出独立的研究'，从而找出它们自己独特的'发展轨迹'。"笔者以为，对于研究梁、林中国建筑史写作，重要的不在于今天学者如何理解弗氏著作，而在于梁、林当时对之如何理解。梁说"一般人常误会中国建筑根本简陋无甚发展"是一种"错误观念"很明显就是针对弗氏而言。更何况弗氏的著作产生于19 世纪黑格尔主义的语境，我们也很难相信他的"非历史的风格"一词并无贬义。

42 林徽音（林徽因），"论中国建筑之几个特征"，《中国营造学社汇刊》，第 3 卷第 1 期，1932 年 3 月，163-179 页。

43 林徽音（林徽因）："绪论"，载梁思成《清式营造则例》

（北京：中国建筑工业出版社，1981 年）

44 梁思成："蓟县独乐寺观音阁山门考"，《中国营造学社汇刊》，第 3 卷第 2 册，1932 年 6 月，1-99 页。

45 林徽音（林徽因）："绪论"，载梁思成《清式营造则例》（北京：中国建筑工业出版社，1981 年）

46 有趣的是，西方学者如夏南悉（Nancy S. Steinhardt）在翻译中国古代建筑构件名称时采用的是意译的方式。见：Steinhardt, Nancy S., *Liao Architecture* (Honolulu: University of Hawai'l Press, 1997)

47 赖德霖："'科学性'与'民族性'——近代中国的建筑价值观（上）"，《建筑师》，62 期，1995 年 2 月，48-59 页。

48 林徽音（林徽因）："论中国建筑之几个特征"，《中国营造学社汇刊》，第 3 卷第 1 期，1932 年 3 月，163-179 页。

49 赖德霖："'科学性'与'民族性'——近代中国的建筑价值观（下）"，《建筑师》，63 期，1995 年 4 月，59-76 页。

50 梁思成："建筑设计参考图集序"，《建筑设计参考图集（一）》（北平：中国营造学社，1935 年）

51 梁思成："建筑设计参考图集序"，《建筑设计参考图集（一）》（北平：中国营造学社，1935 年）

52 Carr, Edward H., *What is History?* (Cambridge: University of Cambridge, 1961): 38.

53 事实上，笔者还以为，他们一方面坚持结构理性的原则，一方面企图依据传统的"文法"和"语汇"去创作中国风格新建筑的做法存在着内在的矛盾，——因为一种建筑的结构体系与它所用的材料互为因果，并与特定的功能要求密切相联。现代生活、材料和技术的进步必然要突破传统的结构体系和与之相应的构图规则，也就是梁思成所说的"文法"。诚如童寯所说："中国木作制度和钢铁水泥做法，唯一相似之点，即两者的结构原则，均属架子式而非箱子式，惟木架与钢架的经济跨度相比，开间可差一半，因此一切用料权衡，均不相同。拿钢骨水泥来模仿宫殿梁柱屋架，单就用料尺寸浪费一项，已不可为训，何况水泥梁柱已足，又加油漆彩画。平台屋面已足，又加筒瓦屋檐。这实不可谓为合理。"童寯："我国公共建筑外观的检讨"，《内政专刊（公共工程专刊）》，第 1 集，1945 年 10 月，《童寯文集（一）》（北京：中国建筑工业出版社，2000 年），118-121 页。

林徽因（1904–1955）
来源：林洙女士授权发表

第3章 中国建筑史叙述与世界的
对话：林徽因的文化宣言

　　进一步说，也许这种充满激情的研究和这种激愤会持续下去，
或至少被一种不宣的期望所指引，这期望就是在今天的苦难之外，
在自卑和自暴自弃之外，发现一个足以使我们在自己面前，也在他
人面前为自己美丽和灿烂的时代正名。……或许是无意识的，由于
本土知识分子面对今之蛮族的历史不能无动于衷，他们决定追溯更
远，探入更深。没错，带着无比的喜悦，他们发现过去绝不令人羞
耻，相反，它尊贵、辉煌，并且庄严。宣明民族文化在过去的地位，
不仅能为民族正名，也会为民族文化的未来带来希望。

——弗朗兹·法侬："论民族文化"[1]

　　1932年3月，林徽因发表了她的第一篇关于中国建筑的论
述——"论中国建筑之几个特征"。[2]这篇文章包含了三个重要思
想：第一，中国建筑的基本特征在于它的框架结构，这一点与西方
的哥特式建筑和现代建筑非常相似；第二，中国建筑之美在于它对
于结构的忠实表现，即使外人看来最奇特的外观造型部分也都可以
用这一原则进行解释；第三，结构表现得忠实与否是一个标准，据
此可以看出中国建筑从初始到成熟，继而衰落的发展演变。这些思
想后来贯穿于她与梁思成的中国建筑史研究和大量有关中国建筑的
论述。由于文章对于中国建筑的认识全面、深刻、系统，而作者当

年只有 28 岁，且实地考察经历并不丰富，所以后辈读者在惊叹之余，难免希望追究她的认知来源。为了回答读者疑问，更为了揭示中国建筑史学形成的复杂历史，今天的历史学家们有责任去钩稽作者所借鉴的来源和所辩驳的对象。本文试从史学史的角度对林文进行文本分析，旨在揭示，第一，在近代中国建筑史话语形成的过程之中，中国建筑史家与西方及日本建筑史家在建筑史方法论方面的对话；第二，作为中国最早的女性建筑家，林徽因在 28 岁时就达到的认识高度；第三，作为一名民族主义的知识精英，她在捍卫民族文化方面所做的努力。

论中国建筑之几个特征

中国建筑为东方最显著的独立系统；渊源深远，而演进程序简纯，历代继承，线索不紊，而基本结构上又绝未因受外来影响致激起复杂变化者。不止在东方三大系建筑之中，较其他两系——印度及阿拉伯（回教建筑）——享寿特长，通行地面特广，而艺术又独臻于最高成熟点。即在世界东西各建筑派系中，相较起来，也是个极特殊的直贯系统。

［评注］“东方三大系建筑”的概念最初由日本建筑家伊东忠太提出。在其 1931 年的著作《支那建筑史》中，伊东说：“中国之建筑在世界建筑界中，究居何等位置乎？若将世界古今之建筑，大别之为东西二派，当然属于东洋建筑。所谓东洋者，乃以欧洲为本位而命名者。虽依其与欧洲相距之远近，区别为近东与远东，但由建筑之目光观之，在东洋亦有三大系统。三大系统者，一中国系，二印度系，三回教系。此三大系各有特殊之发达。”[3] 在此，伊东忠太肯定了中国建筑作为东方建筑的一个特殊系统的重要性，也就同时肯定了作为中国建筑的衍生系的日本建筑存在的价值。王贵祥最近指出，伊东忠太和林徽因关于建筑的“东方三大系”的表述在弗莱彻尔的《比较法建筑史》中也可以看到。王认为二人或都受到弗氏

的影响。[4] 这一看法非常值得重视。"系"的概念在近代亚洲的出现并非偶然，它体现了在现代化和民族主义的双重背景下，亚洲知识精英们对于自身文化在世界语境中的地位与价值的思考。仅如中国，胡适在其 1917 年的著作《中国哲学史大纲》中就曾将世界哲学分为东西两支，各支又分别以中国与印度两系和希腊与犹太两系为代表。梁漱溟在其 1921 年的著作《东西文化及其哲学》中也曾根据文化精神的不同，将世界文化分为三种类型，即西方文化、中国文化和印度文化（在他看来，西方文化是以意欲向前要求为其根本精神的，中国文化是以意欲自为、调和与持中为其根本精神的，而印度文化是以意欲反身向后要求为其根本精神的。他认为这是世界文化的三种形式和发展的三条道路，其中，中国文化不仅有其地位和价值，而且以其对人生和社会的关注，将成为人类文化在解决人与自然的关系问题之后一个发展的新方向）。他们这种分类的目的就是在世界范围之内为中国文化谋一席之地，并证明其价值。

大凡一例建筑，经过悠长的历史，多参杂外来影响，而在结构，布置乃至外观上，常发生根本变化，或循地理推广迁移，因致渐改旧制，顿易材料外观，待达到全盛时期，则多已脱离原始胎形，另具格式。独有中国建筑经历极长久之时间，流布甚广大的地面，而在其最盛期中或在其后代繁衍期中，诸重要建筑物，均始终不脱其原始面目，保存其固有主要结构部分，及布置规模，虽则同时在艺术工程方面，又皆无可置议的进化至极高程度。更可异的是：产生这建筑的民族的历史却并不简单，且并不缺乏种种宗教上，思想上，政治组织上的叠出变化；更曾经多次与强盛的外族或在思想上和平的接触（如印度佛教之传入），或在实际利害关系上发生冲突战斗。

这结构简单，布置平整的中国建筑初形，会如此的泰然，享受几千年繁衍的直系子嗣，自成一个最特殊，最体面的建筑大族，实是一桩极值得研究的现象。

［评注］在此，林徽因不仅指出了中国建筑在地域上的普遍性，也强调了它在历史上的持续性。这两点在伊东忠太的著作中也有相似表述，如他说："中国系之建筑为汉民族所创建。以中国本部为中心，南及安南交趾支那，北含蒙古，西含新疆，东含日本，其土地之广，约达四千万平方华里，人口近五万万，即占世界总人口约百分之三十。其艺术究历几万年虽不可知，而其历史实异常之古。绵延至于今日，仍保持中国古代之特色，而放异彩于世界之建筑界殊堪惊叹。……东洋三大艺术中，仍能保持生命雄视世界之一隅者，中国艺术也。"[5] 林徽因与伊东忠太一样，都视建筑为民族文化的象征。为了界定这一文化的象征，他们需要以世界文化为语境，对外强调它与其他文化的差异性，对内强调它在民族的地理空间范围内的普遍性或典型性，以及历史时间发展上的持续性。但从引文可以看出，伊东的立论强调的是中国建筑在地域分布之广和服务人口之多，而说中国建筑"保存其固有主要结构部分，及布置规模，虽则同时在艺术工程方面，又皆无可置议的进化至极高程度"，林徽因强调的则是中国建筑结构构造之特殊，这是具有建筑学美学意义的证明。此外，林还特别指出，尽管中国在历史上曾经多次与强盛的外族"或在思想上和平的接触"，"或在实际利害关系上发生冲突战斗"，但中国建筑的"初形"都没有改变。这一观点表现出面对西方文化的强大影响，她对中国建筑所抱有的坚定信心。

*　　*　　*

虽然，因为后代的中国建筑，即达到结构和艺术上极复杂精美的程度，外表上却仍呈现出一种单纯简朴的气象，一般人常误会中国建筑根本简陋无甚发展，较诸别系建筑低劣幼稚。

［评注］这句话是批判英国建筑史家弗莱彻尔父子在其影响广泛的《比较法建筑史》一书中无视中国建筑的演变，将其与印度、日本和中美洲国家的建筑称作"非历史的风格"（non-historical styles）。[6]（详见第二章）林徽因是对弗氏观点进行批判的第一位

中国建筑史家。

这种错误观念最初自然是起于西人对东方文化的粗忽观察，常作浮躁轻率的结论，以致影响到中国人自己对本国艺术发生极过当的怀疑乃至于鄙薄。好在近来欧美迭出深刻的学者对于东方文化慎重研究，细心体会之后，见解已迥异从前，积渐彻底会悟中国美术之地位及其价值。但研究中国艺术尤其是对于建筑，比较是一种新近的趋势。外人论著关于中国建筑的，尚极少好的贡献，许多地方尚待我们建筑家今后急起直追，搜寻材料考据，作有价值的研究探讨，更正外人的许多隔膜和谬解处。

［评注］此处"近来欧美迭出深刻的学者"或当指瑞典艺术史家喜龙仁，详见下文。

在原则上，一种好建筑必含有以下三要点：实用；坚固；美观。实用者：切合于当时当地人民生活习惯，适合于当地地理环境。坚固者：不违背其主要材料之合理的结构原则，在寻常环境之下，含有相当永久性的。美观者：具有合理的权衡（不是上重下轻巍然欲倾，上大下小势不能支；或孤耸高峙或细长突出等等违背自然律的状态）要呈现稳重，舒适，自然的外表，更要诚实的呈露全部及部分的功用，不事掩饰，不矫揉造作，勉强堆砌。美观，也可以说，即是综合实用，坚稳，两点之自然结果。中国建筑，不容疑义的，曾经包含过以上三种要素。所谓曾经者，是因为在实用和坚固方面，因时代之变迁已有疑问。近代中国与欧西文化接触日深，生活习惯已完全与旧时不同，旧有建筑当然有许多跟着不适用了。在坚稳方面，因科学发达结果，关于非永久的木料，已有更满意的代替，对于构造亦有更经济精审的方法。

［评注］赵辰指出，林徽因所提的一种好建筑所需具有的三要点来自古罗马建筑师维特鲁威（Vitruvius，曾译"卫楚伟"）。[7]

1934 年，林的同学童寯曾说："卫楚伟（Vitruvius）氏，生于罗马奥古斯都（Augustus）大帝时代（纪元前一世纪）。为有名之建筑师。著有《建筑十章》一书，既而失传，至纪元后十世纪又重见人世，相传文艺复兴诸大师，莫不奉为金科玉律。"[8] 童的话可以视为当时中国建筑师对于维氏之认识的一个注解。

已往建筑因人类生活状态时刻推移，致实用方面发生问题以后，仍然保留着它的纯粹美术的价值，是个不可否认的事实。和埃及的金字塔，希腊的巴瑟农庙（Parthenon）一样，北京的坛，庙，宫，殿，是会永远继续着享受荣誉的，虽然它们本来实际的功用已经完全失掉。纯粹美术价值，虽然可以脱离实用方面而存在，它却绝对不能脱离坚稳合理的结构原则而独立的。因为美的权衡比例，美观上的多少特征，全是人的理智技巧，在物理的限制之下，合理的解决了结构上所发生的种种问题的自然结果。人工创造和天然趋势调和至某程度，便是美术的基本，设施雕饰于必需的结构部分，是锦上添花；勉强结构纯为装饰部分，是画蛇添足，足为美术之玷。

[评注] 除去西方建筑史家的批评，中国建筑在 20 世纪初期还受到国内认同西方建筑先进性的专业人士和公众的普遍抨击。他们从功能和工程技术的角度出发，批评中国传统建筑在使用条件上的落后、材料上的原始，以及施工质量的粗劣。出于这种认识，社会公众普遍崇羡西式建筑，对中国建筑则多持鄙薄的态度。[9] 如何看待中国建筑在现代建筑条件下存在的意义和价值，也成为梁思成和林徽因中国建筑研究所面临的问题。虽然他们并不否认中国建筑在功能和工程技术方面，或言"实用"和"坚固"两方面的落后，但显然不愿意因此而否认中国建筑作为一个独立的建筑体系的存在价值和它在艺术——或言"美观"——方面的成就。这段文字就是林从艺术角度对于中国建筑的辩护。

中国建筑的美观方面，现时可以说，已被一般人无条件的承认了。但是这建筑的优点，绝不是在那浅现的色彩和雕饰，或特殊之式样上面，却是深藏在那基本的，产生这美观的结构原则里，及中国人的绝对了解控制雕饰的原则上。我们如果要赞扬我们本国光荣的建筑艺术，则应该就他的结构原则，和基本技艺设施方面稍事探讨；不宜只是一味的，不负责任，用极抽象；或肤浅的诗意美诀，披挂在任何外表形式上，学那英国绅士骆斯肯（Ruskin）对高矗式（Gothic）建筑，起劲的唱些高调。

[评注] 称中国建筑的优点"绝不是在那浅现的色彩和雕饰，或特殊之式样"，林徽因又批判了另一位英国建筑史家福格森。在其1876 年初版的著作《印度和东方建筑史》一书中，福氏说："中国建筑和中国的其他艺术一样低级。它富于装饰，适于家居，但是不耐久，而且完全缺乏庄严、宏伟的气象，中国建筑并不值得太多的注意。不过，有一点启发的是，中国人是现在唯一视色彩为建筑的一种本质的人。事实上，对他们来说，色彩比造型更重要。……在艺术的低层次上做到这一点虽毋庸置疑，但对于高层次的艺术来说则另当别论。"[10] 此外，弗莱彻尔也认为中国建筑最大的特点不在于它的结构而在于它的装饰，它的装饰设计"往往超过了其他方面的考虑"。在此，林徽因立论的基础是中国建筑的"结构原则"。该原则来自西方近代建筑批评的结构理性主义传统，主张建筑应忠实地表现结构、材料和构造。这一传统的代表人物包括 19 世纪英国著名建筑师、建筑理论家普金和拉斯金（即林徽因在文章中提到的"骆斯肯"，John Ruskin，1819-1900），法国 19 世纪的维奥雷 - 勒 - 杜克和考古学家、建筑历史学家和工程师舒瓦西（Auguste Choisy，1841-1909）。结构理性主义也是 19 世纪中期到 20 世纪中期西方建筑评论的主流思想。

据 G. 赖特（Gwendolyn Wright）、梁思成等在宾夕法尼亚大学的老师克瑞（Paul Philippe Cret，1876-1945）十分强调让学生根据舒瓦西的建筑分析图去分析以往纪念性建筑中的要素，但不吸收那些风格和纪念物的程式。舒氏视建筑结构而不是风格为建筑的本质，这一思想与维奥雷 – 勒 – 杜克一脉相承。他的名著《建筑历史》（*Histoire de l'Architecture*，1899）关注的就是建造技术的发展过程。他在书中试图论证，真实地代表每一个时代和文化的建筑都产生于建造所派生出的一套法则和原则。[11] 他还曾说："新的结构是逻辑在艺术上的成功。一座建筑成为一个经过筹划的整体，其中每一个结构构件的造型不取决于传统的定式，而仅仅取决于其功能。"[12]

有趣的是，尽管拉斯金在其建筑写作中也大力提倡建筑结构和材料的真实性，[13] 并曾在 19 世纪英国哥特复兴运动中发挥了重要影响，但在这篇文章中林徽因对他并不认同。1929 年，林的好友徐志摩曾与画家徐悲鸿就现代艺术展开论战。徐志摩在题为"我也惑"的著名文章中以英国近代艺术史上拉斯金与现代派画家惠斯勒（James McNeill Whistler）之间的著名诉讼案为例讽喻了徐悲鸿对塞尚、马蒂斯的谩骂。徐志摩视拉斯金为守旧的代表，林徽因在本文中对拉斯金的轻视或与此有关。她与拉斯金的另一个不同之处见下文有关色彩的讨论。

＊　　＊　　＊

建筑艺术是个在极酷刻的物理限制之下，老实的创作。人类由使两根直柱架一根横楣，而能稳立在地平上起，至建成重楼层塔一类作品，其间辛苦艰难的展进，一部分是工程科学的进境，一部分是美术思想的活动和增富。这两方面是在建筑进步的一个总题之下，同行并进的。虽然美术思想这边，常常背叛他们共同的目标——创造好建筑——脱逾常轨，尽它弄巧的能事，引诱工程方面牺牲结构上诚实原则，来将就外表取巧的地方。在这种情形之下时，建筑本身常被连累，损伤了真的价值。在中国各代建筑之中，也有许多这样证例，所以在中国一系列建筑之中的精品，也是极罕有难得的。

大凡一派美术都分有创造，试验，成熟，抄袭，繁衍，堕落诸期，建筑也是一样。初期作品创造力特强，含有试验性。至试验成功，成绩满意，达尽善尽美程度，则进到完全成熟期。成熟之后，必有相当时期因承相袭，不敢，也不能，逾越已有的则例；这期间常常是发生订定则例章程的时候。再来便是在琐节上增繁加富，以避免单调，冀求变换，这便是美术活动越出目标时。这时期始而繁衍，继则堕落，失掉原始骨干精神，变成无意义的形式。堕落之后，继起的新样便是第二潮流的革命元勋。第二潮流有鉴于已往作品的优劣，再研究探讨第一代的精华所在，便是考据学问之所以产生。

[评注] 林徽因的这一表述体现了一种线性的历史观念。这种观念将历史对象比拟为生物体，视其遵循相似的发生、发展与衰落的过程。在艺术史上，其代表人物是被誉为"现代艺术史之父"的18 世纪德国艺术史家温克尔曼（Johann Joachim Winckelmann，1717-1768）。在其 1764 年的《古代艺术史》（*Geschichte der Kunst des Alterthums*）一书中，温氏为希腊艺术勾画出了一个四阶段风格发展的线性历史。这四个阶段是：旧式风格（Older Style）、宏大风格（Grand Style）、美丽风格（Beautiful Style）和模仿者风格（Style of Imitators），它们反映了希腊艺术的发生、发展、成熟和停滞。[14] 林徽因和梁思成毕业于宾夕法尼亚大学美术学院，从其写作对于视觉分析的重视上可以看出他们所受的 19 世纪后期以来形式主义美术史教育的影响。这一传统的代表人物是德国美术史家沃尔夫林（Heinrich Wölfflin，1864-1945）。沃氏通过形式分析，论证了巴洛克艺术与文艺复兴艺术一样，体现了各自特定时期社会的艺术意志，而不是文艺复兴艺术的衰退表现。他用一种相对主义的历史观念批判了温氏的线性发展观。梁、林虽然受到了沃氏形式分析的影响，但在历史写作上延续了温氏的叙述模式，并以结构理性主义为标准勾画了中国建筑的发展脉络。

中国建筑的经过，用我们现有的，极有限的材料作参考，已经可以略略看出各时期的起落兴衰。我们现在也已走到应作考察研究的时代了。在这有限的各朝代建筑遗物里，很可以观察，探讨其结构和式样的特征，来标证那时代建筑的精神和技艺，是兴废还是优劣。但此节非等将中国建筑基本原则分析以后，是不能有所讨论的。

＊　　＊　　＊

在分析结构之前，先要明了的是主要建筑材料，因为材料要根本影响其结构法的。中国主要建筑材料为木，次加砖石瓦之混用。外表上一座中国式建筑物，可明显的分作三大部：台基部分；柱梁部分；屋顶部分。台基是砖石混用。由柱脚至梁上结构部分，直接承托屋顶者则全是木造。屋顶除少数用茅茨，竹片，泥砖之外自然全是用瓦。面这三部分——台基，柱梁，屋顶——可以说是我们建筑最初胎形的基本要素。

［评注］赵辰在讨论梁思成的中国建筑史写作时曾说："梁思成进行的建筑诠释清楚显示了对西方古典主义'文法'的套用。首先，将建筑的立面作为建筑设计的根本目的来对待。用西方古典的立面（Façade）构图设计理论，来分析中国古代建筑的立面。如，意大利文艺复兴时期的'三段式'被用来诠释中国古建筑立面的'三段'（台基、柱梁、屋顶）或'四段'（台基、柱廊、斗、屋面）……"[15] 需要补充的是，中国古代其实也有类似的建筑三段式提法。正如李允鉌所指出："'三分说'并不是始于近代对中国传统建筑的研究才提出来的，一千年前北宋的著名匠师喻皓在他所著的《木经》一书上，就有'凡屋有三分，自梁以上为上分，地以上为中分，阶为下分'之说。"[16]

《易经》里："上古穴居而野处，后世圣人易之以宫室，上栋、下宇。以待风雨。"还有《史记》里："尧之有天下也，堂高三尺……"可见这"栋"、"宇"及"堂"（基）在最古建筑里便占定了它们的部位势力。自然最后经过繁重发达的是"栋"——那木造的全都。

所以我们也要特别注意。

[评注] 前文提到林徽因不仅指出了中国建筑在地域上的普遍性，也强调了它在历史上的持续性。从《易经》和《史记》中寻找中国建筑自古便是木构的证据就是这种努力的一个体现。

木造结构，我们所用的原则是"架构制"（Framing System）。在四根垂直柱的上端，用两横梁两横枋周围牵制成一"间架"（梁与枋根本为同样材料，梁较枋可略壮大。在"间"之左右称柁或梁，在间之前后称枋）。再在两梁之上筑起层叠的梁架以支横桁，桁通一"间"之左右两端，从梁架顶上"脊瓜柱"上次第降下至前枋上为止。桁上钉椽，并排梲篦，以承瓦板，这是"架构制"骨干的最简单的说法。总之"架构制"之最负责要素是：（一）那几根支重的垂直立柱；（二）使这些立柱，互相发生联络关系的梁与枋；（三）横梁以上的构造：梁架，横桁，木椽，及其他附属木造，完全用以支承屋顶的部分。（图3-1）

"间"在平面上是一个建筑的最低单位。普通建筑全是多间的且为单数。有"中间"或"明间"、"次间"、"稍间"、"套间"等称。

中国"架构制"与别种制度（如高矗式之"砌栱制"，或西欧最普通之古典派"垒石"建筑）之最大分别：（一）在支重部分之

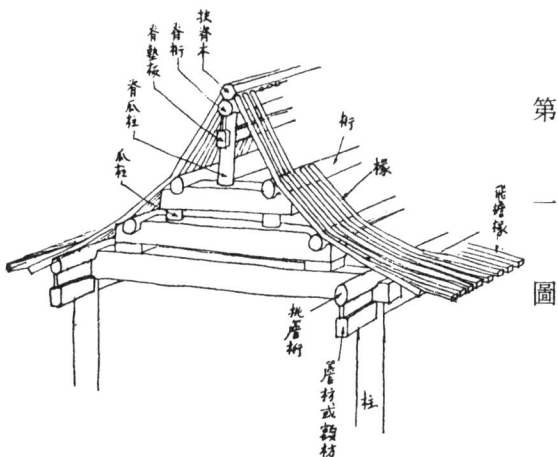

图3-1 林徽因："论中国建筑之几个特征"第一图来源：《中国营造学社汇刊》，第3卷第1期，1932年3月，168页。

完全倚赖立柱，使墙的部分不负结构上重责，只同门窗隔屏等，尽相似的义务——间隔房间，分划内外而已；（二）立柱始终保守木质，不似古希腊之迅速代之以垒石柱，且增加负重墙（Bearing wall）致脱离"架构"而成"垒石"制。

这架构制的特征，影响至其外表式样的，有以下最明显的几点：（一）高度无形的受限制，绝不出木材可能的范围。（二）即极庄严的建筑，也是呈现绝对玲珑的外表。结构上既绝不需要坚厚的负重墙，除非故意为表现雄伟的时候，酌量增用外（如城楼等建筑），任何大建，均不需墙壁堵塞部分。（三）门窗部分可以不受限制，柱与柱之间可以完全安装透光线的细木作——门屏窗牖之类。实际方面，即在玻璃未发明以前，室内已有极充分光线。北方因气候关系，墙多于窗，南方则反是，可伸缩自如。

[评注] 在此，林徽因对中国建筑造型特征的分析首先是从材料——木——出发，然后分析材料的构造方式——构架制，再分析它们对外形的影响。但这种材料和结构决定论的分析并不能解释为何哥特建筑采用比木材更短小的石材却能建造高大的形体和宽广的空间。在这方面，伊东忠太试图从文化的角度寻找答案。他认为中国建筑是"宫室本位"，即"中国古代无宗教，或以自己为本位之思想较宗教心为强。……故不能大成宗教之建筑。"[17]

这不过是这结构的基本方面，自然的特征。还有许多完全是经过特别的美术活动，而成功的超等特色，使中国建筑占极高的美术位置的，而同时也是中国建筑之精神所在。这些特色最主要的便是屋顶、台基、斗栱、色彩和均称的平面布置。

[评注] 林徽因在此将建筑特征分为材料和结构所导致的"自然特征"和经过人为的美术活动而造成的"超等特色"。她认为中国建筑的"超等特色"包括五点，即屋顶、台基、斗栱、色彩和均称的平面布置。

*　　*　　*

屋顶本是建筑上最实际必需的部分，中国则自古，不惮烦难的，使之尽善尽美。使切合于实际需求之外，又特具一种美术风格。屋顶最初即不止为屋之顶，因雨水和日光的切要实题，早就扩张出檐的部分。使檐突出并非难事，但是檐深则低，低则阻碍光线，且雨水顺势急流，檐下溅水问题因之发生。为解决这个问题，我们发明飞檐，用双层瓦椽，使檐沿稍翻上去，微成曲线。又因美观关系，使屋角之檐加甚其仰翻曲度。这种前边成曲线，四角翘起的"飞檐"，在结构上有极自然又合理的布置，几乎可以说它便是结构法所促成的。

［评注］林徽因对中国建筑屋顶特色的理解当受到了福格森的影响。在其 1859 年的著作《图像世界建筑志》(*The Illustrated Handbook of Architecture in All Ages and All Countries*) 中，福氏说："在中国，大雨集中于一年中的一个季节，于是中国普遍采用的瓦屋面需要较大的坡度以排雨水，但是另一个季节明媚的日照又使墙和窗的遮阳成为必要。……如果为了后一种需要而延长屋面，高窗将变得十分昏暗，同时也遮挡了视线。为了弥补这一弊端，中国人将渗漏问题不太大的外墙之外的屋檐部分沿水平方向折出。同时，为了打破两个折面之间的僵硬角度，他们采用了凹形的曲线。这样，既有效地解决了屋顶［排水和遮阳］的两个功能，又创造了中国人正确地视为美观的屋面造型。"[18] 伊东忠太在《支那建筑史》中也曾介绍了福氏的这一"构造起源说"。[19]

如何是结构法所促成的呢？简单说：例如"庑殿"式的屋瓦，共有四坡五脊。正脊寻常称房脊，它的骨架是脊桁。那四根斜脊，称"垂脊"，它们的骨架是从脊桁斜角，下伸至檐桁上的部分，称由戗及角梁。桁上所钉并排的椽子虽像全是平行的，但因偏左右的几根又要同这"角梁平行"，所以椽的部位，乃由真平行而渐斜，像裙裾的开展。

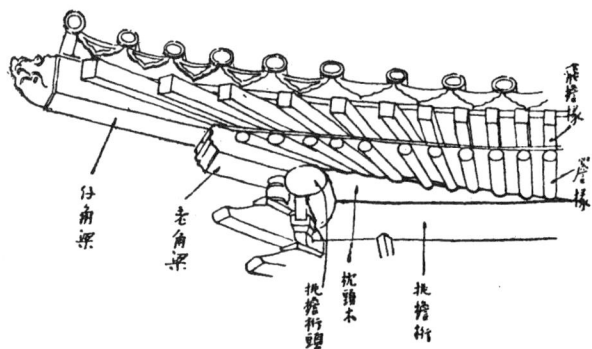

圖　二　第

图 3-2　林徽因："论中国建筑之几个特征"第二图来源：《中国营造学社汇刊》，第 3 卷第 1 期，1932 年 3 月，171 页。

角梁是方的，椽为圆径（有双层时上层便是方的，角梁双层时则仍全是方的）。角梁的木材大小几乎倍于椽子，到椽与角梁并排时，两个的高下不同，以致不能在它们上面铺钉平板，故此必需将椽依次的抬高，令其上皮同角梁上皮平。在抬高的几根椽子底下填补一片三角形木板称"枕头木"，如图二。（图 3-2）

［评注］在《支那建筑史》中，伊东忠太也试图解释中国建筑屋顶曲线形成原因。但他的答案依旧来自文化。他说："余以为中国屋顶形之由来，不可以一偏之理由说明之，只认为汉民族固有之趣味使然。要之屋顶之形，直线实不如曲线之美。如是解释，则简明而且合理。"[20] 此处林徽因从构造角度的解释显然更有说服力。[21]

这个曲线在结构上几乎不可信的简单，和自然，而同时在美观方面不知增加多少神韵。飞椽的美，绝用不着考据家来指点的。不过注意那过当和极端的倾向常将本来自然合理的结构变成取巧和复杂。这过当的倾向，外表上自然也呈出脆弱，虚张的弱点，不为审美者所取，但一般人常以为愈巧愈繁必是愈美，无形中多鼓励这种倾向。南方手艺灵活的地方，过甚的飞檐便是这种证例。外观上虽是浪漫的恣态，容易引诱赞美，但到底不及北方的庄重恰当，合于审美的最真纯条件。

［评注］中国台湾建筑学者汉宝德在20世纪60年代末批评梁思成所代表的早期中国建筑史研究忽略了中国建筑的地区性差异。他认为，中国古代，尤其是在宋代以后，文化传统的多样性非常显著，南方地区，特别是在明清时期，在经济上占有突出重要的位置。这一地区的地理条件和独特的人文传统促成了南方建筑在环境、功能、空间和材料等方面所取得的突出成就。"因此，要研究中国建筑史，即使简而化之，亦必须分为南北两系。"[22] 从上文可见，林并未"忽视"南方建筑，但出于结构理性主义的建筑批评标准，她认为北方建筑更符合审美的"真纯条件"，因此也更能代表中国建筑。

屋顶曲线不止限于挑檐，即瓦坡的全部也不是一片直坡倾斜下来。屋顶坡的斜度是越往上越增加，如图三。（图3-3）这斜度之由来是依着梁架叠层的加高，这制度称做"举架法"。这举架的原则极其明显，举架的定例也极简单只是叠次将梁架上瓜柱增高，尤其是要脊瓜柱特别高。

使檐沿作仰翻曲度的方法，在增加第二层檐椽。这层椽甚短只驮在头檐椽上面，再出挑一节。这样则檐的出挑虽加远，而不低下阻蔽光线。

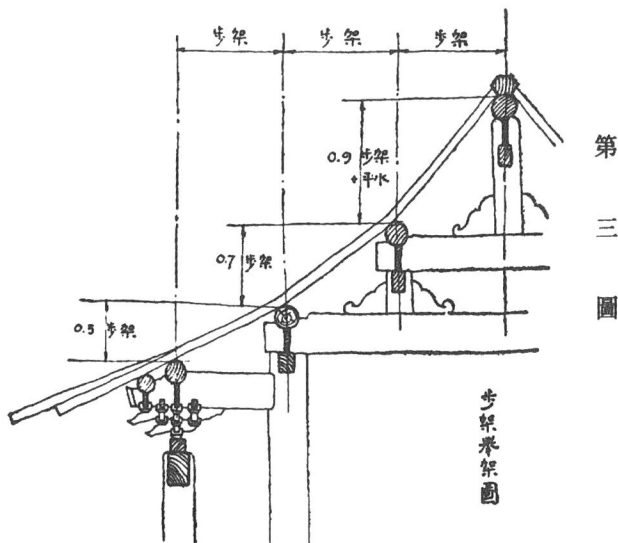

图 3-3　林徽因："论中国建筑之几个特征"第三图 来源：《中国营造学社汇刊》，第 3 卷第 1 期，1932年 3 月，172 页。

总的说起来，历来被视为极特异神秘之屋顶曲线，并没有什么超出结构原则，和不自然造作之处，同时在美观实用方面均是非常的成功。这屋顶坡的全部曲线，上部巍然高举，檐部如翼轻展，使本来极无趣，极笨拙的屋顶部，一跃而成为整个建筑的美丽冠冕。

在《周礼》里发现有"上欲尊而宇欲卑；上尊而宇卑，则吐水疾而霤远"之句。这句可谓明晰的写出实际方面之功效。

[评注]"上欲尊而宇欲卑；上尊而宇卑，则吐水疾而霤远"之句出自《周礼·冬官·考工记》中有关"轮人为盖"的记述。值得注意的是，"尊"、"卑"二字更为精确的含义仅仅是高与低，《考工记》之描述当是说明伞盖顶高檐低的造型。而且至今并无实例表明曲面屋顶在中国汉代以前就已经出现。但林徽因却宁愿把二字解释为陡与缓，并以此为依据说明中国建筑反曲屋面的功能性。

既讲到屋顶，我们当然还要注意到屋瓦上的种种装饰物。上面已说过，雕饰必是设施于结构部分才有价值，那么我们屋瓦上的脊瓦吻兽又是如何？

脊瓦可以说是两坡相联处的脊缝上一种镶边的办法，当然也有过当复杂的，但是诚实的来装饰一个结构部分，而不肯勉强的来掩饰一个结构枢纽或关节，是中国建筑最长之处。

瓦上的脊吻和走兽，无疑的，本来也是结构上的部分。现时的龙头形"正吻"古称"鸱尾"最初必是总管"扶脊木"和脊桁等部分的一块木质关键。这木质关键突出脊上，略作鸟形，后来略加点缀竟然刻成鸱鸟之尾，也是很自然的变化。其所以为鸱尾者还带有一点象征意义，因有传说鸱鸟能吐水拿它放在瓦脊上可制火灾。

走兽最初必为一种大木钉，通过垂脊之瓦，至"由戗"及"角梁"上，以防止斜脊上面瓦片的溜下，唐时已变成两座"宝珠"在今之"戗兽"及"仙人"地位上。后代鸱尾变成"龙吻"，宝珠变成"戗兽"及"仙人"，尚加增"戗兽"、"仙人"之间一列"走兽"，也不过是雕饰上变化而已。

并且垂脊上戗兽较大，结束"由戗"一段，底下一列走兽装饰在角梁上面，显露基本结构上的节段，亦甚自然合理。

南方屋瓦上多加增极复杂的花样，完全脱离结构上任务纯粹的显示技巧，甚属无聊，不足称扬。

[评注] 从构造的角度解释中国建筑的装饰也是林徽因的一个创见。[23] 在此，她还注意到了中国建筑装饰的象征性。这在中国营造学社的研究中并不多见。这当是因为，作为经过了五四运动和受到过中国近代科学主义影响的学者，他们更关注中国建筑的科学性，即其结构逻辑，并坚信中国建筑的美学本质在于它的结构的理性。比较而言，日本学者对中国建筑装饰的象征含义更为重视。如野崎诚近通过在华二十余年的调查和研究，曾著有《吉祥图案解题》（东京：株式会社平凡社，1928 年初版，1940 年再版）；伊东忠太的《支那建筑史》对中国建筑的装饰也有相当篇幅讨论。

外国人因为中国人屋顶之特殊形式，迥异于欧西各系，早多注意及之。论说纷纷，妙想天开；有说中国屋顶乃根据游牧时代帐幕者，有说象形蔽天之松枝者，有目中国飞檐为怪诞者，有谓中国建筑类儿戏者，有的全由走兽龙头方面，无谓的探讨意义，几乎不值得在此费时反证。总之这种曲线屋顶已经从结构上分析了，又从雕饰设施原则上审察了，而其美观实用方面又显著明晰，不容否认。我们的结论实可以简单的承认它艺术上的大成功。

[评注] 林徽因对外国学者这些看法的了解当来自英国学者叶慈。1930 年叶慈有关中国建筑的论述被译成中文并在《中国营造学社汇刊》上发表。[24] 他总结当时西方学界对于中国建筑的认识时说："次于塔者，则中式之屋顶也。其飞檐之曲折，其丰富之装饰，予外人以奇异之感想。由此而得甚多之解说。多半毫无根据。就中所谓'源于中国之游牧先民所用之帐幕'。然中国之先民，可谓游牧民族乎？纵使如此，其所用之帐幕，即为吾人所见者乎？不独此

也。飞檐式，直至纪元后五百年，始出现也。尤以蓝朴雷（Surgeon Lamprey）氏所说为最可笑。其意曰：'飞檐似松树之虬枝。而檐端之走兽，似松鼠也。'白希曼博士（Dr. Boerschmann）则曰：'华人之用飞檐，盖欲表示人生之动作，且以象种种岩峦树木之形。'更有人谓：'由于特殊之气候情形，不得不用高凸之屋顶，以洩霖雨蔽烈日也。'总之，此问题尚未得相当解决。亦不知飞檐究起于何时。"显然，林对这些看法都不同意。她坚信中国反曲屋面在功能和结构方面的合理性。

伊东忠太对这些观点也有介绍，但他也认为它们"实完全不足取之臆说也"。[25]

中国建筑的第二个显著特征，并且与屋顶有密切关系的，便是，"斗栱"部分。最初檐承于椽，椽承于檐桁，桁则架于梁端。此梁端即是由梁架延长，伸出柱的外边。但高大的建筑物出檐既深，单指梁端支持，势必不胜，结果必产生重叠的木"翘"支于梁端之下。但单藉木翘不够担全檐沿的重量，尤其是建筑物愈大，两柱间之距离也愈远，所以又生左右岔出的横"栱"来接受檐桁。这前后的木翘，左右的横栱，结合而成"斗栱"全部（在栱或翘昂的两端和相交处，介于上下两层栱或翘之间的斗形木块称"枓"）。"昂"最初为又一种之翘，后部斜伸出斗栱后用以支"金桁"。

斗栱是柱与屋顶间的过渡部分。使支出的房檐的重量渐次集中下来直到柱的上面。斗栱的演化，每是技巧上的进步，但是后代斗栱（约略从宋元以后），便变化到非常复杂，在结构上已有过当的部分，部位上也有改变。本来斗栱只限于柱的上面（今称柱头斗）后来为外观关系，又增加一攒所谓"平身科"者，在柱与柱之间。明清建筑上平身科加增到六七攒，排成一列，完全成为装饰品，失去本来功用。"昂"之后部功用亦废除，只余前部形式而已。（图3-4）

不过当复杂的斗栱，的确是柱与檐之间最恰当的关节，集中横展的屋檐重量，到垂直的立柱上面，同时变成檐下一种点缀，可作结构本身变成装饰部分的最好条例。可惜后代的建筑多减轻斗栱的

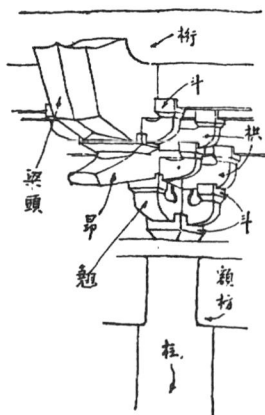

圖 四 第

图3-4　林徽因："论中国建筑之几个特征"第四图来源：《中国营造学社汇刊》，第3卷第1期，1932年3月，174页。

结构上重要，使之几乎纯为奢侈的装饰品，令中国建筑失却一个优越的中坚要素。

[评注] 诚如李军指出，林徽因对中国建筑斗栱在结构功能与造型特征上的变化的理解受到了瑞典艺术史家喜龙仁的影响。[26] 喜龙仁在他 1930 年出版的《中国早期美术史》第四卷（也即建筑卷）中写道："总体上斗栱在形式上和构造上的持续变化并非是强化构造，反而是削弱它。它们在各个方向上都被增加了，曲栱形成长列，攒距也紧密了，好像是屋顶的承托，但是它们的承重并未加强，因为所有的构件都变小了，一些还逐渐失去了建构方面的功能。……明代的建造活动其实非常频繁，反映出国家在整个朝代所具有的能量和创造力。但是，在建筑领域，所有这些新的活动并不意味着进步，正如我们已经反复指出的，那些建筑是根据传统形式和风格建造，而诸如柱、梁、斗栱和屋顶等构件上的改动是为了加强装饰性而非为了结构的重要性。"[27] 喜龙仁还说："中国旧的建筑的典型特征和重要性在于木结构的明晰与真率。它是纯粹木工的艺术，取决于对材料的特殊要求。每个部分都有确定的功能，并不为任何附加装饰所掩蔽。……但是一旦这些被纯粹装饰性的趋势所侵蚀，它的活力就终止了，它未来持续发展的可能也被摧毁了。"[28]

斗栱的演进式样和结构限于篇幅不能再仔细述说，只能就它的极基本原则上在此指出它的重要及优点。

* * *

斗栱以下的最重要部分，自然是柱，及柱与柱之间的细巧的木作。魁伟的圆柱和细致的木刻门窗对照，又是一种艺术上满意之点。不止如此，因为木料不能经久的原始缘故，中国建筑又发生了色彩的特征。涂漆在木料的结构上为的是：（一）保存木质抵制风日雨水，（二）可牢结各处接合关节，（三）加增色彩的特征。这又是兼收美观实际上的好处，不能单以色彩作奇特繁华之表现。彩绘的设施在中国建筑上，非常之慎重，部位多限于檐下结构部分，在阴影掩映之中。主要彩色亦为"冷色"如青蓝碧绿，有时略加金点。其他檐以下的大部分颜色则纯为赤红，与檐下彩绘正成反照。中国人的操纵色彩可谓轻重得当。设使滥用彩色于建筑全部，使上下耀目辉煌，必成野蛮现象，失掉所有庄严和调谐。别系建筑颇有犯此忌者，更可见中国人有超等美术见解。

至彩色琉璃瓦产生之后，连黯淡无光的青瓦，都成为片片堂皇的黄金碧玉，这又是中国建筑的大光荣，不过滥用杂色瓦，也是一种危险，幸免这种引诱，也是我们可骄傲之处。

［评注］伊东忠太曾说："中国建筑，乃色彩之建筑也。若从中国建筑中除去其色彩，则所存者等于死灰矣。"[29] 不过与福格森对中国建筑色彩的贬斥不同，伊东称赞"中国人对于色彩有极成熟之考察与技巧也。"[30] 他还说："中国建筑上特异手法之当特笔记载者，即屋顶之色彩也。如前所述，宫殿庙祠等屋顶，依其资格而葺以黄绿等釉瓦，其他仍有种种之色。如北平西郊万寿山离宫众香界之屋顶，为黄底而加青紫等花纹。又北平皇城内南海太液池中瀛台，为建筑之最华美者，各宇各异其色，各宇之屋顶，用不同色之釉瓦饰之，远望之如神话国之宫殿，有超出现世界之梦幻的趣味。"[31] 但伊东对中国建筑色彩的讨论除指出其对木料的保护作用之外，还强调了不同色彩的象征含义。

此外，美国建筑师茂飞在 1928 年撰文指出中国建筑的五个突出特点。这些特点不仅包括反曲的屋面、有序的布局、真率的构造以及建筑各构件间完美的比例还包括华丽的色彩。[32]

伊东忠太、茂飞和林徽因对中国建筑色彩的重新肯定或是受到了两方面的影响，一是 19 世纪以来西方学者对希腊神庙的深入考察和研究，二是 19 世纪后期英国哥特复兴建筑。前者进一步证明了希腊神庙原有彩饰（polychromy）的存在及其意义，极大地改变了人们长期以来对于古典建筑之美是来自于纯形状这一认识。[33] 后者视色彩为一种自然和生命的表达，其代表性理论家就是拉斯金。[34]

但是，林强调中国建筑色彩对于结构的表现作用（architectonic representation），这一点与伊东忠太、茂飞，甚至拉斯金对建筑色彩的认识都不同。

* * *

还有一个最基本结构部分——台基——虽然没有特别可议论称扬之处，不过在全个建筑上看来，有如许壮伟巍峨的屋顶如果没有特别舒展或多层的基座托衬，必显出上重下轻之势，所以既有那特种的屋顶，则必需有这相当的基座。架构建筑本身轻于垒砌建筑，中国又少有多层楼阁，基础结构颇为简陋。大建筑的基座加有相当的石刻花纹，这种花纹的分配似乎是根据原始木质台基而成，积渐施之于石。与台基连带的有石栏，石阶，輦道的附属部分，都是各有各的功用而同时又都是极美的点缀品。

* * *

最后的一点关于中国建筑特征的，自然是它的特种的平面布置。平面布置上最特殊处是绝对本着均衡相称的原则，左右均分的对峙。这种分配倒并不是由于结构，主要原因是起于原始的宗教思想和形式，社会组织制度，人民俗习，后来又因喜欢守旧仿古，多承袭传统的惯例。结果均衡相称的原则变成中国特有一个固执嗜好。

［评注］伊东忠太也曾讨论过中国建筑平面布局的对称性。他说："欧美学者谓中国建筑千篇一律，其理由之一即中国建筑之平面布置，不问其建筑之种类如何，殆常取左右均齐之势，此亦事实也。无论何国，凡以仪式为本位之建筑，或以体裁为本位之建筑，虽取左右均齐之配置，然如住宅，以生活上实用为主者，则渐次进步发达，普通多用不规则之平面。中国住宅，至今犹保太古以来左右均齐之配置，诚天下之奇迹也。"[35]

例外于均衡布置建筑，也有许多。因庄严沉闷的布置，致激起故意浪漫的变化；此类若园庭、别墅，官苑楼阁者是平面上极其曲折变幻，与对称的布置正相反其性质。中国建筑有此两种极端相反布置，这两种庄严和浪漫平面之间，也颇有混合变化的实例，供给许多有趣的研究，可以打消西人浮躁的结论，谓中国建筑布置上是完全的单调而且缺乏趣味。但是画廊亭阁的曲折纤巧，也得有相当的限制。过于勉强取巧的人工虽可令寻常人惊叹观止，却是审美者所最鄙薄的。

　　[评注] 伊东忠太在讨论中国建筑的平面布局时也注意到园林建筑的不规则性。他说："然中国人有特别之必要时，亦有破除左右均齐之习惯而取不规则之平面配置者。例如北京宫城内之西苑，有弯曲样式之桥，有作波澜样式之墙壁。杭州西湖有作折线样式之九曲桥。是等为庭园之风致计，故力避均齐之平面布置。" [36] 比较可见，林徽因认同伊东的这一看法。不过这种看法在 18 世纪西方有关中国建筑和园林的讨论中就已出现，对于伊东和林徽因而言应属常识。[37]

＊　　＊　　＊

　　在这里我们要提出中国建筑上的几个弱点。（一）中国的匠师对木料，尤其是梁，往住用得太费。他们显然不明了横梁载重的力量只与梁高成正比例，而与梁宽的关系较小。所以梁的宽度，由近代的工程眼光看来，往住嫌其太过。同时匠师对于梁的尺寸，因没有计算木力的方法，不得不尽量的放大，用极大的 Factor of safety，以保安全。结果是材料的大靡费。（二）他们虽知道三角形是唯一不变动的几何形．但对于这原则极少应用。所以中国的屋架，经过不十分长久的岁月，便有倾斜的危险。我们在北平街上，到处可以看见这种倾斜而用砖墙或木柱支撑的房子。不惟如此，这三角形原则之不应用，也是屋梁费料的一个大原因，因为若能应用此原则，梁就可用较小的木料。（三）地基太浅是中国建筑的大病。普通则例规定是台明高之一半，下面再垫上几点灰土。这种做法很不彻底，尤其是在北方，地基若不刨到结冰线（Frost line）以下，建筑物的坚实方面，因地的冻冰，一定要发生问题。好在这几个缺点，在新建筑师的手里，并不成难题。我们只怕不了解，了解之后，要去避免或纠正是很容易的。

结构上细部枢纽，在西洋诸系中，时常成为被憎恶部分。建筑家不惜费尽心思来掩蔽它们。大者如屋顶用女儿墙来遮掩，如梁架内部结构，全部藏入顶篷之内；小者如钉，如合叶，莫不全是要掩藏的细部。独有中国建筑敢袒露所有结构部分，毫无畏缩遮掩的习惯，大者如梁，如椽，如梁头，如屋脊，小者如钉，如合叶，如箍头。莫不全数呈露外部，或略加雕饰，或布置成纹，使转成一种点缀。几乎全部结构各成美术上的贡献。这个特征在历史上，除西方高矗式建筑外，惟有中国建筑有此优点。

［评注］结构和材料的真实性是普金和拉斯金等19世纪建筑理论家赞美哥特建筑的一个重要理由。[38] 根据建筑对于结构和构造的表现与否，林徽因将中国建筑与哥特式建筑这一西方最重要的建筑体系之一并置。

现在我们方在起始研究，将来若能将中国建筑的源流变化悉数考察无遗，那时优劣诸点，极明了的陈列出来，当更可以慎重讨论，作将来中国建筑趋途的指导。省得一般建筑家，不是完全遗弃这已往的制度，则是追随西人之后，盲目抄袭中国宫殿，作无意义的尝试。

关于中国建筑之将来，更有特别可注意的二点：我们架构制的原则适巧和现代"洋灰铁筋架"或"钢架"建筑同一道理；以立柱横梁牵制成架为基本。现代欧洲建筑为现代生活所驱，已断然取革命态度，尽量利用近代科学材料，另具方法形式，而迎合近代生活之需求。若工厂，学校，医院，及其他公共建筑等为需要日光便利，已不能仿取古典派之垒砌制，致多墙壁而少窗牖。中国架构制既与现代方法恰巧同一原则，将来只需变更建筑材料，主要结构部分则均可不有过激变动，而同时因材料之可能，更作新的发展，必有极满意的新建筑产生。

[评注] 将中国建筑与现代建筑相类比以证明其复兴的可能性是林著与众外国学者相关论述最大的不同。1932 年出版的现代建筑经典名著《国际式——1922 年以来的建筑》同样采取结构理性主义的立场，把现代建筑在结构方面的发展，尤其是框架结构的普遍采用，看作是现代建筑造型变化的根本原因和现代建筑的本质特征。林的观点发表在 1931 年底或 1932 年初，她当未曾研读过希区柯克和约翰逊的这部新作。这一偶然相合无疑表明了林在建筑思维上的敏锐和深刻。也正是因为相信"中国架构制既与现代方法恰巧同一原则"，林所以在文章的最后充满信心地说："将来只需变更建筑材料，主要结构部分则均可不有过激变动，而同时因材料之可能，更作新的发展，必有极满意的新建筑产生。"

"论中国建筑之几个特征"无疑是中国建筑史研究的一篇里程碑性论文。在此，作为一名建筑家的林徽因借助于西方近现代建筑中的结构理性主义思想，为评价中国建筑找到了一个美学基础，从而全面地论证了它在世界建筑中的地位，它的历史演变脉络，它与现代建筑的关联，以及它在现代复兴的可能性。

从中国现代文化发展的角度考察，林徽因的写作还体现了一名民族主义知识精英的文化自觉意识和文化复兴愿望。法国后殖民主义批评家弗朗茨·法侬（Frantz Fanon）认为，被殖民地的本土知识分子在外来强权侵略之下发展民族文化要经过三个阶段，借助这一思想我们或许可以更清楚地认识林徽因的意义：如果说 1910 年代中国最初的留洋建筑师对于西方建筑体系的全盘接受和由此导致的对本土建筑的彻底否定代表了"吸收消化占领者强势文化"（assimilated the culture of the occupying power）的第一阶段，那么 1920 年代中期的中山陵则标志着中国建筑师进入了第二阶段，即"他的童年往昔从记忆深处唤回"（Past happenings of the bye-gone days of his childhood will be brought up out of the depths

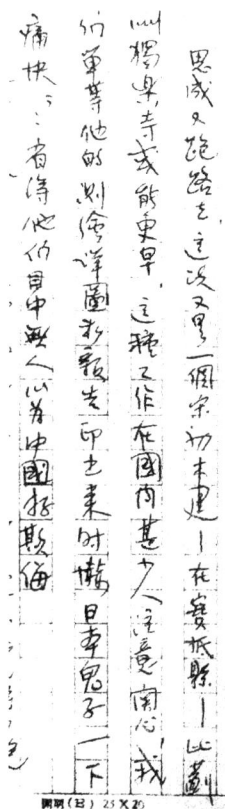

图 3-5 林徽因致胡适信，1932 年 6 月 14 日
来源：耿云志主编《胡适遗稿及秘藏书信》，第 29 卷（合肥：黄山书社，1994 年），387 页。

of his memory），他的自我意识开始觉醒，"他要记住我是谁"。"论中国建筑之几个特征"一文表明，现代中国建筑师们正努力迈向另一个新阶段。在这个被称作"战斗"（fighting）的阶段里，他们感到有必要"对他们的民族说话，要为表达人民的心声造句，要成为一个行动中的新现实的代言人。"[39]

最后，在结束关于林徽因重要论文的文本分析之前，再让我们对这篇文章产生的"文脉"作一回溯。就在林发表演讲之前两个月，日本发动了侵占中国东北的九一八事变；4 个多月后，1932 年 1 月 28 日，日军又对上海闸北进行了狂轰滥炸。面对日本当局的霸道欺凌与民国政府的委曲求全，中国民众充满义愤和悲痛。更让中国营造学社同仁有切肤之痛的是，由学社"荟集许多遗本，以最新科学艺术模印而成"的新版《营造法式》书板也在日军对商务印书馆的轰炸中，与该馆历年搜集的所有珍异图书一道化为灰烬。营造学社的有关启示就刊登在林徽因论文之后。[40] 如此，林捍卫民族文化的使命感就具有了更为现实的关联——1932 年 6 月 14 日，就在"论中国建筑之几个特征"一文发表 3 个月之后林徽因曾致信胡适。她在解释徐志摩不幸遇难半年之后朋友中尚无对他的文字严格批评的文章时说："国难期中大家没有心绪，沪战烈时更谈不到文章。"在结尾，她又说："思成又跑路去，这次又是一个宋初木建——在宝坻县——比蓟州独乐寺或能更早。这种工作在国内甚少人注意关心，我们单等他的测绘详图和报告印出来时吓日本鬼子一下痛快痛快，省得他们目中无人，以为中国好欺侮。"[41]（图 3-5）

注释

1　Fanon, Frantz (Farrington, Constance, trans.), "On National Culture," in *The Wretched of the Earth* (New York: Grove Press, Inc, 1963): 170. 笔者译。

2　林徽音（林徽因）："论中国建筑之几个特征"，《中国营造学社汇刊》，第 3 卷第 1 期，1932 年 3 月，163-179 页。

3　伊东忠太著，陈清泉译补，梁思成校订《中国建筑史》（上海：商务印书馆，1937 年），4-6 页。

4　王贵祥："驳《新京报》记者谬评"，王贵祥《承尘集（史说新语——建筑史学人随笔）》，北京：清华大学出版社，2014 年，97-109 页。

5　伊东忠太著，陈清泉译补，梁思成校订《中国建筑史》（上海：商务印书馆，1937 年），4-6 页。

6　Fletcher, Banister, *A History of Architecture on the Comparative Method*, 6thed. (London: B. T. Batsford Ltd., 1921): 784. 另请参见赵辰："从'建筑之树'到'文化之河'"，《建筑师》，第 93 期，2000 年 4 月，92-95 页。

7　赵辰："中国建筑学术的先行者林徽因"，见赵辰《立面的误会》（北京：三联书店，2007 年），51 页。

8　童寯："卫楚伟论建筑师之教育"，《中国建筑》，第 2 卷第 8 期，1934 年 8 月，2 页。

9　赖德霖："'科学性'与'民族性'——近代中国的建筑价值观"，《建筑师》，第 62、63 期，1995 年，48-59、59-76 页。

10　Fergusson, James, *History of Indian and Eastern Architecture* (New York: Docld, Mead & Company, 1891): 687-688. 笔者译。

11　Wright, Gwendolyn, "History for Architects," in Wright, Gwendolyn & Parks, Janet, eds., *The History of History in American School of Architecture, 1865-1975* (New York: The Temple Hoyne Buell Center for the Study of American Architecture, 1990): 23-25. 笔者译。

12　转引自 Kruft, Hanno-Walter, *A History of Architectural Theory from Vitruvius to the Present* (Zwemmer: Princeton Architectural Press, 1994), 288.

13　如拉斯金在其名著《建筑七灯》（The Seven Lamps of Architecture, 1849）中将材料、结构和构造的"真实性"（Truth）列为建筑的第二项重要原则，仅次于工匠们的牺牲精神（Sacrifice），而高于"力度"（Power）、"美感"（Beauty）、"生活"（Life）、"记忆"（Memory）和虔敬（Obedience）。

14　Winckelmann, Johann Joachim (Gode, Alexander, trans), *History of Ancient Art* (New York: Frederick Ungar Publishing Co., 1968), Book VIII: 115-143.

15　赵辰："'民族主义'与'古典主义'——梁思成建筑理论体系的矛盾性与悲剧性之分析"，见：张复合主编《中国近代建筑研究与保护》（二）（北京：清华大学出版社，2001 年），77-86 页。

16　李允鉌《华夏意匠》（香港：广角镜出版社，修订版，1984 年），162 页。

17　伊东忠太著，陈清泉译补，梁思成校订《中国建筑史》（上海：商务印书馆，1937 年），40-42 页。

18　Fergusson, James, *The Illustrated Handbook of Architecture in All Ages and All Countries* (London: John Murray, 1859), 140. 笔者译。

19　伊东忠太著，陈清泉译补，梁思成校订《中国建筑史》（上海：商务印书馆，1937 年），49 页。

20　伊东忠太著，陈清泉译补，梁思成校订《中国建筑史》（上海：商务印书馆，1937 年），50 页。

21　在笔者看来，关于中国建筑曲面屋顶形成原因，或许还可以从屋瓦构造的角度进行解释。即中国建筑屋面一般先从下至上叠铺仰瓦，再在竖向的瓦垄之间用倒扣的仰瓦或半圆形的筒瓦压缝。显然，反曲的屋面会有助于加强瓦片之间的摩擦力，不仅有助于屋顶的防风和防水，还有助于防止屋瓦的下滑和脱落。而南方建筑屋面往往不用灰泥做粘接层，而采用直接在木椽上铺仰瓦的"冷摊瓦"做法，因此需要更大曲度。

22　汉宝德《明清建筑二论》(台北：境与象出版社，1969 年初版)，9 页。

23　当代中国建筑史家楼庆西关于中国建筑装饰的讨论受到林徽因这一观点的影响。

24　Yetts, Walter Perceval, "Writings on Chinese Architecture,"《中国营造学社汇刊》，第 1 卷第 1 册，1930 年 7 月，1–8 页。中译见同期，笔者校。

25　伊东忠太著，陈清泉译补，梁思成校订《中国建筑史》(上海：商务印书馆，1937 年)，48–51 页。

26　李军："古典主义、结构理性主义与诗性的逻辑——林徽因、梁思成早期建筑设计与思想的再检讨"，《中国建筑史论汇刊》，第 5 辑，2012 年，383–427 页。

27　Sirén, Osvald, A History of Early Chinese Art (London: Ernest Benn, Limited, 1930), Vol.4, 71. 笔者译。

28　Sirén, Osvald, A History of Early Chinese Art (London: Ernest Benn, Limited, 1930), Vol.4, 72. 笔者译。

29　伊东忠太著，陈清泉译补，梁思成校订《中国建筑史》(上海：商务印书馆，1937 年)，61 页。

30　伊东忠太著，陈清泉译补，梁思成校订《中国建筑史》(上海：商务印书馆，1937 年)，61 页。

31　伊东忠太著，陈清泉译补，梁思成校订《中国建筑史》(上海：商务印书馆，1937 年)，66 页。

32　Murphy, Henry K., "An Architectural Renaissance in China: The Utilization in Modern Public Buildings of the Great Styles of the Past," Asia 28, June, 1928, 507. 笔者译。

33　Essays by Vischer, Robert; Fiedler, Conrad; Wolfflin, Heinrich; Goller, Adolf; Von Hildebrand, Adolf & Schmarsow, August (Mallgrave, Harry Francis & Ikonomou, Eleftherios Introduction & trans.), Empathy, Form, and Space, Problems in German Aesthetics, 1873–1893 (Texts and Document Series) (Santa Monica, CA: Getty Center for the Hisotry of Art and the Humanities, 1994): 32–33.

34　Ruskin, John, Modern Painters (1848–1868); Seven Lamps of Architecture (1849); Stones of Venice (1851–1853).

35　伊东忠太著，陈清泉译补，梁思成校订《中国建筑史》(上海：商务印书馆，1937 年)，44 页。

36　伊东忠太著，陈清泉译补，梁思成校订《中国建筑史》(上海：商务印书馆，1937 年)，47 页。

37　详见陈志华《中国造园艺术在欧洲的影响》，2006 年。

38　见 Pugin, A. W. N., The True Principles of Pointed or Christian Architecture (1841); Ruskin, John, The Seven Lamps of Architecture (1849) and The Stones of Venice (1853).

39　Fanon, Frantz (Farrington, Constance, trans.), "On National Culture," in The Wretched of the Earth (New York: Grove Press, Inc, 1963): 179. 笔者译。

40　"《营造法式》板本之一大劫"，《中国营造学社汇刊》，第 3 卷第 1 期，1932 年 3 月，180 页。

41　耿云志主编《胡适遗稿及秘藏书信》，第 29 卷(合肥：黄山书社，1994 年)，387 页。按：该建筑即宝坻广济寺三大士殿，经梁思成确认建于公元 1025 年。见梁思成"宝坻广济寺三大士殿"，《梁思成全集(一)》(北京：中国建筑工业出版社，2001 年)

梁思成（1901–1972）
来源：林洙女士授权发表

第4章 学院派来源与梁思成的 "文法－词汇"表述

　　[中国建筑的]这一切特点都有一定的风格和手法，为匠师们所遵守，为人民所承认，我们可以叫它做中国建筑的'文法'。建筑和语言文字一样，一个民族总是创造出他们世世代代所喜爱，因而沿用的惯例，成了法式。……至如梁、柱、枋、檩、门、窗、墙、瓦、槛、阶、栏杆、隔扇、斗栱、正脊、垂脊、正吻、戗兽、正房、厢房、游廊、庭院、夹道等等，那就是我们建筑上的'词汇'，是构成一座或一组建筑的不可少的构件和因素。[1]

——梁思成

　　"文法"和"词汇"是梁思成中国建筑历史研究和中国风格建筑创作思想表述中的一对概念。他不仅用它们来说明中国建筑法式与结构构件和造型要素之间的关系，还由此发展出其中国风格建筑创作的方法，即"建筑可译论"。因此这对概念可以说是梁思成的中国建筑史研究与中国风格建筑设计理论的原点，在中国近现代建筑史上具有重要意义。梁的这一表述目前已经引起了学界的重视，[2]但对其追本溯源的研究尚付阙如。本文试图将两个概念置于梁所受的学院派建筑教育背景中进行考察。我相信这项研究不仅可以帮助理解梁的《营造法式》研究，他在1935年所编纂的《建筑设计参考图集》和在1950年代所提出的"建筑可译论"思想的理论基础，还可以进一步厘清学院派建筑教育对中国的影响，并在更大的范围内揭示中国近现代建筑史上许多"中国风格"建筑的设计方法论本质，从而贡献于中国的建筑学术史以及建筑设计思想史。这是因为，在我看来，无论是 19 世纪后期和 20 世纪初期的中国古典复兴式建筑，还是 1950 年代"社会主义内容，民族形式"的新创作，甚至1980 年代和 1990 年代的"古都风貌式"以及所谓的"欧陆风格"设计都有着相同的方法论来源，这就是法国巴黎美术学院的"构图"与"要素"设计理论。

1. 迪朗与加代的"构图"与"要素"理论

梁思成毕业于美国宾夕法尼亚大学这座美洲巴黎美术学院派的重要学校。所以，理解他的"文法－语汇"表述及其对于梁本人中国建筑史研究和中国风格建筑创作思想的影响，首先需要追溯由巴黎美院所主导的西方近代建筑教育。

巴黎美术学院（École des Beaux-Arts）的前身是 1648 年在路易十四当政初期成立的皇家绘画与雕塑院（Académie Royale de Peinture et de Sculpture），1671 年增加了皇家建筑院（Académie Royale d'Architecture），1863 年经国王拿破仑三世批准重新命名为美术学院，1968 年学校因爆发学潮而被政府勒令停办。学院历史上有许多著名建筑家，其中如老勃隆台（François Blondel, 1617-1686），勃夫杭（Germain Boffrand, 1667-1754），加布里埃尔（Ange-Jacques Gabriel, 1698-1782），小勃隆台（Jacques-François Blondel, 1705-1774），勒禾瓦（Julien-David Leroy, 1724-1803），毕禾（Mare-Joseph Peyre, 1730-1785），杜佛尼（Leon Dufourny, 1754-1818），加特麦理－德－昆西（Antoine-Chrysostome Quatremère de Quinoy）（Quatremère de Quincy, 1755-1849），巴勒达（Louis-Pierre Baltard, 1764-1846），拉苏尔（J.-B.-C. Lesueur, 1794-1883），拉布鲁斯特（Henri Labrouste, 1801-1875），维奥雷－勒－杜克，加代（Julien Guadet, 1834-1908），以及毕赫（Auguste Perret, 1874-1954）等。他们在不同程度或不同方面上奠定或发展了学院的古典主义和理性主义

建筑传统。在这些人当中，对于近代建筑教育影响最大的就是加代。

在介绍加代的建筑理论之前有必要先了解另一位法国重要建筑家迪朗（Jean-Nicolas-Louis Durand，1760-1834）的思想，正如曾经担任过剑桥大学和宾夕法尼亚大学教授的著名建筑史家里克沃特（Joseph Rykwert）所说，迪朗的教学方法"是全世界所谓学院派建筑教育的基础"。[3] 迪朗是法国新古典主义建筑大师部雷（Etienne-Louis Boulée，1728-1799）的学生。部雷在牛顿纪念馆等方案设计中前无古人地对方圆几何体的运用已为建筑界所熟知。但里克沃特认为，部雷仍然延续了自罗马维特鲁威以来"模仿论"的建筑思想，即认为柱式起源于对人体的模仿，建筑起源于原始棚屋，而这种模仿论依然带有感性色彩，因此迪朗试图将其抛弃并为建筑设计寻找更为理性的基础。[4]

迪朗任教于巴黎综合技术学院（Ecole Polytechnique），在19世纪初出版了《古今各类大型建筑汇编与对比》（*Recueil et parallèle des édifices de tout genre anciens et modernes*，1800）及其附录《皇家工艺学院建筑课程设置示意图》（*Partiegraphique des cours d'architecture faits a l'Ecole royal polytechnique*，1821），以及《皇家工艺学院建筑课程概要》（*Précis des leçons d'architecture données à l'École royale polytechnique*，1802-1805）二书。里克沃特说，迪朗的基本教学方法很简单，主要包括两方面的内容，一是要素（elements），二是构图（composition）。[5] 迪朗自己说，"要素对于建筑就如同词汇对于言语和音符对于音乐。不很好地了解它们，就寸步难行。"[6] 他还在1821年说，"任何完整的房屋都只不过是或多或少的局部的集合或构成。"[7] 所谓要素即各种材料、材料的应用和复杂组合、墙体、拱券和立柱——也即迪朗所认为的古典柱式。而构图，即建筑形体、空间和所有构成要素的组合方式，更是迪朗教学的核心。除坚固、健康和舒适之外，构图的目的还包括经济。对他来说经济是指"简洁、规则，以及尽可能的对称"，因为这样可以简化、明晰化并且规则化建筑结构。最简洁的构图就是或方或圆的几何形,而控制几何形的系统就是有主有次的轴线。迪朗对于装饰、柱式的象征含义,以及风格等问题没有兴趣,他的构图思想的基础就是几何的形体和数学的绘图。[8]《建筑理论史：从维特鲁威到现在》一书的作者、德国奥古斯堡大学(University of Augsburg)教授克拉夫特(Hanno-Walter Kruft)说,迪朗的建筑构图理论体现了他所认为的具有普遍性的理性主义原则。这一构图的出发点不是建筑空间,而是平立面,以及由此产生的形体组合。迪朗还把他的构图方法简化为一种可以有无数种组合可能的格网系统(图 4-1)。[9]迪朗也关心建筑的功能,并根据功能寻找每一种类型的典型形制。为了寻求各种建筑类型的特点,他在自己的著作里汇编了各种题材的历史材料,根据种类排列不同建筑的平面,并试图展现这些建筑从原始到复杂的演变。[10]

被誉为"巴黎美术学院传统的高峰及其百科全书式的综合者"的加代在近代建筑教育上的影响更大。[11]班南(Reyner Banham)说,加代延续了学院派的传统,直溯法国新古典主义建筑的黄金时代,他的思想呼应了迪朗的观点。[12]加代受业于拉布鲁斯特,1864年获罗马大奖,1872年回美院任教,1894年被任命为建筑理论主

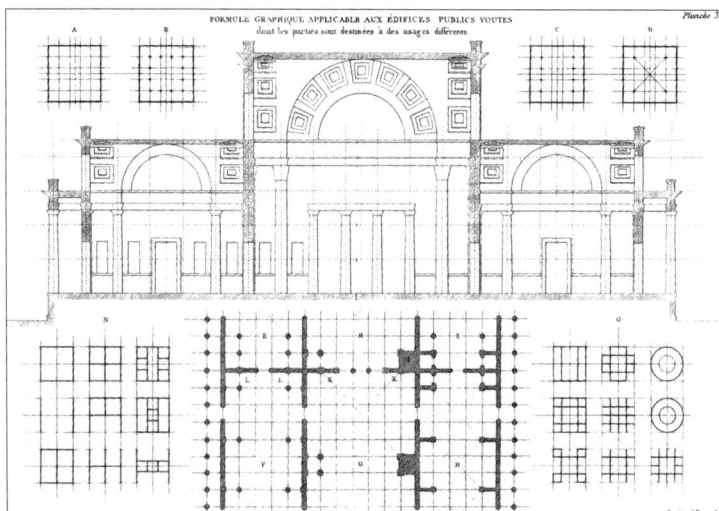

图 4-1 迪朗《皇家工艺学院建筑课程设置示意图》一书的插图
来源：Pfammatter, Ulrich, *The Making of the Modern Architect and Engineer: The origins and development of a scientific and industrially oriented education* (Basel: Birkhäuser, 2000), 64.

图4-2 加代《建筑的要素与理论》扉页

讲（Chair of the Theory of Architecture）。这一职位同时负责建筑设计竞赛（concours）这一学院主要教学手段的规程及要求的制定，所以是巴黎美术学院最重要的职位。[13] 曾经任教于耶鲁大学和康奈尔大学的著名现代建筑史家科林·罗（Colin Rowe）说，受拉布鲁斯特的影响，加代也很重视建筑结构，但他更重视建筑的构图，视之为建筑艺术的本质。[14] 1901-1904 年，加代出版了四卷本的《建筑的要素与理论》（Eléments et théorie de l'architecture）（图4-2），这部著作汇集了他的就职讲演以及他的讲课内容，全面体现了他的建筑设计与教育思想。

　　加代在就职演说中表示，他所诉诸的是法国的古典传统及"普遍的和恒定的艺术原则"（principesgénéraux et invariables de l'art）。[15] 科林·罗总结加代的思想说："为了将其(折衷)立场理性化，他需要超越风格形式的可变性，去探讨、揭示任何时代所有好建筑所以为凭的内在要素。用这种方法，他得以抽取出在特定功能、结构以及在组构的美学原则方面具有基本重要性的因素。用同样的方法，他也得以超乎仅仅风格判断的需要去评价建筑作品，不是将它们视为一个特定历史时期的产物，而是从'永恒'价值的角度，将它们视为持续显现、内在的和理性的原则。"[16] 关于加代的教程，克拉夫特说，加代强调各种房屋的构图（composition），它们的分解要素（separate elements）与它们的整合（ensemble），兼顾艺术性和对特殊方案的适用性，以及材料的必要性。他所给予的其实是以历史材料为样例的建筑构成要素和建筑类型。与迪朗一样，加代也认为，建筑学习的步骤是：①关于要素的知识；②关于要素构图的知识；③构图本身。克拉夫特说，对构图这一概念在建筑理论中的重要性，此前还从来没有人像加代一样给予如此高的重视。[17] 加代自己在书中说，"构图是什么？就是将整体的各个部分放置、接合、统一在一起。这些部分于是就是构图的要素，正像你要用墙体、户牖、拱顶、屋顶之类的建筑要素实现自己的意图，你要用房间、门厅、出口和台阶确立自己的构图。这些就是构图的要素。"[18]（图4-3）

图 4-3　加代《建筑要素与理论》一书中关于柱廊构图的比例与尺度的说明图

来 源：Guadet, Julien, *Eléments et Théorie de l' Architecture*, 147.

2."构图—要素"理论与美国近代建筑教育

　　迪朗与加代所代表的学院派建筑教育思想产生了国际性的巨大影响，波及所至包括美国。而中国近代大部分建筑师也都是通过美国而间接受到巴黎美术学院的影响。美国建筑教育从 19 世纪中期开始追随法国模式。第一位留学巴黎美术学院的建筑师汉特（Richard Morris Hunt，1827-1895）1856 年回美，并在纽约开业并设工作室授徒。1865 年他的学生威尔（William Robert Ware，1832-1915）在麻省理工学院创办了美国第一个建筑系，16 年后，他又应聘到哥伦比亚大学另起炉灶。在两校，他都采用了以巴黎美术学院为主要模式的教学方法。[19] 在哥伦比亚大学的倡导下，纽约的博扎建筑师学会（Society of Beaux-Arts Architects）和设在罗马的美国艺术与人文教育中心美国学院（American Academy）在 1893 年发起了一场旨在以巴黎美术学院为样板去统一全美建筑学校教育标准的运动。通过设立巴黎大奖和举办全国设计竞赛，巴黎美院的教程在全美普及，而加代的大作也成为学生们的"圣经"。[20]

在 20 世纪的最初 30 年里，宾夕法尼亚大学艺术学院建筑系，也即梁思成、范文照、赵深、杨廷宝和陈植（直生）等中国近代建筑家们的留学母校，在全美或许最为成功。该系成立于 1874 年，核心人物是毕业于巴黎美术学院的杰出建筑师和教育家克瑞。克瑞于 1903 年受专业负责人雷亚德（Warren P. Laird，1861-1948）之聘到校任教。在他的带领下，宾大学生从 1911 年至 1914 年连续四次获得巴黎大奖。到 1930 年，博扎建筑师学会在 20 年间所颁发的各种奖牌有四分之一被宾大学生获得，所以该系在美国声名显赫，被称为"领头学校"（leading school）。[21] 也正因为如此，该系成为当时中国建筑留学生们的首选之地。从 1918 年到 1927 年，先后有 24 名中国学生前往学习，在美国各校中人数最多。[22]

明确记录宾大教育方式的著作当是克瑞的学生哈伯森（John Frederick Harbeson，1888-1986）所著的《建筑设计学习》（*The Study of Architectural Design*）。[23] 该书的第一部分"分解构图或柱式课题"（The 'Analytique' or Order Problem）是学习初步，介绍的是从设计草图到渲染正式图的整个步骤和要求。这部分的训练基本上全是建筑的"要素"。书的第二部分"B 级平面课题"（The Class B Plan Problem）、第三部分"考古项目及测绘图"（The Archaeology Project and Measured Drawings），第四部分"A 级课题"（The Class A Problem）和第五部分"草图课题和竞赛课题"（The Sketch Problem and Prize Problems）结合平面设计讨论构图问题。所以该书在整体上采用的也是加代的教育体系（图 4-4）。这部书正式出版于 1926 年，但从 1921 年 1 月开始其各章就已经连

图 4-4　哈伯森所著《建筑设计学习》一书中的插图 "分解构图——柱廊"
来源：Harbeson, John F., *The Study of Architectural Design* (Philadelphia: The Pencil Points Press, 1926; New York: W. W. Norton & Company, 2008), 6.

载于《铅笔头》（*Pencil Points*）杂志这份专门"为了绘图房的期刊"（a journal for the drafting room）（杂志副标题）。[24] 1926-1927 年，该杂志还曾经连载有关加代《建筑的要素与理论》一书的介绍。[25]

　　巴黎美院的建筑思想在 20 世纪初受到以德国包豪斯学派为代表的现代主义者们的批判，[26] 但加代的著作直至 1930 年代仍不乏信奉者和追随者。据科林·罗，康奈尔大学的凡·佩尔特（John Vredenburgh Van Pelt，1874-1962），宾夕法尼亚大学的哈伯森，图良大学（Tulane University）建筑学院的首任院长科提斯（Nathaniel Cortlandt Curtis，1881-1953），以及皮克林（Ernest Pickering，1893-1974）和罗伯特森爵士（Sir Howard Robertson，1888-1963）等美英学者的著作至少部分地受到了加代的启发。他甚至认为，可以毫不夸张地说，在 20 世纪的前三分之一时期里，世界上每一所讲英语的建筑学校的教程都认同加代的理念。[27] 以科提斯在 1923 年出版，并于 1935 年第三次再版的名作《建筑构图》（*Architectural Composition*）一书为例，该书分为七个部分，分别是"建筑的本质"（The Nature of Architecture），"建筑的要素"（The Elements of Architecture），"构图的要素"（The Elements of Composition），"构图的基本法则"（Primary Rules of Composition），"房屋的规程"（The Program of the Building），"立意"（The Parti），"立意的发展"（The Development of the Parti）。虽然对于科提斯来说构图的实质就是比例，但他的思想体系明显受到加代的影响，为此他还在前言中特别感谢了加代著作对于自己的厚惠。[28]

在巴黎美院的教育中，构图的目的原本是寻求建筑整体平、立、剖面和要素之间的和谐关系。[29] 但迪朗和加代或许都没有料到，他们将"要素"与"构图"分离的做法，使得二者分别获得了独立性。著名现代建筑史家希区柯克在总结现代建筑的发展历程时说，19世纪中期是浪漫主义结束、新传统出现的时期，转变的标志是浪漫主义所追求的"趣味折中主义"（eclecticism of taste）被"风格折中主义"（eclecticism of style）所取代。前者是对各种传统的复兴，导致多种风格的建筑共存，但在一座单体建筑的整体和细部上仍然追求纯粹的单一风格。后者则是建筑师在单体建筑上对于不同风格的自由运用。[30] 希区柯克认为，导致这一变化的"是使建筑师们得以广泛熟悉以往各种建筑母题的那种训练"。[31] 尽管他在书中没有进一步解释巴黎美术学院的建筑教育传统以及迪朗和加代的思想对于"风格折中主义"的形成所产生的影响，但不难理解，在设计方法上，是要素与构图的分离使得不同风格的建筑要素在不同的构图体系之间的替换成为可能。

3. "构图—要素"理论与中国近代建筑及梁思成的"文法－语汇"表述

中国建筑的现代转型肇始于欧美建筑的折中主义时代，而中国近代的建筑留学也恰逢学院派教育的传统在欧美占据主导地位之时，因此"趣味折中主义"和"风格折中主义"在中国近代建筑中也极为普遍。出于"融合中西建筑之特长，以发扬吾国建筑之固有之色彩"的目的，[32] 将中国式的要素置换到西方建筑的构图体系之中也成为近代"中国风格"建筑设计的一个重要策略，笔者在"梁思成'建筑可译论'之前的中国实践"一文中曾介绍了一些采用风格要素——如反曲屋面、斗栱和须弥座等——进行"翻译"的个案，它们可以说就是将中国式的要素置换到西式构图之中这一做法的例证。[33]中国建筑师林克明设计的广州中山图书馆也是一座采用了"翻译"方式设计的中国风格建筑。其平面以八角形的阅览室为中心，呈正方形合院形。这一构图与迪朗和加代设计主张的关联更为明显。[34]

　　"翻译"方法的出发点是认为中西古典建筑要素在造型部位和结构功能上具有对应性，也即梁思成所说的"可译性"。与之并存的另外一种"中国风格"的建筑设计方法或可被称为"点缀"。"翻译"实例通常以西方建筑的经典构图原型为参照对象，并强调对西式原型整体意象的中国化，而"点缀"则是在按照西方建筑，尤其是在近现代建筑原理设计的形体构图基础上局部添加中国风格的建筑要素或装饰要素。这些要素的造型并不严格遵照中国建筑的法式设计，它们在建筑上的位置也不严格按造型部位和结构功能的对应关系而变得更加灵活，其结果便是使中式要素成为一种西式构图的附加物。19 世纪末和 20 世纪初，一些西方建筑师的所谓中国风格设计就是采用这种手法。其中有上海圣约翰大学怀施堂（B. Atkinson，1894），成都华西协和大学（Fred Rowntree，1919-1941），北平辅仁大学（Dom Adelbert Gresnight，1930），以及武昌武汉大学（Francis H. Kales，1929-1935）等。[35]梁思成的早期建筑设计作品也曾采用过这种方法，如吉林省立大学礼堂图书馆（1930）和北平仁立地毯公司铺面改造（1932）（图 4-5）。其他中国近现代建筑师的类似作品还有很多，其中包括当时被称为"中国固有式"以及"简朴实用式略带中国色彩"的许多设计，如范文照和赵深设计的南京铁道部大楼（1930），他们和李锦沛设计的上海八仙桥青年会（1933），杨廷宝设计的沈阳东北大学体育场（1930）、北平交通银行（1930）、南京中山陵音乐台（1932）、上海聚兴诚银行（1937）、南京华东航空学院教学楼（1953），华盖建筑事务所设计的南京国民政府外交部办公大楼（1934），董大酉设计的上海江湾图书馆、博物馆和体育场（1935），奚福泉和李

图 4-5　梁思成：北平仁
立地毯公司铺面改造，北
平，1932 年。这栋建筑立
面一层上的斗栱参照了天
龙山第 16 窟隋开皇四年
（584 年）石窟的"一斗三升"
与人字形补间铺作的造型，
三层窗下墙的曲尺栏杆造
型见于南京栖霞寺舍利塔
与蓟县独乐寺观音阁，悬
挑招牌的"夔龙挑头"见
于梁所编的《建筑设计参
考图集（第三集）——店
面》，但整体构图是现代装
饰艺术风格
来源：《梁思成全集（九）》
（北京：中国建筑工业出
版社，2001 年），13 页。

宗侃设计的南京国民大会堂（1935-1936），以及陆谦受设计的上
海中国银行（1937）等。这些建筑的设计有先有后，体形也有大
有小，但它们的"中国风格"均来自在根据西方近现代种种建筑
风格设计的形体构图上添加的中式建筑要素，如曲面屋顶、披檐、
吻兽、须弥座、花窗、雀替、斗栱，甚至装饰纹样等。如果说"翻译"
方式的西中变形是整体式的"比喻"（metaphoric），那么"点缀"
方式的西中变形则是以部分代整体的"转喻"（metonymic）。[36]

　　迪朗和加代的思想对于建筑史的研究也不无影响。笔者曾经指
出梁思成中国建筑史写作与英国建筑史家弗莱彻尔父子所著《比较
法建筑史》在体例上的关联。这里需要补充说明，事实上小弗莱彻
尔曾学习于巴黎美术学院。《比较法建筑史》在介绍各国建筑时设
"比较分析"专节讨论平面布局方式，以及墙体、户牖、屋顶、立柱、
装饰等内容，这种做法显然也体现了对于建筑"构图"与"要素"
的二分法认识。

　　梁思成的"文法"和"语汇"两个概念，一个指建筑原理，一
个指建筑构件和要素，在方法论方面同样表现出迪朗和加代思想的
影响。这种认识也反映在他对中国建筑的研究之中，即他对《清式
营造则例》和《营造法式》的研究就是为了寻找中国建筑的文法，[37]

图 4-6　梁思成、刘致平合编《建筑设计参考图集》（北平：中国营造学社，1935 年）

而他在 1935 年与刘致平合编的《建筑设计参考图集》就是对中国建筑构成"要素"的整理和汇编，"专供国式建筑图案设计参考之助。"[38] 这些要素包括:台基、石栏杆、店面、斗栱、琉璃瓦、柱础、外檐装修、雀替、驼峰、隔架、藻井以及天花。值得注意的是，中国传统建筑的设计和建造主要依据工种进行分类，如《营造法式》所规定的大木、小木、石、砖、瓦、泥、竹、彩画、雕、旋、锯、窑等作，梁思成和刘致平在《建筑设计参考图集》一书中却是按照造型要素解析中国建筑。这种方法不是中国传统的，而是西方学院派式的（图 4-6）。

　　承认梁思成中国建筑史研究和"中国风格"建筑的设计理论受到了学院派思想的影响，并非是说他直接阅读过迪朗和加代的著作。事实上在他的写作中几乎不见"构图"（composition）和"要素"（elements）的表述。他在《建筑设计参考图集》的序言中对应于两个概念的词汇是"布局"和"详部"（detail），而他使用更多的词汇是"文法"及"语汇"。目前，梁在对建筑作语言学类比时所参考的文献尚不得而知。不过，据科林斯（Peter Collins），由于语言与建筑一样具有构成要素、结构规则和功能，所以早在 17 世纪，欧洲的理论家们就开始将建筑类比语言，其中包括巴黎美术学院的著名建筑家勃夫杭、小勃隆台，以及加特麦理－德－昆西。这种类比到 19 世纪已经非常普遍，仅仅从科林斯在《现代建筑中变化着的理念，1750-1950》(*Changing Ideals in Modern Architecture*，1750-1950) 一书中的介绍就可以发现，当时的建筑家已经认识到，建筑风格和语言一样，具有表意性、集体性、历史性、时代性，并与文明程度有很大关系。美国 19 世纪后期的著名建筑评论家舒勒 (Montgomery Schuyler，1843-1914) 还认为，建筑和语言一样具有民族性。[39] 直至 20 世纪中后期，仍有以语言为类比的建筑著作不断问世，其中著名的有萨默森 (John Summerson，1904-1992) 的《古典建筑语言》(*The Classical Language of Architecture*，1963)、载维 (Bruno Zevi，1918-2000) 的《现代建筑语言》(*The Modern Language of Architecture*，1973)，以及詹克斯 (Charles Jencks) 的《后现代建筑语言》(*The Language of Post-Modern Architecture*，1977)。梁思成用语言学的"文法"和"语汇"概念类比中国建筑法式与构成要素的做法，当与这一西方建筑理论的传统不无关系。

不应忽视的是，迪朗与加代在构图问题上强调的首先是建筑平面和立面，他们所说的要素除建筑构件之外，还包括基本的空间与结构单元，以及构件的构造方式，而梁思成对中国建筑设计原理的探讨所侧重的是建筑结构。正如他在自己的《图像中国建筑史》(*A Pictorial History of Chinese Architecture*)一书的前言中所说："研究中国的建筑物首先就应剖析它的构造。正因为如此，其断面图就比立面图更为重要。这是和研究欧洲建筑大异其趣的一个方面。"[40] 梁思成对中国传统建筑结构的重视，以及他以结构的表现忠实与否为标准评价中国建筑演变的做法受到了 19 世纪以来欧美建筑思想中结构理性主义的影响。这种思想的代表人物除英国的普金和拉斯金之外，还有法国的建筑家维奥雷－勒－杜克和舒瓦西等。

尽管普金和拉斯金的著作对于接受英文教育的梁思成来说应该更容易阅读，[41] 但法国理论家们的思想在 20 世纪初美国学院派的建筑教育中或许更为流行。维奥雷－勒－杜克曾在 1863 年 11 月至 1864 年 3 月短暂地任于巴黎美术学院。他通过对哥特建筑的深入研究，确立了结构决定形式的理念。他还说，"艺术不在于这种或那种形式，而在于一种原则——一种逻辑的方法。因此没有理由坚持认为艺术中只有一种特别的形式，除此之外，其他都是野蛮的。我们也可以正当地说，易洛魁印第安人的艺术或者中世纪法国的艺术并非野蛮。"[42] 维氏的思想既在建筑上挑战了当时巴黎美院的教育传统，也在文化上挑战了欧洲中心论的艺术观念，所以在当时难以被美院的大部分师生所接受，他也因此而辞职。但到 20 世纪 10 年代，学生们已经愿意不带偏见地去阅读他的著作。[43]

1927 年《铅笔头》杂志曾在介绍加代的同时也介绍了维奥雷－勒－杜克，[44] 说明当时维氏的思想在美国也受到重视。不过梁思成从结构出发认识建筑的方法可能直接来自克瑞。据 G. 赖特，克瑞十分强调让学生根据法国考古学家、建筑历史学家和工程师舒瓦西的建筑分析图去分析以往纪念性建筑中的要素，但不吸收那些风格和纪念物的程式。舒瓦西曾任巴黎国立土木学校（École Nationale des Ponts et Chaussées）的教授，他视建筑结构而不是风格为建筑的本质，这一思想与维奥雷－勒－杜克一脉相承。他的名著《建筑历史》（Histoire de l'Architecture，1899）关注的就是建造技术的发展过程。他在书中试图论证，真实地代表每一个时代和文化的建筑都产生于从建造所派生出的一套法则和原则。为了清晰地表现这一观点，他绘制了大约 1700 幅建筑分析图。[45] 所以米德尔顿（Robin Middleton）和沃特金说，舒瓦西将维奥雷－勒　杜克乃至所有的建筑理论都浓缩成为最为简明的格言和示意图。[46] 舒瓦西自己还曾说："新的结构是逻辑在艺术上的成功。一座建筑成为一个经过筹划的整体，其中每一个结构构件的造型不取决于传统的范式，而仅仅取决于其功能。"[47]

在建筑史写作中，梁思成试图从结构理性主义的角度说明中国传统建筑的框架结构原理与西方的古典和哥特建筑有着共同的特点，同时在原则上与现代建筑一致，所以不仅令人自豪，而且可以因新的科学、材料和结构而"强旺更新"。[48] 然而在建筑设计上，他却没能摆脱迪朗和加代的"构图—要素"理论所代表的学院派方

图 4-7　梁思成："想象中的建筑图：十字路口小广场"，1954 年。
来源：梁思成："祖国的建筑"，《梁思成全集（五）》（北京：中国建筑工业出版社，2001 年），233 页。

图 4-8　梁思成："想象中的建筑图：35 层高楼"，1954 年。
来源：梁思成："祖国的建筑"，《梁思成全集（五）》（北京：中国建筑工业出版社，2001 年），233 页。

法。1954 年梁在以"祖国的建筑"为题的讲演中提出了两张"想象中的建筑图"，一幅是一个十字路口小广场建筑的设计（图 4-7），另一幅是一座 35 层高楼的设计（图 4-8），[49] 二者的造型均可被视为希区柯克所称的"风格折中主义"。

注释

按：本章在 2009 年 8 月初稿于路易维尔，9、10 月再改。初刊于《建筑师》，142 期，2009 年 12 月，22-30 页。定稿之际，笔者拜读了李华博士的大作"从布杂的知识结构看'新'而'中'的建筑实践"和"'组合'与建筑知识的制度化构筑"（朱剑飞主编《中国建筑 60 年（1949-2009）：历史理论研究》，北京：中国建筑工业出版社，2009 年 10 月）。我注意到，在不同地点从不同的角度研究西方学院派教育对于现代中国建筑的影响这一问题时，我获得了许多与她相似甚至不谋而合的认识，尽管拙文侧重探讨的是法国的"构图—要素"理论经美国而传入中国的历史脉络，而李著更强调学院派教育作为一套现代知识体系在中国建筑现代化过程中所起到的作用。在此我对李华博士的工作表示由衷的敬佩，并诚挚地感谢她对于本文发表所给予的支持。我还根据李著所提供的资料补充了拙文的注释 27 和 39。

1　梁思成："中国建筑的特征"，《建筑学报》，1954 年第 1 期，36-39 页；《梁思成全集（五）》（北京：中国建筑工业出版社，2001 年），179-184 页。他在 1954 年以"建筑艺术中社会主义现实主义和民族遗产的学习与运用的问题"和"祖国的建筑"为题的讲演中继续使用了这一对概念。见《梁思成全集（五）》，185-196、197-234 页。

2　见吴良镛："前言"，《梁思成全集（一）》，15-21 页；邹德侬《中国现代建筑史》（天津：天津科学技术出版社，2001 年），153-156 页。

3　Rykwert, Joseph, *The Necessity of Artifice* (New York: Rizzoli International Publications, Inc., 1982): 65.

4　Rykwert, Joseph, "The Ecole des Beaux-Arts and the classical tradition," in Robin Middleton, ed., *The Beaux-Arts and Nineteenth-Century French Architecture* (Cambridge, MA.: The MIT Press, 1982): 8-17.

5　Rykwert, Joseph, *The Necessity of Artifice*, 65.

6　Durand, J. N. L., *Summary of Lectures given at the ÉcolePolytechnique* (1802), 转引自 Collins, Peter, *Changing Ideals in Modern Architecture*, 2nd edition (Montreal & Kingston: McGill-Queen's University Press, 1998): 179.

7　转引自 Banham, Reyner, *Theory and Design in the First Machine Age* (New York: Frederick A. Praeger, Publishers, 1960): 15-16.

8　Rykwert, Joseph, *The Necessity of Artifice*, p. 65; Pfammatter, Ulrich, *The Making of the Modern Architect and Engineer: The Origins and Development of a Scientific and Industrially Oriented Education* (Boston: Birkhauser, 2000): 62; Rabinow, Paul, *French Modern: Norms and Forms of the Social Environment* (Cambridge, MA.: The MIT Press, 1989): 50.

9　Kruft, Hanno-Walter (Taylor, Ronald; Callander, Elsie and Wood, Aritony, trans.), *A History of Architectural Theory: from Vitruvius to the Present* (Zwemmer: Princeton Architectural Press, 1994): 274.

10　Rabinow, Paul, *French Modern: Norms and Forms of the Social Environment*, 50.

11　Rabinow, Paul, *French Modern: Norms and Forms of the Social Environment*, 216.

12　Banham, Reyner, *Theory and Design in the First Machine Age*, 15-16.

13 Chafee, Richard, "The Teaching of Architecture at the Ecole des Beaux-Arts," in Drexler, Arthur, *The Architecture of Beaux-Arts* (New York: The Museum of Modern Art, 1977): 102; O'Donneil, Thomas E., "The Ricker Manuscript Translations, I–IV: Gaudet's 'Elements and Theory of Architecture,'" *Pencil Points*, Vol. VII, Nov. 1926, 665–667; Vol. VIII. Mar., May., Aug. 1927, 157–161; 287–292; 477–482.

14 Rowe, Colin, "Review: *Forms and Functions of Twentieth Century Architecture*," *Art Bulletin*, Vol. 35, No. 1, 1953, 169–174.

15 转引自Kruft, Hanno-Walter, *A History of Architectural Theory: from Vitruvius to the Present*, 289.

16 Rowe, Colin, "Review: Forms and Functions of Twentieth Century Architecture," *Art Bulletin*, Vol. 35, No. 1, 1953, 170.

17 Kruft, Hanno-Walter, *A History of Architectural Theory: from Vitruvius to the Present*, 289.

18 转引自Banham, Reyner, *Theory and Design in the First Machine Age*, 20.

19 Bayley, John and Reed, Henry Hope, "Introductory Notes for the Classical America Edition," in Ware, William R., *The American Vignola, A Guide to the Making of Classical Architecture* (New York: W. W. Norton & Company, 1977) 威尔的教科书即他在20世纪初出版的名作 *The American Vignola, A Guide to the Making of Classical Architecture*（1902–1906）。1933年童寯曾将此书介绍给中国建筑学的初学者。见 "问答

栏",《中国建筑》,第1卷第6期,1933年12月;《童寯文集（一）》（北京：中国建筑工业出版社,2000年）,80页。

20 Wright, Gwendolyn, "History for Architects," in Wright, Gwendolyn and Parks, Janet, eds., *The History of History in American School of Architecture, 1865–1975* (New York: The Temple Hoyne Buell Center for the Study of American Architecture, 1990): 23.

21 Strong, Ann, *The Book of the School: 100 Years, The Graduate School of Fine Arts of the University of Pennsylvania* (Philadelphia: University of Pennsylvania Press, 1990): 34.

22 参见赖德霖："学科的外来移植——中国近代建筑人才的出现和建筑教育的发展",《中国近代建筑史研究》（北京：清华大学出版社,2007年）,139页。

23 Harbeson, John F., *The Study of Architectural Design* (New York: The Pencil Points Press, Inc., 1926)。1933年童寯曾将此书介绍给中国建筑学的初学者。见 "问答栏",《中国建筑》,第1卷第6期,1933年12月;《童寯文集（一）》,79页。

24 1933年童寯曾将此杂志介绍给中国建筑学的初学者,并言 "可向上海南京路中美图书公司托其代订"。见 "问答栏",《中国建筑》,第1卷第6期,1933年12月;《童寯文集（一）》,80页。

25 O'Donneil, Thomas E., "The Ricker Manuscript Translations, I–IV: Gaudet's 'Elements and Theory of Architecture,'" *Pencil Points*, Vol. VII, Nov. 1926, 665–667; VIII, March, 1927, 157–161; May, 1927, 287–292; Aug. 1927, 477–482.

26 "Preface and Acknowledgements," Drexler, Arthur, *The Architecture of Beaux-Arts* (New York: The Museum of Modern Art, 1977): 6-8.

27 Rowe, Colin, "Review: *Forms and Functions of Twentieth Century Architecture*," *Art Bulletin*, Vol. 35, No. 1, 1953, 170. 除了科林·罗所提到的这些作者,笔者所知以"构图－要素"为建筑设计原则的著作还有法国建筑家 Georges Gromort(1870-1961)所著的 *Choixd'Éléments Empruntés à l'Architecture Classique*(The Elements of Classical Architecture, 法文, 1920;英文, 2001), 以及李华所提到的由 Robert Atkinson 与 Hope Bagenal 合著的 *Theory and Elements of Architecture*(1926)。李还引用了齐康的话指出皮克林、罗伯特森、科提斯、哈伯森,以及本文将要提到的哈姆林等人的著作所阐述的建筑构图思想在中国的影响。见李华"从布杂的知识结构看'新'而'中'的建筑实践","'组合'与建筑知识制度化的构筑",朱剑飞主编《中国建筑 60 年(1949-2009):历史理论研究》(北京:中国建筑工业出版社, 2009 年 10 月), 33-45 页、236-245 页。

28 Curtis, Nathaniel Cortlandt, *Architectural Composition* (Cleveland: J. H. Jansen, first printing, 1923, Second printing, 1926, third printing, 1935)

29 Zanten, David Van, "Architectural Composition at the Ecole des Beaux-Arts," in Drexler, Arthur, *The Architecture of Beaux-Arts* (New York: The Museum of Modern Art, 1977): 115.

30 Scully, Vincent, "Forward to the Da Capo Edition," Hitchcock, Henry-Russell, *Modern Architecture: Romanticism and Reintegration* (New York: Payson & Clarke Ltd., 1929; New York: Dacapo Press, 1993), v-x.

31 Hitchcock, Henry-Russell, *Modern Architecture: Romanticism and Reintegration*, 90.

32 赵深:"发刊词",《中国建筑》,创刊号, 1932 年 11 月, 1 页。

33 赖德霖:"梁思成'建筑可译论'之前的中国实践",《建筑师》,第 137 期, 2009 年 2 月, 22-30 页。

34 参见赖德霖:"城市的功能改造、格局改造、空间意义改造及'城市意志'的表现——20 世纪初期广州城市和建筑的发展",《中国近代建筑史研究》(北京:清华大学出版社, 2007 年), 382-383 页。

35 有关这些教会建筑,参见董黎《中国教会大学建筑研究——中西文化的交汇与建筑形态的构成》(珠海:珠海出版社, 1998 年);李传义:"武汉大学校园初创规划及建筑",《华中建筑》, 1987 年第 2 期。

36 在此我对"比喻"和"转喻"两个概念的使用受到了巫鸿有关满城汉墓"玉人"讨论的启发。见巫鸿:"'玉衣'或'玉人'?——满城汉墓与汉代墓葬艺术中的质料象征意义",巫鸿《礼仪中的美术(上卷)》(北京:三联书店, 2005 年), 138 页。

37 梁思成:"中国建筑之两部'文法'课本",《中国营造学社汇刊》,第 7 卷第 2 期, 1945 年 10 月;《梁思成全集(四)》, 295-301 页。

38 梁思成:"建筑设计参考图集序",《建筑设计参考图集》(北平:中国营造学社, 1935);《梁思成全集(六)》, 236 页。

39 Collins, Peter, *Changing Ideals in Modern Architecture*, 2nd. edition, 173-182. 此外,李华所引梁思成的同代人、美国建筑师纽科姆(R. Newcomb, 1886-1968)在 1933 年所说的一段话也可以被视为当时人们对建筑进行语言学类比的一个证据。纽科姆说:

"多年以来，关于建筑设计和组合的诸多书籍已经展示了建筑的各种'元素'——法式、窗、墙、柱、楼梯、山墙等等，仿佛这些元素是基本的单位，而设计是对这些元素的组合，这种方式就和我们在语言表达中将词语放在一起形成句子一样。这种方式在一个有着固定的分类系统的世界里也许是非常好的，在那里大多数的建筑'词汇'和'语法'已经被我们的前辈建造得非常完美，而我们能够做得最好的工作是对这些'元素'的重新组合以适应今天的要求。"见李华"从布杂的知识结构看'新'而'中'的建筑实践"，朱剑飞主编《中国建筑 60 年（1949-2009）历史理论研究》，42 页。

40　梁思成著，梁从诫译，《图像中国建筑史》，《梁思成全集（八）》（北京：中国建筑工业出版社，2001 年），17 页。

41　梁思成还可能从身边的亲友处听到关于这些英国文化人士的观点。如林徽因和徐志摩的文章中就曾提到过拉斯金，即他们文中所说的"骆斯肯"、"罗斯金"。见林徽因："论中国建筑之几个特征"一文，《中国营造学社汇刊》，第 3 卷第 1 期，1932 年 3 月，收入梁从诫编《林徽因文集（建筑卷）》（天津：百花文艺出版社，1999 年），1-15 页；徐志摩："我也'惑'——与徐悲鸿先生书"，《美展汇刊》，1929 年，收入郎绍君、水中天编《二十世纪中国美术文选（上）》（上海：上海书画出版社，1999 年），203-213 页。

42　Viollet-Le-Duc, Eugène Emmanuel, *Discourses on Architecture* (Paris: 1860; Boston: 1875), Vol.2, 57, 转引自 Rabinow, Paul, *French Modern: Norms and Forms of Social Environment* (Cambridge, MA: The MIT Press, 1989): 71.

43　Chafee, Richard, "The Teaching of Architecture at the Ecole des Beaux-Arts," in Arthur Drexler, *The Architecture of Beaux-Arts*, 106.

44　O'Donneil, Thomas E., "The Ricker Manuscript Translations, V: Viollet-Le-Duc's 'Rational Dictionary of French Architecture—From the Eleventh to the Sixteenth Century,' Volume I," *Pencil Points*, Vol. VIII, Oct. 1927, 609-613.

45　Wright, Gwendolyn, "History for Architects," in Wright, Gwendolyn & Parks, Janet, eds., *The History of History in American Schools of Architecture, 1865-1975*, 23-25.

46　Middleton, Robin and Watkin, David, *Neoclassical and 19th Century Architecture* (New York: Harry N. Abrams, Inc., Publishers, 1977), 375.

47　转引自 Kruft, Hanno-Walter, *A History of Architectural Theory from Vitruvius to the Present*, 288. 中国现代建筑家童寯对于仿古的中国风格建筑的批判或许就受到了舒瓦西思想得影响。详见本书第 7 章。

48　梁思成："建筑设计参考图集序"，《建筑设计参考图集（一）》（北平：中国营造学社，1935 年）。另见本书第 2 章、第 5 章。

49　梁思成："祖国的建筑"，《梁思成全集（五）》，233 页。

梁思成（1901–1972）
来源：林洙女士授权发表

第5章 话语与实践：梁思成与南京国立中央博物院设计

中国的建筑是一种高度"有机"的结构。它完全是中国土生土长的东西：孕育并发祥于遥远的史前时期；"发育"于汉代（约在公元开始的时候）；成熟并呈其豪劲于唐代（7~8世纪）；臻于完美醇和于宋代（11~12世纪）；然后于明代初叶（15世纪）开始显出衰老羁直之象。……如今，随着钢筋混凝土和钢架结构的出现，中国建筑正面临着一个严峻的局面。诚然，在中国古代建筑和最现代化的建筑之间有着某种基本的相似之处，但是，这两者能够结合起来吗？中国传统的建筑结构体系能够使用这些新材料并找到一种新的表现形式吗？可能性是有的。但这决不应是盲目地"仿古"，而必须有所创新。

——梁思成《图像中国建筑史》前言

位于南京的原国立中央博物院是民国时期最重要的建筑之一（图5-1）。它在中国近代建筑史上的特殊性可见于下述事实：一，它是继南京的中山陵（1925）、广州的中山纪念堂（1926）和北京的国立图书馆（1926）之后第四个经设计竞赛产生的大型国家级建筑；二，它是中国近代"中国风格"的建筑中惟一采用辽宋建筑式样的建筑；三，中国近代杰出的建筑历史学家和思想家梁思成（1901-1972）亲自参与了它的设计，同时它也是梁思成一生为数不

图 5-1　兴业建筑师事务所设计，梁思成顾问，国立中央博物院（今南京博物院）正殿，南京，1935–1948 年
来源：本文作者摄，2002 年。

多的建筑创作中第一座建成的仿古“大屋顶”建筑。[1] 它是我们认识梁的中国建筑史研究对建筑创作的影响，也即话语与实践的关系的极好案例。目前论者多称中央博物院的造型为“宫殿式”，意指其建筑整体造型在细部构成和构图方式上都遵循了传统建筑的法式，外观上因此呈现出古代宫殿的意象。[2] 这一理解对于从整体上概括中国近代的一种“中国风格”的建筑设计方法固然有其意义，但是其解释上的“模仿论”假设却不无弊端：它不仅妨碍了我们对于这栋建筑造型的深入解读，而且也造成了我们对梁思成和建筑师在探索中国建筑的现代化和民族化双重目标方面所做努力的简单化理解；更重要的是，这一假设所导致的“复古主义”评价还抹杀了在这种探索背后，中国的知识精英对于现代中国文化建设所持的一种理想。

　　本章试图通过对这栋建筑造型语言的“细读”和图像学分析，亦即在深入的形式分析基础上对造型要素的常规含义与象征性含义的研究，揭示其中国风格设计所具有的“创造性”，以及梁思成和建筑师关于中国风格现代建筑的理想。这一理想，正如笔者所要论证，扎根于 20 世纪初期中国文化精英们对于“中国的文艺复兴”这一目标的期盼。为了实现这一目标，中国建筑的历史被研究、被评价，同时还在与当代建筑话语、西方学者以及现代中国人对于中国建筑的“误解”进行对话的过程中被重新界定。南京国立中央博物院建筑就体现了这一目标。笔者相信这一研究能够在两个层次上帮助加深人们对于梁思成的认识：第一，作为一名学院派教育培养出来的建筑家，他对于中国风格的现代建筑所进行的独特尝试和思考；第二，作为一名具有强烈的历史使命感的民族主义知识分子，他对于现代中国的文化建设所秉持的理念。

一、建筑简史

1935 年 6 月，国立中央博物院筹备委员会举办竞赛，征求这座重要的文化建筑的设计方案。13 位知名中国建筑师应邀参赛，其中 12 人最终提交了设计方案。竞赛章程由著名中国建筑历史学家梁思成负责拟定。

除了功能要求之外，中央博物院建筑竞赛章程还规定，设计"须充分采取中国式之建筑"。竞赛的结果于同年 9 月公布。令人失望的是，在综合处理选址、功能、风格等问题方面，无一方案能够充分满足筹委会的期盼。最终筹委会决定选取兴业建筑师事务所徐敬直和李惠伯建筑师的设计（图 5-2），并指定筹委会中惟一的建筑家梁思成作为顾问，协助建筑师对方案进行修改。[3] 梁思成的指导，甚至是在他的合作设计下，[4] 建筑师对中央博物院原设计的 11 开间单檐庑殿顶仿清式风格方案做了重大修改。新的建筑造型被梁概括为"辽宋风格"，[5] 而被建筑师更具体地称为"辽和宋初风格"（图 5-3）。[6] 这栋钢筋混凝土结构的建筑于 1936 年 6 月开工兴建，翌年工程因日本侵华战争爆发而中断，直至战后的 1948 年方告完竣。[7]

图 5-2 兴业建筑师事务所设计，梁思成顾问，"南京国立中央博物馆清式入选图"，1935 年
来源：Su, Gin-djih（徐敬直），*Chinese Architecture: Past and Contemporary*（Hong Kong: The Sin Poh Amalgamated, Ltd., 1964），plate 138.

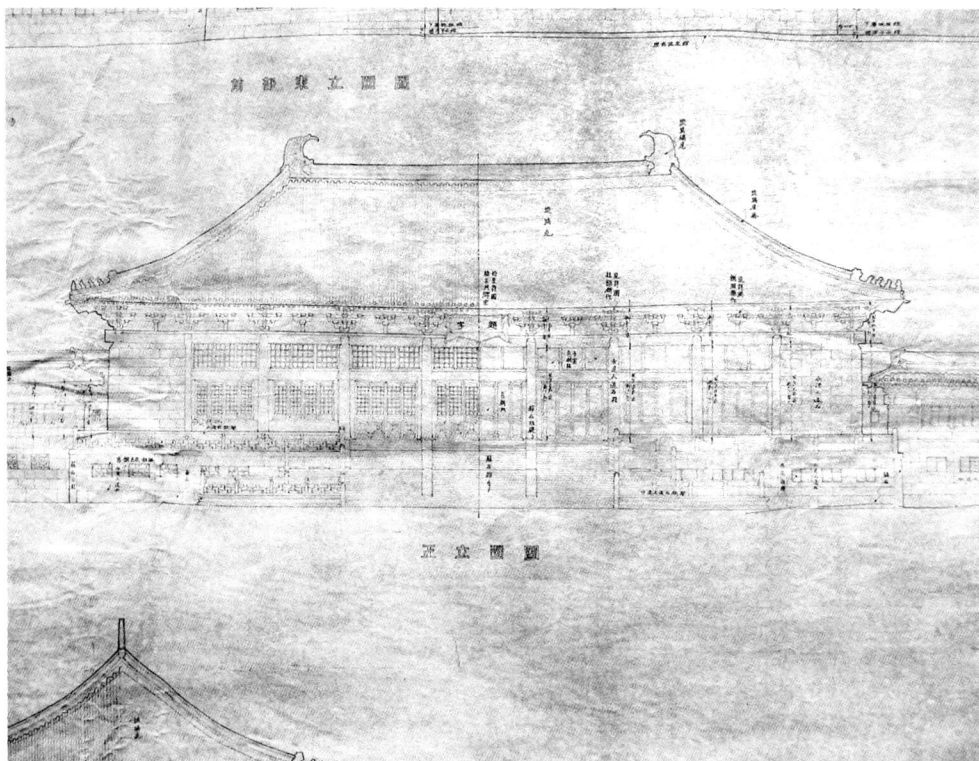

图 5-3　兴业建筑师事务所设计，梁思成顾问，国立中央博物院正殿立面设计图
来源：南京博物院、南京城市建设档案馆。

二、建筑造型要素来源分析

　　中国建筑史中所称的宋代中期和清代建筑不仅各有相对丰富的实物遗存，而且都有流传至今的官式营造规则，也即北宋崇宁二年（1103 年）刊行的《营造法式》和清雍正十二年（1734 年）颁布的《（工部）工程做法则例》。这些实物和规则在中央博物院设计之时已经过梁思成及其中国营造学社同仁们的深入研究（图 5-4）。与这两个时期不同，今天人们对所谓的"辽和宋初建筑"造型的理解并无历史文献的依据，其风格的所有特征都是梁思成等在对少数尚存的该时期建筑遗构详细考察的基础上归纳和总结得出的。为什么梁思成和建筑师不采取简单的做法，直接参照法式的规定去设计标准的宋代中期或清代式样，相反却舍简就繁去设计辽和宋初风格？如果他们在设计中参照了现存的古建筑，那么他们所选择的参照对象是什么？

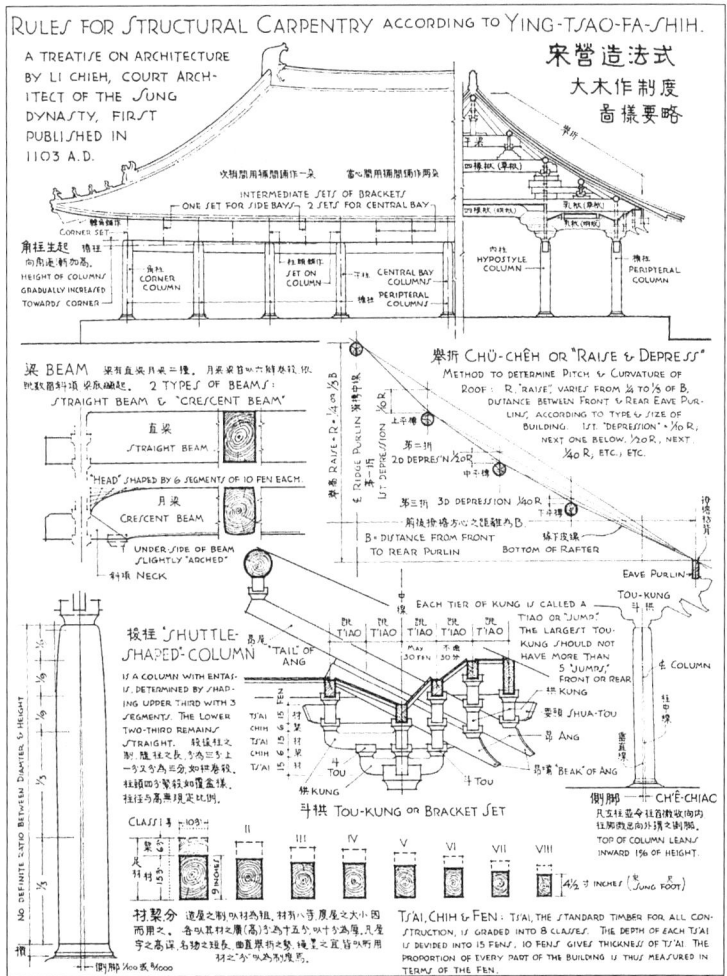

图 5-4　梁思成，宋《营造法式》大木作制度图样要略

来源：Liang, Ssu–ch'eng (Liang, Sicheng), *A Pictorial History of Chinese Architecture*, plate 7.

　　为了回答这两个问题，笔者将首先效仿营造学社建筑调查报告的格式，分析中央博物院大殿建筑各个构图要素的造型特征，再在这一基础上比较梁思成及其同时代建筑史家业已考察过的 10-12 世纪建筑实物，以期找到他们参照的对象。

1. 立面与平面

　　中央博物院的大殿坐落在一个高大的平台上，它的正面为十柱九间的外廊，其中两个梢间被封为售票和办公用房。大殿的屋顶为黄琉璃四阿顶。这种屋顶颜色并不见于任何现存的辽宋建筑而与明清时期的皇家建筑相仿。但是其微曲的正脊、上扬的鸱尾、棱形的列柱、生起的阑额，以及山面侧墙的仿侧脚斜出，都有别于明清建筑，是梁思成所认为的辽宋建筑的典型风格特征。

根据宋《营造法式》，九开间面宽的建筑在当时属于殿阁这一最高的等级。在 1935 年之前，已发现的如此等级且建于 12 世纪之前的建筑实物只有两座：一座是辽宁义县的奉国寺大雄宝殿，另一座是山西大同上华严寺大雄宝殿。前者在 1932 年经日本建筑家关野贞考察，被认定是建于辽开泰九年，即 1020 年；[8] 后者在 1933 年经梁思成和他的营造学社同事刘敦桢考察，被认定是建于金天眷三年，即 1140 年。[9] 由于博物馆的平面也是 9×5 开间，与两座大雄宝殿一样，所以其设计有可能参照了这两栋最高等级的建筑，以强调它作为国家级建筑的重要性。然而，虽然中国营造学社与日本同行有经常性的资料交流，梁思成因此对关野贞的研究应有所知，[10] 但是笔者相信，他和建筑师在设计中参照的主要对象是上华严寺。这不是因为迄今并没有梁思成探访过奉国寺的记载，而是因为博物院大殿与上华严寺大雄宝殿在基本度量的比例上更为相近。例如，二者的平面比例均为 2∶1，而奉国寺的是 1.9∶1；二者的柱高与柱径之比一为 10∶1，一为 10.8∶1，[11] 而奉国寺的是 8.9∶1。[12] 除此之外，虽然博物馆柱廊的当心间宽度与奉国寺的相近，但是它的总面宽和当心间柱高尺寸都是上华严寺大殿的 83%。换言之，博物院大殿平面的长宽比和柱廊的长高比都与上华严寺大殿一致（表 5-1）。

中央博物院与奉国寺及上华严寺大雄宝殿平面和柱廊高度基本数据比较　　　　表 5-1

开间	1	2	3	4	5	4	3	2	1	面宽 / 进深	柱高 / 径	与中博院面宽比	与中博院当心间柱高比
奉国寺 /m	5.1	4.9	5.5	5.7	5.9	5.7	5.8	5.3	5	48.2/25.13 =1.9	8.9/1	44.52/48.2 =0.92	5.98/5.95 =1.0
华严寺 /m	5.1	5.78	5.93	6.95	7.1	6.95	5.95	5.78	5.1	53.90/26.95 =2	7.24/0.67 =10.8/1	44.52/53.90 =0.83	5.98/7.24 =0.83
中博院 /m （ft）	4.57 （15）	4.88 （16）	4.88 （16）	4.88 （16）	6.1 （20）	4.88 （16）	4.88 （16）	4.88 （16）	4.57 （15）	44.52/21.84 =2.04	5.98/0.60 =10/1		

数据来源：关野贞："满洲义县奉国寺大雄宝殿"，［日］《美术研究》，第 14 号，1933 年第 2 期，37-48 页。
　　　　　梁思成、刘敦桢："大同古建筑调查报告"，《中国营造学社汇刊》，第 4 卷第 3、4 期（合刊），1993 年 12 月。
　　　　　杜仙洲："义县奉国寺大雄殿调查报告"，《文物》，1961 年第 2 期，5-13 页。
　　　　　南京博物馆藏，原国立中央博物院设计图纸。

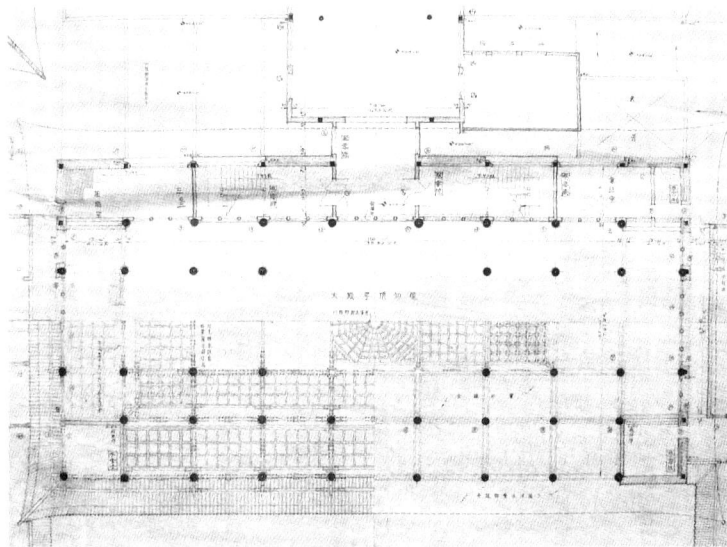

图 5-5 兴业建筑师事务所设计，梁思成顾问，国立中央博物院正殿平面设计图
来源：南京博物院、南京城市建设档案馆。

2."减柱造"

中央博物院大殿平面上另一个显著的情况是柱网中心的四棵立柱被减除（图 5-5）。除了奉国寺和上华严寺的大雄宝殿外，这种做法还见于其他辽宋建筑，如宝坻广济寺三大士殿（辽太平五年，1025 年），大同善化寺（约 1060 年）的大雄宝殿和三圣殿。它被梁思成称为"减柱之法"，据他认为也是这一时期建筑的重要风格特征之一。

3. 月台及栏杆

大殿的南部是一个一层高的宽大月台，它向前延伸，又与一个宽台阶和另一个低矮的平台相连。正如梁思成已经注意到的，上述所有辽宋建筑之前都有月台，所以它被用于此处就不仅仅是充当下部办公用房的屋顶，起功能作用，而且还体现了建筑的一个风格特征，具有形式内涵。又由于现存的辽宋建筑月台均没有栏杆，所以梁思成和建筑师在设计栏杆时就不得不寻找其他参照对象。在此他们采用了一种曲尺形图案的栏杆和八角形断面的望柱，二者的造型源于南京栖霞寺五代时期（907-960 年）的舍利塔。该塔的栏杆残片在 1930 年经刘敦桢发掘出土，被认为是中国建筑中年代最早的"勾片斗子蜀柱"栏杆的实物。[13] 相同图案的木制栏杆还见于梁思成在 1932 年考察过的蓟县独乐寺的观音阁。该寺的阁与山门均建于辽统和二年，即 984 年，是他当时所知最早的中国木结构建筑。

4. 阑额及普拍枋

连接廊柱的水平构件是阑额及其之上的普拍枋。二者一竖一横形成了一个 T 形的断面。这种断面可见于许多辽宋建筑，而它们突出边柱未经修饰所呈现出的垂直截面却是梁思成所认为的典型辽式建筑做法（图 5-6）。除了这个风格特征之外，阑额最令人注意的是它高宽为 2：1 的断面比例。这一比例与宝坻广济寺三大士殿及大同下华严寺海会殿（辽重熙七年，1038 年）阑额一样，又与蓟县独乐寺和下华严寺薄伽教藏殿（年代与海会殿相同或相近）阑额相似，后二者的断面比例为 5：2（表 5-2）。

中央博物院与其他辽宋建筑实物阑额及普拍枋断面比例比较　表 5-2

	阑额（高／宽）	普拍枋（高／宽）
中央博物院	2：1	6.5/16.86
蓟县独乐寺山门	37：15=5：2	无普拍枋
大同下华严寺薄伽教藏殿	38：15=5：2	17：35=1：2
大同下华严寺海会殿	34.5/16.5=2：1	16.5/45.5
宝坻广济寺三大士殿	35/18=2：1	18/35
宋《营造法式》	12：8	1：2

数据来源：梁思成："蓟县独乐寺观音阁山门考"，《中国营造学社汇刊》，第 3 卷第 2 期，1932 年 6 月，1-92 页；"宝坻广济寺三大士殿"，《中国营造学社汇刊》，第 3 卷第 4 期，1932 年 12 月，1-52 页。

梁思成、刘敦桢："大同古建筑调查报告"，《中国营造学社汇刊》，第 4 卷第 3、4 期（合刊），1933 年 12 月。

南京博物馆藏，原国立中央博物院设计图纸。

5. 斗栱

普拍枋之上是斗栱，也即《营造法式》中所称的"铺作"（图 5-7）。与大多数辽宋建筑一样，中央博物院的外檐斗有三种，即柱头铺作、补间铺作和转角铺作。斗栱是梁思成中国建筑史研究的关键要素，首先它的出跳数目体现了建筑等级：通常建筑的等级越高，斗栱出跳数也越大；同时，它又是一栋重要建筑设计的基础，如宋

图 5-6 兴业建筑师事务
所设计，梁思成顾问，国
立中央博物院正殿转角铺
作及普拍枋和阑额（左）
来源：作者摄，2002 年。

图 5-7 兴业建筑师事务
所设计，梁思成顾问，国
立中央博物院正殿柱头铺
作设计图（右）
来源：南京博物院、南京
城市建设档案馆。

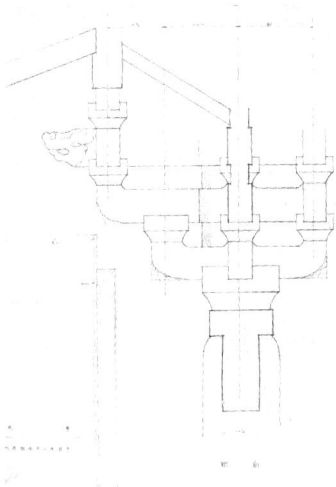

代栱的断面长宽尺寸相当于一个重要的度量标准，即在建筑的营造
过程中被称为"材"的基本模数（清代的建筑模数只是坐斗卯口的
宽度，也即"斗口"）。更重要的是，梁思成同意瑞典美术史家喜龙
仁的发现，即斗栱尺度从大到小和其功能从结构性到装饰性的变化，
反映了中国建筑风格在辽宋两朝之后的历史演变规律。[14]《营造法
式》一书针对不同的建筑等级规定了八种大小不同的用料标准及与
各个等级相应的"材"的大小。尽管中央博物院大殿是一座九开间
的大型建筑，在造型上与奉国寺和上华严寺的大雄宝殿相仿，但是
就材的绝对尺寸而言，它比二者均小。两座古建筑所用的材分别为
30cm×20cm 和 29cm×20cm，而博物院的仅为 26cm×16.5cm
（10.25in×6.5in）。如果两个古代范本的用材相当于《营造法式》
中规定的一等材，博物院的用材则仅介于它的二等和三等之间，是
宋代三到七开间殿阁的标准。然而就相对尺寸而言，这一用材又比
上华严寺为大：博物院大殿的平面尺寸和柱廊高度是上华严寺大雄
宝殿相应尺寸的 83%，但它的斗栱用材是后者用材的 87%。在梁思
成调查过的辽代实物中，与博物院大殿用材相近的建筑有三栋：七
开间的善化寺大雄宝殿，五开间的善化寺三圣殿，以及三开间的独
乐寺山门。其中三圣殿的栱断面也是 26cm×16.5cm，与博物院大
殿相同。但是在材和另一个辅助性模数的比例上，博物院又参照了

独乐寺山门，因为二者材的高度之比都是 2 ∶ 1（表 5-3）。[15]

中央博物院与其他辽宋建筑实物用材尺寸（cm）比较　　表 5-3

	材高	材宽	材高/宽	栔	材/栔
中央博物院	26（10.25in）	16.5（6.5in）	1.58	12.7（5in）	2.05/1
《营造法式》	15	10	1.5	6	2.5/1
独乐寺山门	24.5	16.8	1.46	12.3	2/1
善化寺大雄殿	26	17	1.52	11~12	2.26/1
善化寺三圣殿	26	16.5	1.58	10.5	2.48/1
华严寺大雄殿	30	20	1.5	14	2.14/1
华严薄伽教藏	23.5	17	1.38		

数据来源：梁思成："蓟县独乐寺观音阁山门考"，《中国营造学社汇刊》，第 3 卷第 2 期，1932 年 6 月，1-92 页；"宝坻广济寺三大士殿"，《中国营造学社汇刊》，第 3 卷第 4 期，1932 年 12 月，1-52 页。

　　　　　梁思成、刘敦桢："大同古建筑调查报告"，《中国营造学社汇刊》，第 4 卷第 3、4 期（合刊），1933 年 12 月。

　　　　　南京博物馆藏，原国立中央博物院设计图纸。

　　与建筑的殿阁等级相一致，义县奉国寺的大雄宝殿采用了七铺作的斗栱，而中央博物院仅仅采用了厅堂级别的五铺作斗栱。虽然上华严寺大雄宝殿的斗栱也是五铺作，但是中央博物院的更为简单，是缺少瓜子栱的"偷心造"。在梁思成调研过的辽和宋初建筑中，柱头铺作做法与中央博物院的相同的只有河北正定孔庙的五开间大成殿和蓟县独乐寺的三开间山门（图 5-8）。由于梁思成的调查报告中既没有这座大成殿的测绘图，也没有比较详细的测绘数据，所以尽管孔庙是中国古代最具象征意义的文化建筑，但该大成殿与中央博物院的设计可能并无关系。博物院和独乐寺山门柱头铺作的相似性见于这样的事实：按照材份制计算，它的栱长和出跳都与山门的非常接近。例如，山门的第一跳和第二跳长分别为 30.6 份和21.9 份，博物院的相应数据分别为 30 份和 23 份；山门的泥道栱长为 73 份，博物院的为 70 份；山门的正心慢栱为 115 份，博物院的为 113.5 份。但是博物院的柱头铺作仍有两点与山门斗栱显著不

（a）独乐寺山门铺作
来源：作者摄，1996 年。

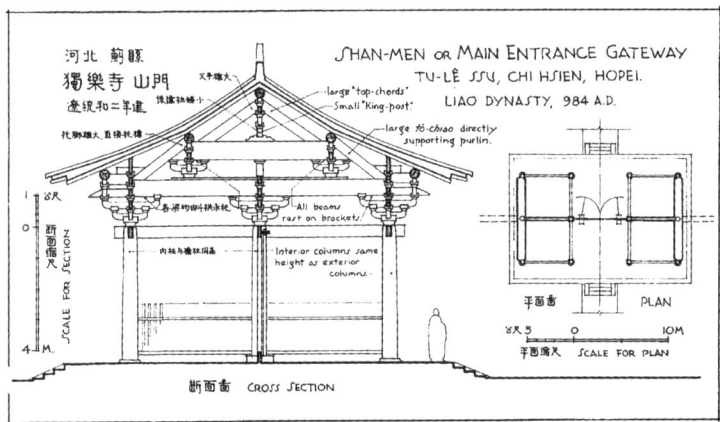

（b）梁思成，"河北蓟县
独乐寺山门"
来源：Liang, Ssu-ch'eng (Liang,
Sicheng), *A Pictorial History
of Chinese Architecture*, plate
26c.

图 5-8　蓟县独乐寺山门

同：第一，它的令栱长为 37in（94cm），合 54 份，明显短于山门
令栱的 67 份；第二，博物院斗栱的耍头为云形图案，与华严寺大
雄宝殿的耍头相似（设计图中为善化寺三圣殿的龙头形），而独乐
寺山门的为劈竹形。至于斗栱高度与柱高的比例，中央博物院大殿
则介于独乐寺山门和上华严寺大雄宝殿之间：前者为 1∶2.5，后
者为 1∶3.5，而博物院大殿为 1∶3，与另外两栋五铺作斗栱的
辽代建筑——七开间的善化寺大雄宝殿和五开间的下华严寺薄伽教
藏殿——一样。很显然，博物院较之华严寺为大的斗栱高度与柱高
的比例是因为采用了相对较大的材份而获得的（表 5-4）。

　　中央博物院大殿的补间铺作和转角铺作也与独乐寺山门的相应
构件相似，不过它们都经过了简化。两栋建筑的补间铺作都由蜀柱、
栌斗和隐刻了泥道栱的柱头枋构成，但是因为缺少了山门补间铺作

中央博物院与其他辽宋建筑实物斗栱尺寸（份）比较　　　　　　表 5-4

建筑物	栌斗长	栌斗高	第一跳长	第二跳长	耍头长	泥道栱长	瓜子栱长	令栱长	正心慢栱长	外拽慢栱长
独乐寺山门	31.2	19.6	30.6（0.49m）	21.9（0.35m）	29.4（0.47m）	73.1		67.5	118.7/115	
广济寺三大士殿	35.7	21.7	28.1	27.6	27.5	75.4	66.4	66.4	122.6	108.5
华严寺薄伽教藏殿	31.9	17.2	31.9	21.1	30.9	75.9（1.19m）	64.9	62.2（0.99m）	124.5（1.95m）	114.3
华严寺海会殿	27.5	16.0	24.5	14.5				86.3		
善化寺大雄宝殿	34.6	20.8	30.1	20.8	27.4	64.1	60.6	61.8		111.4
善化寺普贤阁	27.3	19.3	30.7	22.0	32.0	73.0	58.3	58.3		110.3
奉国寺大雄宝殿	34.0	19.4	29.0	21.9		70.6	59.3	60.0	101.0	
华严寺大雄宝殿	33.0	19.5	25.5	25.5	28.0	61.0（1.11m）		61.0	（1.93m）	
善化寺三圣殿	38.1	23.0	34.1	28.3	24.8	72.7	65.8	72.7	109.6	102.7
善化寺山门	28.8	15.6	32.2	25.3	23.8	67.5	66.3	74.4	108.8	106.3
《营造法式》	32	20	30	30/26	25	62/72	62	72	92	92
中央博物院			30	23		70（1.21m）		54（0.94m）	113.5（1.97m）	

数据来源：梁思成、刘敦桢："大同古建筑调查报告"，《中国营造学社汇刊》，第 4 卷第 3、4 期（合刊），1933 年 12 月。
　　　　　杜仙洲："义县奉国寺大雄殿调查报告"，《文物》，1961 年第 2 期，5-13 页。
　　　　　南京博物馆藏，原国立中央博物院设计图纸。

注：独乐寺山门正心慢拱长度在《蓟县独乐寺观音阁山门考》中的数据为 1.9m 长，合 115 份。这是因为梁思成在
此是按照清式做法将斗口（即栱的宽度）的 1/10 作为份值，而没有按宋式将材高（栱的宽度）的 1/15 作为份值。

图 5-9　兴业建筑师事务
所设计，梁思成顾问，国
立中央博物院正殿柱廊及
铺作
来源：作者摄，2002 年。

所有的华栱，博物院的补间铺作实际上更近似下华严寺悬山顶的海会殿这一等级更低的建筑（图 5-9）。至于转角铺作，博物院虽然参照了独乐寺，但它去掉了后者所具有的 45°斜栱（比较图 5-6 与图 5-18）。

6. 室内结构

在柱廊内，柱头铺作第二跳华栱的后尾变成了两椽长的副阶乳栿。连接乳栿与其下部的副阶阑额的又是一组斗，从下至上由驼峰、泥道栱和栱上的三个散斗组成。华栱的后尾变为乳栿的做法见于蓟县独乐寺观音阁、大同下华严寺薄伽教藏殿和宝坻广济寺三大士殿等辽代建筑。中央博物院大殿的室内构架也采用了这种做法。但是将驼峰与斗栱结合，尤其是像博物院大殿中央开间那样，在相当于《营造法式》所称的"四椽栿"的大梁上先放散斗，再放驼峰，又在驼峰上放大斗与劄牵相连的做法，却明显是来源于宝坻广济寺的三大士殿。在博物院的原设计图中，室内屋顶的中央为一藻井天花。这一设计参照的是独乐寺观音阁和下华严寺薄伽教藏殿等辽代建筑而不是《营造法式》所介绍的更为华丽的"斗八藻井"（图 5-10）。[16]

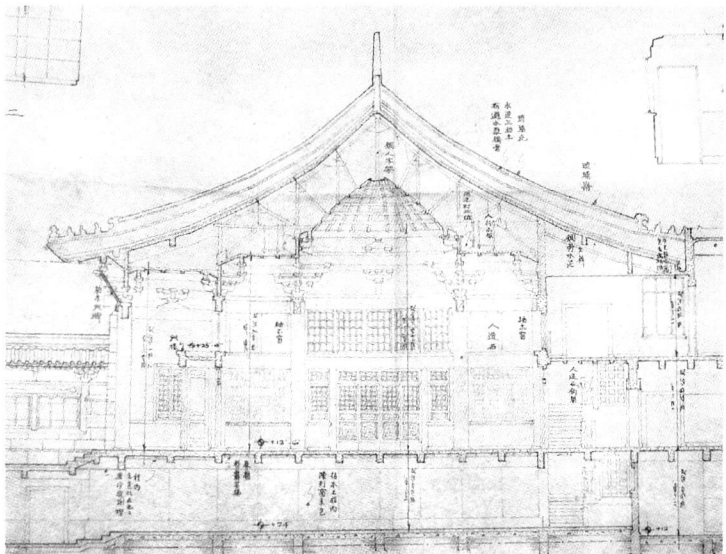

图 5-10 兴业建筑师事务所设计，梁思成顾问，国立中央博物院正殿剖面设计图
来源：南京博物院、南京城市建设档案馆。

7. 屋顶

博物院的屋顶是由钢桁架支撑的四阿顶，这种屋顶形式在清式建筑中称为"庑殿"，是最高等级的皇家建筑的象征。四阿顶在现存的辽宋寺庙建筑中并不鲜见，然而与大多数这些实物不同，博物院的屋顶采用了《营造法式》中所说的"推山"做法，即通过延长正脊增加两侧屋面的坡度，从而使得原本因屋顶四坡坡度相同而导致的在屋顶水平投影上和在建筑的 45°角立面上呈直线的四条侧脊，变成为与正脊一样具有弧度的曲线（图 5-11）。这一做法不见于梁思成所调研过的所有四阿顶辽宋建筑，如独乐寺山门、广济寺三大士殿、善化寺大雄宝殿和上华严寺大雄宝殿等。虽然后世的研究表明河北新城辽代的开善寺采用了推山，[17] 但梁思成的同事刘敦桢直至 1936 年对该建筑的考查报告中都未记录这一细节。[18] 所以中央博物院屋顶的推山做法，应该不是参照现存的辽宋遗构，而是直接遵照《营造法式》甚至《清式营造则例》的规定。[19]

博物院大殿屋顶的举高——脊抟上皮与撩檐枋上皮之间的垂直距离——约是前后撩檐枋水平距离的 1/4。这一比例符合梁思成所

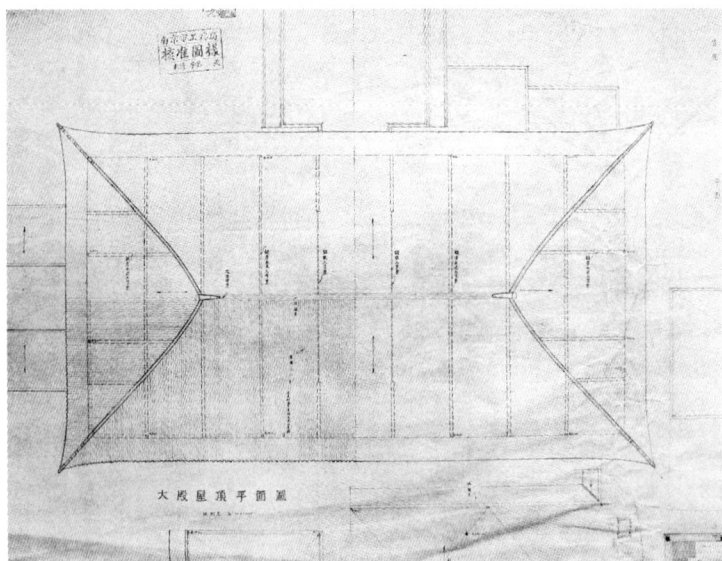

图 5-11　兴业建筑师事务所设计，梁思成顾问，国立中央博物院正殿屋面及屋脊"推山"设计图
来源：南京博物院、南京城市建设档案馆。

发现的辽和宋初建筑的一般情况。[20] 例如，下华严寺薄伽教藏殿的比例是 1/4.3，独乐寺山门的为 1/3.99。在中央博物院大殿，这一比例为 1/3.87，与广济寺三大士殿的比例极为接近，后者屋顶举折，据梁思成分析，与《营造法式》的规定颇为吻合，它的举高是前后撩檐枋水平距离的 1/3.81。

然而，如果说中央博物院屋脊的举高符合辽和宋初建筑的一般情况的话，它的屋顶造型与上述所有建筑实物有一点明显不同，即这些实例的举折都比较小，因此屋顶曲线相对平缓，而它的屋顶举折较大，因而屋顶下弯弧度显得较大。即使与屋顶举折最接近《营造法式》之规定的广济寺三大士殿相比，博物院屋顶的弧度也偏大。根据《营造法式》"每尺折一寸，每架自上递减半"的规定，从脊抟到撩檐枋，每一架平抟的高度应该是它所在的垂线与自撩檐枋上皮至上一架平抟上皮连线相交所构成的直角三角形的高减去折高，折高从上至下依次为该三角形高度的 1/10、1/20、1/40 和 1/80。而在中央博物院，这些折高的比率分别为 1/7.7、1/14、1/21 和 1/53（图 5-12，表 5-5）。[21]

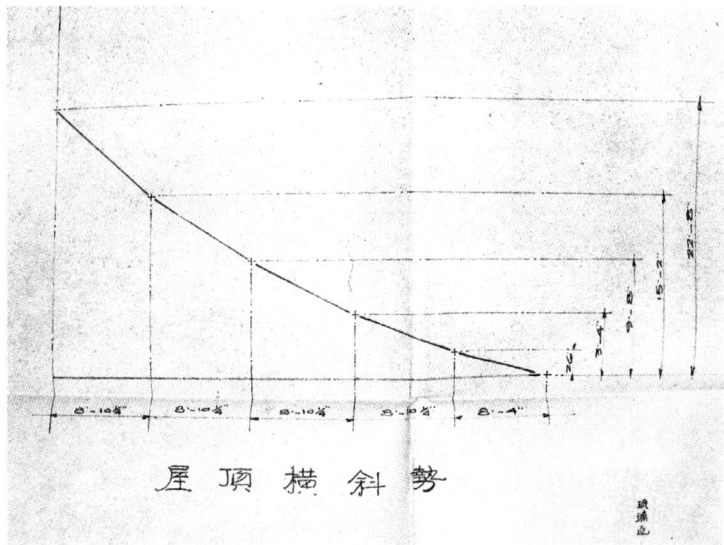

图 5-12　兴业建筑师事务所设计，梁思成顾问，国立中央博物院正殿屋顶曲线"举折"设计图
来源：南京博物院、南京城市建设档案馆。

中央博物院与《营造法式》举折比较　　　　　　　　　　　　　　　　　　　　　表 5-5

博物院每架平抟举高	22'~8"（6.9m）	15'~2"（4.62m）	9'~8"（2.95m）	5'~4"（1.62m）	26"（0.66m）
所折高度		5.5-4.62=0.88m	3.45-2.95=0.5m	1.95-1.62=0.33m	0.79-0.66=0.13m
折高比率	H	1/7.7H	1/14H	1/21H	1/53H
据《营造法式》所得平抟高度	6.9m	4.81m	3.25m	1.98m	0.87m
所折高度		5.5-4.8=0.69m	3.6-3.25=0.35m	2.15-1.98=0.17m	0.96-0.87=0.086m
折高比率	H	1/10H	1/20H	1/40H	1/80H

数据来源：南京博物馆藏，原国立中央博物院设计图纸。

8. 小结

以上是对中央博物院大殿各个细部造型的分析。在进入论文的下一部分之前，笔者拟将上述的分析作一归纳，以便读者对于该建筑的设计有一个更清楚的了解。第一，中央博物院的总体造型具有梁思成所总结的辽和宋初建筑的特点，但是在颜色上它借鉴了明清的官殿建筑。第二，博物院大殿 9×5 开间的平面比例参照了金代初期的大同上华严寺大雄宝殿，但它的平面尺寸和柱廊高度仅为后者的 83%。第三，大殿平面中央的四柱被省略，这是梁思成在讨论辽代建筑的风格特征时所指出的"减柱之法"。第四，博物院的月台栏杆造型参照了南京五代时期栖霞寺舍利塔的勾片斗子蜀柱栏杆和八角形望柱。第五，大殿阑额断面 1/2 的比例与宝坻广济寺三大士殿和大同下华严寺海会殿相同，并与蓟县独乐寺山门和下华严寺薄伽教藏殿相近。第六，在斗栱的用材方面，博物院斗栱的绝对尺寸小于上华严寺，其用材与善化寺大雄宝殿、三圣殿和独乐寺山门相近，都介于宋《营造法式》中规定的三至七开间面阔殿阁建筑所用的二、三等级之间。但由于其用材是上华严寺斗栱的 87%，相对尺寸较大，所以斗栱与柱高之比是 1：3，比后者的 1：3.5 大，而与善化寺大雄宝殿和薄伽教藏殿一样。第七，在外檐斗栱的造型设计方面，博物院大殿的五铺作柱头斗栱参照的是独乐寺山门，其转角铺作也参照了山门但省略了 45 度斜栱，它的补间铺作则参照的是等级更低的下华严寺海会殿。有别于独乐寺山门，博物院大殿柱头铺作不是用批竹形耍头，而是仿照上华严寺大雄宝殿采用云形；同时，与所有辽宋实物相比，大殿斗栱的令栱也明显较短。第八，博物院大殿的室内斗栱采用了广济寺三大士殿斗栱的形式，而且其天花藻井设计不是根据《营造法式》而是参照了独乐寺观音阁和下华严寺薄伽教藏殿。第九，大殿屋顶的举高为前后撩檐枋距离的1/3.87，与广济寺三大士殿的举高相近，但是与梁思成提到过的所有辽和宋初建筑都不同，博物院大殿的屋顶举折较大，屋面显得更为弯曲。另外，屋顶设计还参照《营造法式》的规定做了推山。

概括而言，中央博物院大殿的设计过程大致可分为以下若干步骤：（1）参照上华严寺大雄宝殿定出大殿的平面比例；（2）按照前者的柱高与面宽之比定出柱廊的高度；（3）以善化寺大雄宝殿和下华严寺薄伽教藏殿1/3的斗栱与柱高之比为标准，定出柱头铺作的总高度，并以独乐寺山门五铺作斗栱为参考设计柱头铺作和转角铺作的构件，以下华严寺海会殿作为参考设计补间铺作；（4）参照宝坻广济寺三大士殿及蓟县独乐寺山门和下华严寺海会殿设计比例为1/2的阑额断面，再参照广济寺三大寺殿室内斗栱的造型设计廊下和室内斗栱；（5）参照《营造法式》设计屋顶的举折，但对折高略为加大；（6）按照宋代建筑的屋顶处理手法对屋脊做推山；（7）参照栖霞寺舍利塔的栏杆造型设计平台的栏杆。总之，除了建筑的外观色彩更接近明清建筑之外，梁思成和建筑师在中央博物院的设计中参照了以辽和宋初建筑为主，并包括10世纪的五代和12世纪的金代初期实物的建筑和建筑规范——《营造法式》。这些建筑和规范也就成为中央博物院设计过程中建筑构图要素和构图方法的来源和依据。显然，梁思成和建筑师的设计方法是，从既有的古建筑实物和法式中分别提取所需要的构图要素，对个别的进行修改，然后再将它们重新整合。

三、梁思成、林徽因中国建筑史写作

由于中央博物院是一种选择、修改和重新整合的结果，那么关于这栋建筑的进一步讨论就必须围绕着下面三个问题展开：第一，为什么梁思成和建筑师采取如此复杂的设计方法而不是简单参照他们更为熟悉的《营造法式》和《清式营造则例》？第二，辽和宋初建筑对于他们，尤其是梁，意义何在？第三，他们进行选择、修改和重新整合所依据的原则是什么？十分遗憾，由于战乱和社会变迁，现存的中央博物院设计档案中既没有关于梁思成和建筑师在风格选择方面的资料，也没有竞赛筹备委员会和评审委员会对于建筑造型修改意见的文件。要回答上述问题，我们不得不去分析梁思成以及他的"伴侣"林徽因的中国建筑史写作，尤其是他们对辽宋时期建筑的评价，从中去寻找可能的答案。

正如笔者已经在本书的第 2 章和第 3 章已经指出，梁、林关于中国建筑史的研究从其伊始便不仅仅是实证性的调查记录，它还体现了二人试图在国际性和现代性的语境里提高中国建筑地位的努力。在他们的写作中，梁思成和林徽因试图论证：一、中国建筑是世界建筑中独特的一个体系；二、中国建筑的基本特征在于它的框架结构，这一点与西方的哥特式建筑以及现代建筑非常相似；三、中国建筑中的斗栱是中国建筑设计中的一个基本模度，与西方希腊罗马建筑中的"柱式"（Order）非常相似；四、中国建筑之美在于它结构的合乎功能，以及它对于结构的忠实表现，即使外人看来最奇特的外观造型部分（如屋顶）也都可以用这一原则进行解释；五、结构表现的忠实与否是一个标准，据此可以看出中国建筑从初始到成熟，继而衰落的发展演变。[22] 以结构理性为标准，梁思成论证了中国建筑在世界建筑体系和现代时期存在的意义。同样以结构理性为标准，他对不同时期的中国建筑进行了评价，判定唐、辽和宋建筑为上，明清建筑为下（图 5-13）。

梁思成将唐宋建筑视为中国建筑的高峰还有另外一个历史理论的根源，这就是被誉为"现代艺术史之父"的 18 世纪德国艺术史家温克尔曼的艺术进化论思想。在其《古代艺术史》一书中，温克尔曼为希腊艺术勾画出了一个四阶段风格发展的线性历史，即旧式风格、宏大风格、美丽风格和模仿者风格，它们反映了希腊艺

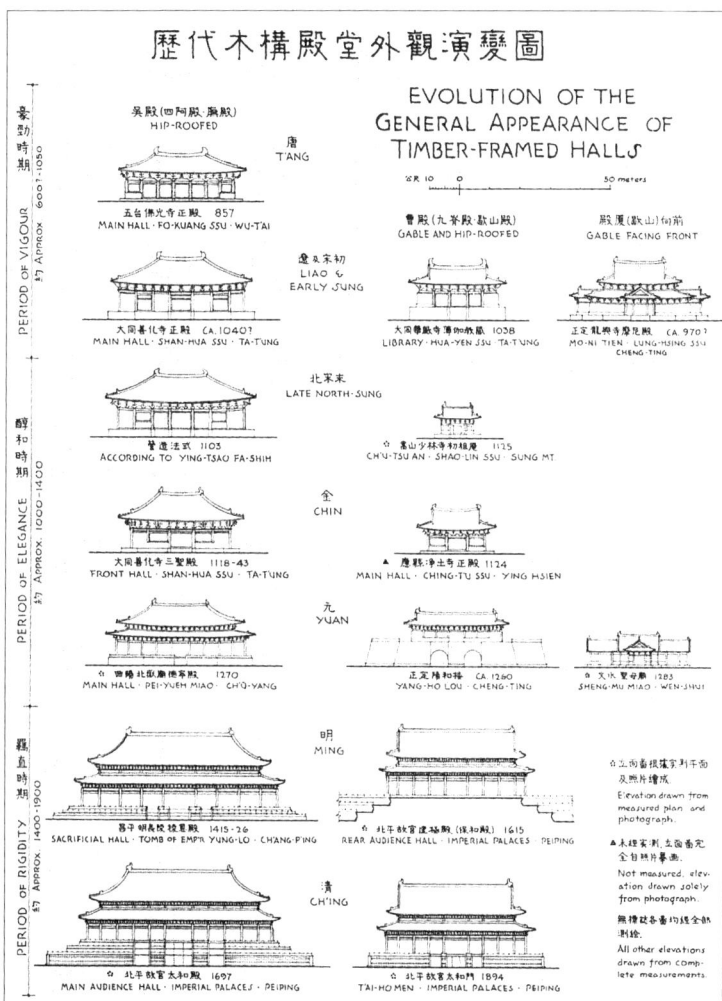

图 5-13 梁思成,"历代木构殿堂外观演变图"
来源:Liang, Ssu-ch'eng (Liang, Sicheng), *A Pictorial History of Chinese Architecture*, plate 20.

术的发生、发展、成熟和停滞。在这四个阶段中，体现于菲迪亚斯（Phidias）作品的宏大风格硬朗雄壮，体现于普拉克斯特立斯（Praxiteles）作品的美丽风格优雅细腻，它们代表了希腊艺术的高峰时代。[23]

　　艺术上的进化论思想对现代中国的影响早在 1929 年就已见诸中国艺术史家滕固的著作《中国美术小史》。在此书中，滕将中国美术的发展分为四个时期，它们分别是从原始时期到汉明帝之前的"生长时代"，汉明帝到南北朝时期的"混交时代"，隋唐至宋的"昌盛时代"，以及从元至清的"沉滞时代"。[24]

文化上进化论观念对梁思成应该早不陌生。如在 1920 年，他伟大的父亲梁启超——这位被美国历史学家列文森（Joseph R. Levenson）誉为"现代中国的心智"[25]的学者——就曾在《清代学术概论》一书中仿照佛教的"生、住、异、灭"四相循环说将清代学术思潮的流转分为启蒙、全盛、蜕分和衰落四期。1934 年林徽因在为梁思成的《清式营造则例》所写的"绪论"中也按照这一思路，将中国建筑的发展描述为始期、成熟和退化的过程。这一认识又在梁思成本人于 20 世纪 40 年代所写的英文版《图像中国建筑史》中得到更为清晰地表述。与温克尔曼一样，梁思成在书中将中国建筑的发展也分成四个时期，除根据考古发现和现存的石雕材料所概括的早期中国建筑之外，其他三个时期分别为唐辽和北宋早期建筑所代表的"豪劲时期"（Period of Vigour）、北宋晚期和元代建筑所代表的"醇和时期"（Period of Elegance），以及明清建筑所代表的"羁直时期"（Period of Rigidity）。

采用与希腊艺术相同的分期标准和分期方式，梁思成不仅在读者，尤其是西方读者面前为被 19 世纪的英国建筑史家弗莱彻尔所称的"非历史"的中国建筑建构了一个线性的发展过程，而且还将中国建筑与希腊建筑，尤其是中国的唐与辽宋建筑与希腊的宏大风格和美丽风格相对应。因为唐与辽宋建筑兼具结构上的理性与形式上的雄劲和优美，所以成为梁思成心目中中国"古典"建筑的范式。而在中央博物院的设计中参照辽和宋初建筑，就是以这些"豪劲"的范式作为中国建筑"强旺更生"的新起点。[26]

但是，仅仅将梁思成在中央博物院的设计中采用辽和宋初风格的做法看作是他个人审美趣味的体现还不够。"豪劲"一词既指体魄上的雄强，又指精神上的闳放，虽然在这里仅仅被用来描述一种艺术风格，但它又反映出中国知识精英对于现代民族国家发展和建设所持的理念。早在 1902 年，梁启超就在《新民说》一书中提出了改造国民的问题。从社会达尔文主义的角度出发，他认为中国之所以屡屡惨败于与世界其他国家的竞争，根本原因就在于中国人丧失了尚武的精神。如果要重新获得其国际地位，中国就必须发扬德国的俾斯麦所宣扬的"铁血精神"，培养国民的心力、胆力和体力。[27] 1904 年他又发表了另一部著作——《中国之武士道》，大力提倡中国在战国时代曾经辉煌但在后世却逐渐泯灭的尚武精神。[28]与梁启超相似，现代中国另一位杰出的思想家鲁迅也强调培养中国人豪迈的精神。在评价历史时，他更欣赏中国的汉唐两朝在吸收外来艺术和外来文化方面所表现出的闳放胸怀。[29]

对于尚武精神的崇尚导致了体育作为一项重要的国家事务在民国时期的蓬勃开展。[30] 在艺术领域中它也同样有所反映。不必说 20世纪 30 年代具有豪劲风格的西方木刻在中国的兴起和鲁迅在推动这一艺术的传播方面所扮演的积极角色，事实上中国的传统艺术的风格革命早在 20 世纪之初就已经开始。虽然在书法这一中国文人的表达和交流方式中寻求雄劲风格的努力在清代中期就已经出现，但新的风格直到中国在经历着前所未有的外来侵略的晚清时期才真正蔚然成风。梁启超的老师和戊戌变法的主帅康有为同时也是这一时期书法变革最有影响的人物。作为振衰起弊的一个策略，他提倡具有"拙、厚、雄、强"四大特点的魏碑书体，贬斥当时流行于士林的工谨平正的馆阁和翰苑体。[31] 而碑学书法的出现又带动了 20世纪初期中国画以上海画派和西泠印社等艺术群体为代表的古拙苍劲画风的勃兴。

如果战国时代是梁启超心目中中国武士道精神的豪劲时期；汉唐时代是鲁迅心目中中国开放精神的豪劲时期；北魏时代是康有为心目中中国书法的豪劲时期；那么对于梁思成来说，中国建筑的豪劲时期则是唐辽和宋初。正如英国著名建筑史家科洪（Alan Colquhoun）在谈到 18 世纪的折中主义时所指出，"折中主义采取了两种看似互不相关的形式。一方面，不同的风格可以比肩共存，……另一方面，一种风格可能代表了一种主导性的道德理想并与一种社会改革的理想相关。"[32] 同样，在中国近代这些对古代的崇尚态度背后，历史也不是"过去时"的，相反，它是"将来时"的，因为这些对于过去历史的称颂实际上体现了他们对于中国未来的期待。也正因为如此，中央博物院对辽宋建筑的参照，不再是对历史风格的一种模仿，相反，它是对于现代中国建筑理想的一种探求，尽管对于需要前瞻和进取并开放地借鉴世界所有优秀文化的中国现代建筑的总体发展而言，这种在封闭的传统文化系统之内诉诸过去和历史的探求尚非理想之路。

对于梁思成来说，唐代建筑和它在辽及宋初的延续代表着中国建筑所达到的最高境界。事实上他的中国建筑史家生涯可以说就从对于唐代建筑的探寻开始——他的第一篇建筑学术论文"我们所知道的唐代佛寺与宫殿"体现了他借助于敦煌壁画中的证据去"复原"唐代建筑的努力。而在 1932 年，梁思成在他的第一篇古建筑调查报告"蓟县独乐寺观音阁山门考"中就已经注意到，辽代的观音阁和山门在风格造型上与他在敦煌壁画中所看到的唐代建筑非常相近。由于地理上辽所在的区域曾经在唐的版图之内，又在五代时期与正在产生新传统的中原地区分开，所以梁思成相信，辽代建筑在特征上较中原北宋末期的《营造法式》更接近唐代建筑，虽然唐代建筑的实物他直到 1937 年才得以发现。[33] 他后来在所著《中国建筑史》中批评《营造法式》说："崇宁所定，多去前之硕大，易以纤靡，其趋势乃刻意修饰而不重魁伟矣。"不过，现存的一些宋代建筑"结构秀整犹带雄劲，骨干虽已无唐制之硕健庞大，细部犹未有崇宁法式之繁琐纤弱，可称其为北宋中坚之典型风格也"。[34] 而且唐宋建筑的斗栱，这一他所认为的中国建筑的关键要素，在结构上"实为一种有机的、有理的结合"，也显现出较之明清建筑更高的理性，后者按照他的话说已经"退化"为附加的装饰。[35]

对于唐代建筑的憧憬最终驱使梁思成在 1937 年赴山西五台山考察，并在日本侵华的"卢沟桥事变"爆发之前发现了建于唐大中十一年（857 年）的佛光寺东大殿。[36] 这一发现无疑是美国学者夏南悉（Nancy S. Steinhardt）所称的"中国古代建筑现代研究中的加冕时刻"（crowning moment in the modern search for China's ancient architecture），而这座建筑也堪称梁思成的"唐代建筑偶像"

图 5-14　兴业建筑师事务
所设计，梁思成顾问，南
京国立中央博物馆辽式修
正图透视及细部，1935 年
来源：Su, Gin-djih（徐敬直），
Chinese Architecture: Past and
Contemporary（Hong Kong:
The Sin Poh Amalgamated,
Ltd., 1964），plate 139.

（Tang architectural icon）。[37]　然而在 1935 年中央博物院设计之
时，梁尚未发现一栋唐构，他只能借鉴辽和宋初建筑。值得注意的
是，辽在中国历史上并非汉族政权，但由于其建筑风格具有唐朝特
点，所以仍被梁思成视为中国古典文化的代表。[38]

　　梁思成对于唐、辽和宋初建筑风格的青睐还体现在建筑师修
改后的建筑渲染图上。这幅图作为插图发表于徐敬直 1964 年出
版的著作《中国建筑之古今》（*Chinese Architecture: Past and*
Contemporary）中（图 5-14）。不同于参加建筑设计竞赛时静
态的正立面图，新的渲染图采用两点透视，具有强烈的光影对比，
充分表现出建筑飞檐的动感，并赋予建筑以男性化的力量和纪念
性。事实上由于月台的遮挡，这一视觉效果并非实地可见，但这
幅渲染图无疑体现了梁思成和建筑师对于中央博物院建筑的理想。

四、中央博物院建筑设计的指导原则

　　对于熟悉学院派建筑传统的人们来说，梁思成所采用的"整合"
方法应该并不陌生。如巴黎美术学院建筑理论主讲加代在其名著《建
筑的要素与理论》一书中指出，建筑设计包括两个基本问题，一是
要素（elements），二是构图（composition）。要素即墙体、檐口、
门窗、门廊，以及柱式等；而构图则是各种类型的建筑平面上富有
逻辑的布局。梁思成同时代的许多建筑师都试图通过在西方建筑的
构图基础上改换中式的要素，特别是反曲屋顶和须弥座，但梁却一
直在努力寻找纯粹中国式的建筑语言。两部中国古代建筑法式著作

和《建筑设计参考图集》中搜集的各种建筑细部在他看来就是中国建筑的"文法"和"语汇"，[39] 而对中国建筑"文法"和"语汇"的认识也反映了他所接受的学院派教育的影响。[40]

不过，即使我们已经很清楚，梁思成在中央博物院的平立剖面和细部的设计中都借鉴了纯粹中国建筑的构图和要素，但还有一些问题有待我们进一步回答：为什么梁思成和建筑师从某些建筑而不是其他建筑中提取某些构图要素而不是其他要素？他们又为什么要对一些要素的设计进行修改？他们进行选择和修改所依据的原则是什么？毫无疑问，建筑的中国风格的纯正性是他们追求的一个目标，为此他们依据上华严寺大雄宝殿设计了博物院平面的长、宽和柱廊的高等最基本的尺度，又完全依照 10～20 世纪的建筑实物设计了其他细部。他们甚至缩短柱头铺作的令栱以强调辽代建筑令栱短于泥道栱的特征。但是如果我们再将他们的选择和修改与梁思成的中国建筑写作进一步对照，就可以发现这些选择与修改背后西方建筑话语——如建筑的古典美、功能性和结构理性——所起到的主导作用。换言之，中央博物院看似纯粹的中国风格实际上又是按照西方的标准提炼出来的，它在梁思成心目中是世界的，也是"现代"的。

1. 西洋古典建筑之美

这里所说的西洋古典建筑之美除了中央博物院大殿在竖向上所呈现的台基、柱梁和屋顶这一"三段式"构图之外，[41] 还体现在它所广泛采用的细微修饰手法以及它对于西方古典柱式的参照上。细微的装饰手法包括微微上曲的正脊，因推山而产生的曲线形侧脊，檐柱和阑额的生起，梁柱的卷杀，以及山墙的侧脚。无疑，这些曲线将会大大增加这座钢筋混凝土结构的建筑在设计和施工上的难度，但是它们却是豪劲的唐辽建筑与醇和的宋元建筑美感的体现。正如前文所言，梁思成对中国建筑史的分期受到了温克尔曼希腊艺术史写作的影响，他对中国建筑曲线美的认识也与西方古典建筑有关。例如在论及独乐寺的梁枋时，他说：[42]

梁横断面之比例既如上述，其美观亦有宜注意之点，即梁之上下边微有卷杀，使梁之腹部，微微凸出。此制于梁之力量，固无大影响，然足以去其机械的直线，而代以圜和之曲线，皆当时大匠苦心构思之结果，吾侪不宜忽略视之。希腊雅典之帕蒂农神庙亦有类似此种之微妙手法，以柔济刚，古有名训。乃至上文所述侧脚，亦希腊制度所有，岂吾祖先得之自西方先哲耶？

此外，在其关于中国建筑的写作中，梁思成还将中国建筑斗栱与柱的关系类比为西方古典建筑中的"柱式"（Order）。[43] 定非偶然，他和建筑师设计中央博物院大殿斗栱与柱高比例时不再参照华严寺而是参照善化寺大雄宝殿和下华严寺薄伽教藏殿，因为它们的比例为 1：3，与弗莱彻尔在《比较法建筑史》中所绘的希腊建筑的多立克柱式（Doric Order）檐部与柱高的比例一样，而多立克柱式在几种古典柱式中又最具阳刚特点。通过整合这些在原则上与希腊建筑相近的特征，梁思成创造了一种兼具西方古典建筑之美的中国建筑的古典形式（图 5-15）。

图 5-15 兴业建筑师事务所设计，梁思成顾问，国立中央博物院正殿的"柱式"及平台上的"斗子蜀柱"栏杆
来源：作者摄，2002 年。

2. 结构理性主义

结构理性主义在中央博物院的设计中再次扮演了重要角色。它不仅是梁思成评判中国建筑发展的一个重要标准，也是他和建筑师从现有的辽宋建筑实物中选取理想的结构要素之造型的依据。例如，他和建筑师参考了广济寺三大士殿设计博物院大殿的室内梁架和斗栱。梁曾经盛赞这栋建筑的"彻上露明造"做法，说："在三大士殿全部结构中，无论殿内殿外的斗栱和梁架，……没有一块木头不含有结构的机能和意义的。在殿内抬头看上面的梁架，就像看一张 X 光线照片，内部的骨干，一目了然，这是三大士殿最善最美处。"[44]而这栋建筑用斗栱来代替金瓜柱的办法，"在后世虽然也有，但是制作如此灵巧的，还没有看见过。"[45]（图 5-16）

大殿阑额断面尺寸的设计必也是出于同样的结构理性主义理由。这一断面高 20.5in，相当于柱头铺作栱的断面高度的两倍，也即两材，符合《营造法式》"造阑额之制"的"广加材一倍"的规定。但是阑额的宽度却没有按《法式》"厚减广三分之一"，而是10.25in，或高的 1/2。这一比例令人想起梁思成对独乐寺观音阁和山门梁枋的评论："今科学造梁之制，大略以高二宽一为适宜之比例。按清制高宽为十与八或十二与十之比，其横断面几成正方形。宋《营造法式》所规定，则为三与二之比，较清式合理。而观音阁及山门（辽

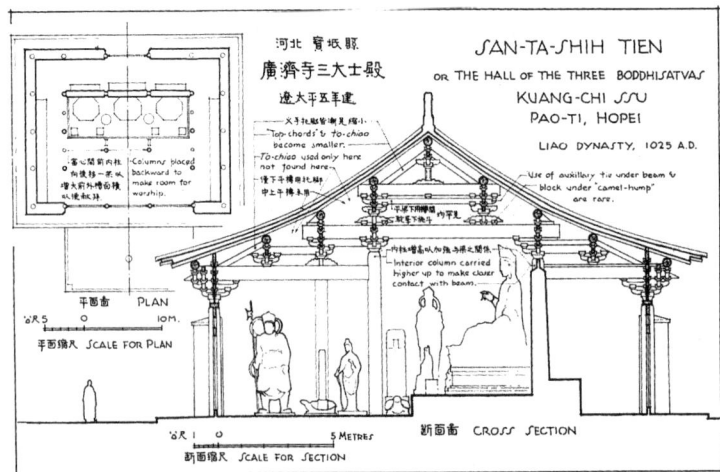

图 5-16 梁思成，"河北宝坻县广济寺三大士殿"来源：Liang, Ssu–ch'eng (Liang, Sicheng), *A Pictorial History of Chinese Architecture*, plate 28b.

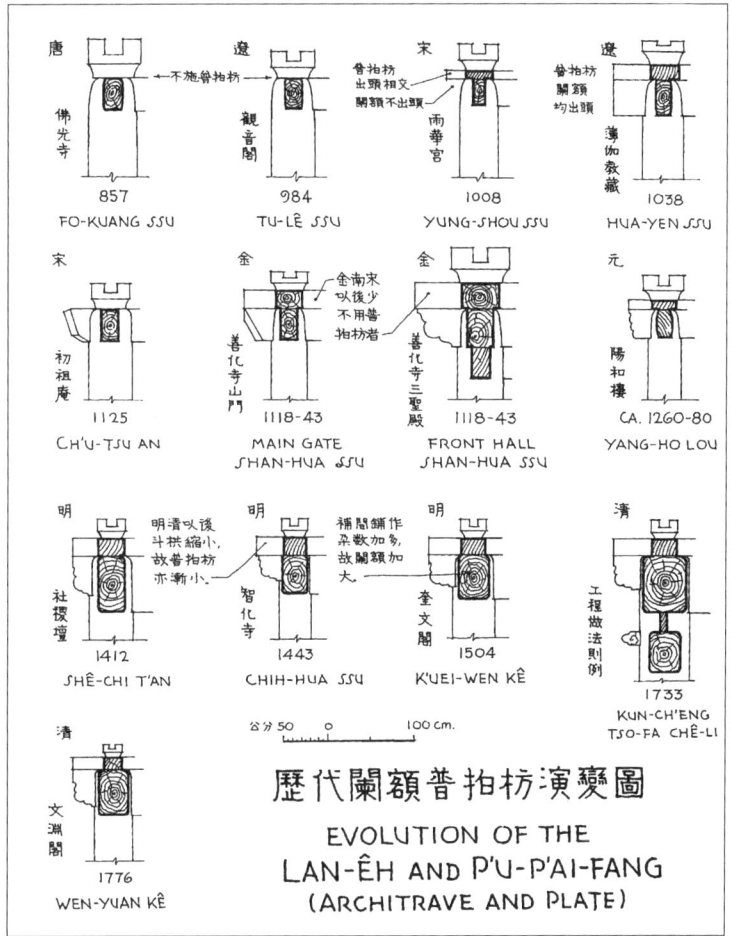

图 5-17 梁思成，"历代
阑额普拍枋演变图"
来源：Liang, Ssu-ch'eng (Liang,
Sicheng), *A Pictorial History of
Chinese Architecture*, plate 38.

式）则皆为二与一之比，与近代方法符合。岂吾侪之科学知识，日
渐退步耶！" [46]（图 5-17）

　　毋庸赘言，斗栱是梁思成所认为的中国建筑最重要的结构构
件并且是中国建筑风格特征最主要的组成部分之一。但是从结构理
性的角度分析，采用悬挑能力良好的现代钢筋混凝土结构之后，这
一传统的结构方式和构件就失去了存在的意义。梁思成和建筑师的
设计面临着一个矛盾的选择：一方面需要表现中国建筑的固有特征，
另一方面需要符合现代材料的结构理性。作为一种妥协，他们选择
了独乐寺山门作为博物院大殿柱头铺作与转角铺作的设计参照（图

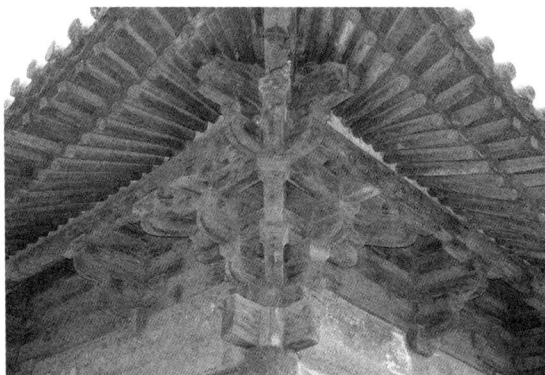

图 5-18　蓟县独乐寺山门转角铺作
来源：杨菁博士摄赠，2009 年。

5-18）。在梁思成看来，这座山门，在结构方面"实为运用斗栱至最高艺术标准之精品"。[47] 而在大殿补间铺作的设计上，他们则参照了华严寺的海会殿。由于山门和海会殿均非高等级建筑，在中央博物院这座九开间的国家级建筑中采用它们的斗栱形式，就意味着在造型上保留斗栱这一中国传统建筑的典型构件的同时，摒弃其原有的等级象征内涵。不仅如此，由于山门斗栱仅为简单的五铺作偷心造，没有对钢筋混凝土梁柱体系已经不具结构意义的"杠杆"斜昂，不仅视觉效果更趋简洁，对于施工也更为容易，因此能够在更大的程度上符合建筑的钢筋混凝土结构特性。[48] 必定是出于同样的考虑，梁思成和建筑师删除了转角铺作上斜栱这一"辽代惯用"的构件。[49]

3. 实用性

辽代建筑另一个引人注意的现象是平面柱网的不规则性。尽管这种不规则性有可能像梁思成在营造学社中的年轻同事陈明达所认为的那样，是结构系统变化导致的结果，[50] 梁思成将这种情况称为"减柱之法"，认为它是出于功能——也即维特鲁威所说的建筑三要素中"实用"——的需要。他在论及大同的辽代建筑实物时说："平面配置中，尤足令人赞美者，即前举六建筑之内柱配列，各依实用上之需求，取不同方式，极合建筑原则。……（例如）殿内中央一区其内槽因安置佛座而外槽为瞻拜顶礼之所，皆须取较大空间，故力图减少其中央部之柱数，期合于实用。"[51]

他还进一步批评了明清建筑在平面设计上只注意恪守柱网的规整而不能根据需要灵活调整,他说:"即此一端,可觇我国建筑,自明以来,渐趋退化之途矣。"[52](图5-19)在中央博物院的设计中,梁思成与建筑师也采用了"减柱之法",将大殿中央的四棵立柱减去,使得建筑的空间的设计,至少看起来是出于"依实用上之需求"的考虑(图5-20)。

利用现代材料使得建筑设计更符合功能要求的努力最终见于博物院大殿屋顶的设计采用《营造法式》的举折方法而又

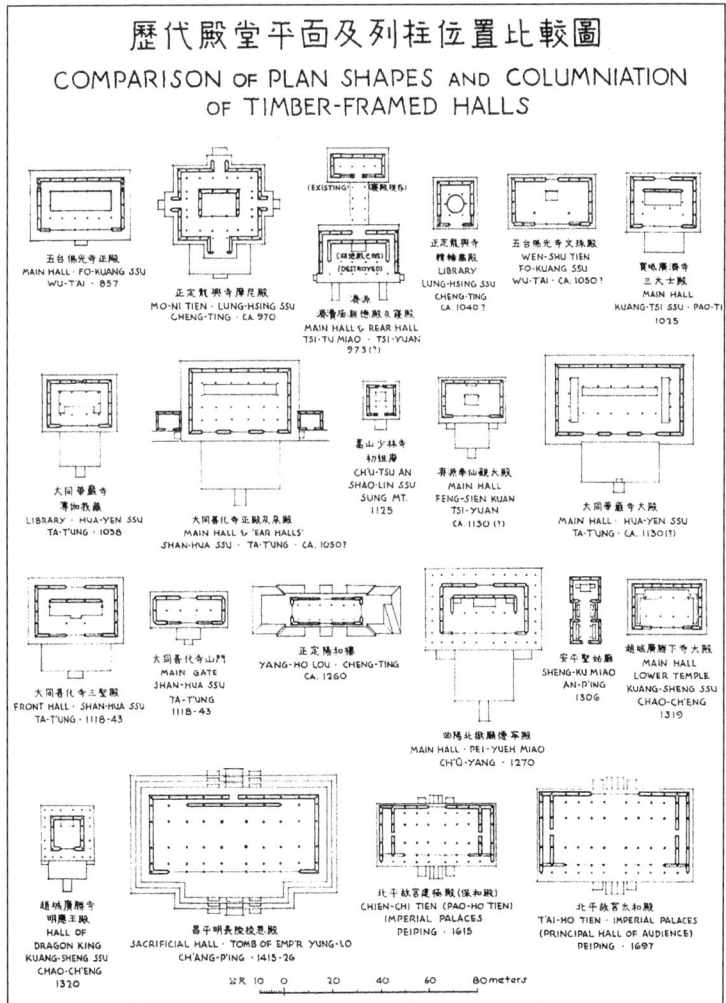

图5-19 梁思成,"历代殿堂平面及列柱位置比较图"
来源:Liang, Ssu–ch'eng (Liang, Sicheng), *A Pictorial History of Chinese Architecture*, plate 21.

图 5-20　兴业建筑师事务所设计，梁思成顾问：国立中央博物院正殿室内的"减柱造"做法
来源：作者摄，2002 年。

加以夸张的做法。中国建筑反曲屋面的起源曾经引发许多西方学者们的猜想。英国学者叶慈曾经在 1930 年总结了这些观点。如有人认为它是中国古代游牧先人帐幕居室的遗痕，也有人认为它模仿了杉树的树枝，而那些吻兽就代表了栖息于树枝上的松鼠。德国学者鲍希曼还说："中国人采用这些曲线的冲动来自他们表达生命律动的愿望。……通过曲面屋顶，建筑得以尽可能地接近自然的形态，诸如岩石和树木的外廓。"[53] 林徽因相信中国建筑的结构不仅合理而且符合功能需要（详见本书第 3 章），所以她不赞同上述所有观点。她说：[54]

屋顶本是建筑上最实际必需的部分，……屋顶最初即不止为屋之顶，因雨水和日光的切要实题，早就扩张出檐的部分。使檐突出并非难事，但是檐深则低，低则阻碍光线，且雨水顺势急流，檐下溅水问题因之发生。为解决这个问题，我们发明飞檐，用双层瓦椽，使檐沿稍翻上去，微成曲线。又因美观关系，使屋角之檐加甚其仰翻曲度。这种前边成曲线，四角翘起的'飞檐'，在结构上有极自然又合理的布置，几乎可以说它便是结构法所促成的。……总的说起来，历来被视为极特异神秘之屋顶曲线，并没有什么超出结构原

则，和不自然造作之处，同时在美观实用方面均是非常的成功。……
外国人因为中国人屋顶之特殊形式，迥异于欧西各系，早多注意及
之。论说纷纷，妙想天开；有说中国屋顶乃根据游牧时代帐幕者，
有说象形蔽天之松椽者，有目中国飞椽为怪诞者，有谓中国建筑类
似儿戏者，有的全由走兽龙头方面，无谓的探讨意义，几乎不值得
在此费时反证。总之这种曲线屋顶已经从结构上分析了，又从雕饰
设施原则上审察了，而其美观实用方面又显著明晰，不容否认。我
们的结构实可以简单的承认它艺术上的大成功。

林徽因的观点可以被视为中央博物院屋顶设计原则的一个注
解。这座钢筋混凝土建筑的屋顶的曲线既没有参照任何一栋梁思成
考察过的辽宋建筑实物，也没有完全遵循《营造法式》的规定，它
也因此显得比这些用木和泥瓦造就的传统形式更轻盈、更舒展。借
助明清皇家建筑黄色的琉璃瓦，中央博物院这座现代中国的公共文
化建筑终于获得了一种有别于上述所有厚重沉着的辽宋宗教建筑的
视觉效果，这就是明快和开朗。

结 论

1948 年 5 月 29 日国立中央博物院落成开馆。在此之前，梁思
成已经在他的著作《中国建筑史》的最后一章记下了这栋建筑。没
有提及自己的贡献，他说："徐敬直、李惠伯之中央博物馆，乃能以辽、
宋形式，托身于现代结构，颇为简单合理，亦中国现代建筑中之重
要实例也。"[55] 徐敬直在自己出版于 1964 年的著作《中国建筑的过
去与现在》一书中也评论了这栋建筑。他说：[56]

它的设计采用了辽和宋初风格。它的细部简洁而大胆，斗更具
功能性而非装饰性。它用钢筋混凝土建造，遵循了悬挑的原理。屋
檐的曲线通过檐柱的生起而产生，屋顶的曲线则是按照举折的方法
而做成。其结果就是一座轻盈辉煌的建筑。

中央博物院堪称是中国近代新文化运动的纪念碑。发生在 20
世纪 10 年代后期的五四运动，亦即新文化运动，带来了中国社会
和文化的重大变革。这场运动又被其主将之一的胡适称为"中国的
文艺复兴"，它试图通过研究当前和实际的问题，从海外输入新理
论、新观念和新学说，对中国的固有文明"作有系统的严肃批判和
改造"的"整理国故"，以达到"再造文明"的目的。[57] 胡适本人
曾在 1923 年草拟了一份《整理国故的计划》，对整理古书提出具体
方法，即校勘、注释、标点和分段，再加考证或评判性的引论。他
希望经过这样的整理，使得原来不可读、不易解的古书，能够变得
可读、可解。[58]

20 世纪 20 年代以后中国建筑家对中国古代建筑的研究和对
"中国风格"建筑的探索与新文化运动有着十分相似的目标，即中
国建筑师学会会长赵深提出的"融合东西方建筑学之特长，以发扬
吾国建筑固有之色彩。"[59] 这一努力的共同特点是局部地或整体地
采用中国建筑的装饰母题或造型，利用现代材料和现代结构进行设
计和建造。尽管这些努力有多种形式，但是在设计方法上有两种因
为旨在运用理性原则使中国风格的设计规范化而最具特殊意义：一
种由吕彦直最早采用，又由杨廷宝发扬光大；另一种则由梁思成在
中央博物院的设计中采用。借助于黄金分割等古典比例，吕彦直和
杨廷宝试图将中国建筑的造型要素与体现于学院派教育中的西方建
筑构图法则相结合，使得新的"中国风格"建筑在造型上同样符合
西方古典建筑的比例原则。[60]

如果说在中国风格现代建筑的探索中吕彦直和杨廷宝代表了一
种借助西方的构图法则设计中国造型的努力，梁思成和他在中国营
造学社的同仁们的工作则是深入中国古代建筑自身去发现它固有的
构图规律。他们对宋《营造法式》和清《工部工程做法》的研究和
注释无疑是"整理国故"和新文化运动在中国建筑历史研究领域里
的体现，而这一工作的结果便是找到了梁思成所称的中国建筑的"语
法"。结合他和学生刘致平编辑的《建筑设计参考图集》所代表的"语
汇"，梁思成"复兴"了中国建筑的古典语言。[61] 中央博物院的设

计表明，梁思成和建筑师并非是"复古"，而是在"整理"中国建筑之"故"的基础上，通过运用新的学理进行批判与改造，试图"再造"出理想的中国风格的现代建筑：它的建筑语言源于中国的豪劲时代，但所有造型要素又都经过西方建筑美学标准的提炼和修正；它采用现代材料建造，适合建筑的功能需要，在造型上具有西方古典建筑之美而且尽可能地符合现代建筑的结构理性标准。不仅如此，这栋建筑还是梁思成作为一名民族主义的知识精英对于现代中国文化复兴所持理想的一种体现：它以中国最强健时代的文化为再生的起点，参照了西方的古典和现代的标准；它是中国的，同时又是世界的和现代的。

注释

1　时至今日，中国大多数民众对梁思成的认识仍受到 20 世纪 50 年代反浪费、反复古主义大批判运动的影响，片面地将他的思想等同于"大屋顶"，尽管他们并不了解他与中央博物设计的关系。

2　"宫殿式"一词或许还与 1929 年南京城市规划局制定的《首都计划》和 1930 年上海市中心区域建设委员会编写的《业务报告》中对于行政建筑风格的规定和描述有关，前者说："政治区之建筑物，宜尽量采用中国固有之形式，凡古代宫殿之优点，务当一一施用。"后者说："研究市政新屋式样，取形北平宫殿建筑而成。"

3　中央博物院建筑图案审查委员会成员除梁思成以外，还有地质学家翁文灏、丁文江，美术家张道藩，历史学家傅斯年，政法学家雷震，经济学家傅汝霖，考古学家李济，物理学家李书华。参见：倪明，李海清："可贵的尝试——原中央博物院建筑缘起与历史评价"，《东南文化》，2001 年第 5 期，86–91 页；李海清、刘军："仕艰难探索中走向成熟——原国立中央博物院建筑缘起及其相关问题之分析"，《华中建筑》，第 19 卷第 6 期，2001 年 12 月，85–86 页；第 20 卷第 1、2 期，2002 年 2、4 月 87、99–103 页。

4　中央博物院设计图纸的图签中，在建筑事务所名称和建筑师姓名之下是"顾问建筑师梁思成"。梁思成在营造学社的年轻同事陈明达回忆说："南京博物院（当时称中央博物院）设计，建筑师是徐敬直，设计时要求大屋顶，他不通晓古建筑，就来找我们，那时的顾问也真实在，许多具体工作都做，绘图量不少，不像现在的'顾而不问'。"陈明达《陈明达建筑与雕刻史论》(北京：文物出版社，1998 年)，215–216 页。而且，正像下面我要通过细节分析揭

示的，没有像梁思成这样熟谙古代建筑结构和造型原理的学者的参与，建筑师是不可能如此深入和准确地把握辽宋建筑的整体风格和细部特征的。

5　梁思成："中国建筑史"，《梁思成全集（四）》(北京：中国建筑工业出版社，2001 年)，216 页。

6　Su, Gin-djih（徐敬直），*Chinese Architecture: Past and Contemporary* (Hong Kong: The Sin Poh Amalgamated, Ltd., 1964): 136.

7　卢海鸣、杨新华主编《南京民国建筑》(南京：南京大学出版社，2001 年)，127–132。

8　关野贞，"满洲义县奉国寺大雄宝殿"，[日]《美术研究》，No.14，1933 年 2 月。

9　梁思成、刘敦桢："大同古建筑调查报告"，《中国营造学社汇刊》，第 4 卷第 3、4 期（合刊），1933 年 12 月；《梁思成全集（二）》(北京：中国建筑工业出版社，2001 年)，9、95–106 页。

10　如刘敦桢曾于 1935 年 3 月在《中国营造学社汇刊》上介绍关野贞、竹岛卓一所著《辽、金时代之建筑及佛像》一书。他说"现出版者，计版上、下二册。上册自蓟县独乐寺观音阁以次，收辽、金木建筑九所，大都见于《中国营造学社汇刊》，唯辽宁省义县奉国寺大雄宝殿，未经国人介绍。殿建于辽圣宗开泰九年（1020 年），除内部梁、斗，尚存一部分辽代彩画，甚足珍贵，读者可参阅《美术研究》第十四号关野氏《义县奉国寺大雄宝殿》一文。"而梁著《图像中国建筑史》中奉国寺大雄宝殿的照片即采自关野著作。

11　这一比例还与梁思成调研过的大同下华严寺薄伽教藏殿檐柱径高比相近，后者为 9.78：1。梁思成、刘敦桢："大同古建筑调查报告"，《中国营造学社汇刊》，第 4 卷第 3、4 期（合刊），1933 年 12 月。

《梁思成全集（二）》（北京：中国建筑工业出版社，2001 年），65 页。

12　而且事实上关野贞的报告并未提供这一数据。

13　梁思成、刘致平编《建筑设计参考图集（二）》，《梁思成全集（六）》（北京：中国建筑工业出版社，2001 年），257-258 页。

14　Sirén, Osvald, *A History of Early Chinese Art* (London: Ernest Benn, 1930), Ⅳ :72. 关于喜龙仁对梁思成和林徽因的影响，详见李军："古典主义、结构理性主义与诗性的逻辑——林徽因、梁思成早期建筑设计与思想的再检讨"，《中国建筑史论汇刊》，第 5 辑，2012 年，383-427 页。

15　虽然《营造法式》有"凡构屋之制，皆以材为祖"的说明，但梁思成在对这本书和辽宋建筑的研究中始终没有发现材与建筑整体构图的关系（这一关系是在 20 世纪 70 年代后由他的原学社年轻同事陈明达首先发现的。——见傅熹年"《陈明达古建筑与雕塑史论》序"），所以在中央博物院的设计中，除了斗和梁枋的断面是按照材份模数设计的外，其他部分的设计并没有进一步采用这一模数。

16　或许是因为战后经济条件的限制，博物院大殿的室内装修没有按照设计制作天花藻井。现在大殿的藻井和天花图案由东南大学朱光亚教授设计，在 2009-2013 南京博物院扩建期间完成。

17　祁英涛："河北省新城县开善寺大殿"，《文物参考资料》，1957 年第 10 期，23-29 页。

18　刘敦桢："河北、河南、山东古建筑调查日记（1936 年 10 月 20 日）"，《刘敦桢文集（三）》（北京：中国建筑工业出版社，1987 年），89-93 页。

19　梁思成《清式营造则例》（北平：中国营造学社印行，1934 年），35 页。

20　梁思成说："举折之制……今就实物比较，宋初及辽以近于四分举一者为多，……至北宋末及南宋、金则近于三分举一。"梁思成："中国建筑史"，《梁思成全集（四）》（北京：中国建筑工业出版社，2001 年），146 页。

21　尽管这一举折做法来源于《营造法式》，但是这些数据与《营造法式》中的规定的举折，甚至与《清式营造则例》中规定的举架之间并没有清楚的换算关系。

22　林徽音（林徽因）："绪论"，梁思成《清式营造则例》（北平：中国营造学社，1934 年），1-20 页。

23　Winckelmann, Johann Joachim (Gode, Alexander, trans), *History of Ancient Art.* (New York: Frederick Ungar Publishing Co., 1968), Book VIII: 115-143.

24　滕固《中国美术小史》（上海：商务印书馆，1929 年）

25　Levenson, Joseph R., *Liang Chi-chao and the Mind of Modern China* (Cambridge, MA: Harvard University Press, 1953)

26　虽然梁思成在 1937 年又发现了唐代的佛光寺大殿，但此时中央博物院建筑的混凝土浇筑工程已经完成（见：卢海鸣、杨新华主编《南京民国建筑》，南京：南京大学出版社，2001 年，130 页），从南京博物馆现存的档案图纸也可看出，战后复工后所用的图纸是根据战前的底图重晒的。施工中所做的变化只是删除了原设计中的藻井，其他部分没有再做大的改动。所以佛光寺的发现对这栋建筑的设计和建造没有影响。

27　梁启超："新民说"，梁启超《梁启超全集》，第 2 册第 3 卷（北京：北京出版社，1999 年），709-714 页。

28　梁启超："中国之武士道"，梁启超《梁启超全集》，第 3 册第 5 卷（北京：北京出版社，1999 年），1376-1420 页。

29　鲁迅："看镜有感"，《语丝》（周刊），第 16 期，1925 年 3 月 2 日。

30　正如国民党元老、1930 年全国运动会会长戴季陶所说："所愿往，岁有斯会，易地举行，风声所树，由都邑以至于乡鄙，由庠校而普及于社会。务使户户家家，咸以体育为常课。锻炼坚实之体质，养成强健之精神。疾厄不侵，乃为真自由；强梁无畏，乃为真平等。强父必无弱男，优生所以淑种，则民种强健，而国家之基础巩固矣。"（见：伍联德《中国大观》，上海：良友图书印刷有限公司，1930 年）

31　廖新田《清代碑学书法研究》（台北：台北市立美术馆，1993 年），195-198 页。

32　Alan, Colquhoun, "Three Kinds of Historicism", Modernity and the Classical Tradition, Architectural Essays 1980-1987 (Cambridge, MA: The MIT Press, 1989): 6.

33　梁思成认为北方辽代建筑"多存唐风"，梁思成："蓟县独乐寺观音阁山门考"，《中国营造学社汇刊》，第 3 卷第 2 期；《梁思成全集（一）》（北京：中国建筑工业出版社，2001 年），172 页；梁思成："中国建筑史"，《梁思成全集（四）》（北京：中国建筑工业出版社，2001 年），105、144 页。而宋《营造法式》与南方建筑的关系可见后代学者的研究，如潘谷西："《营造法式》初探（一）"，《南京工学院学报》，1984 年第 4 期，35-51 页；傅熹年："试论唐至明代官式建筑发展的脉络及其与地方传统的关系"，《文物》，1999 年第 10 期，81-93 页。

34　梁思成："中国建筑史"，《梁思成全集（四）》，92 页。

35　梁思成："蓟县独乐寺观音阁山门考"，《梁思成全集（一）》（北京：中国建筑工业出版社，2001 年），168-169 页。

36　Liang, Sicheng, "China's Oldest Wooden Structure", Asia 41 (July 1941): 374-377,《梁思成全集（三）》，361-364 页。

37　Steinhardt, Nancy S., "The Tang Architectural Icon and the Politics of Chinese Architectural History", Art Bulletin 86, No. 2 (June 2004): 228-254.

38　这一认识来自 2006 年 3 月 21 日笔者与 Douglas Fix 教授的讨论，在此我向他表示感谢。

39　梁思成："中国建筑的特征"，《建筑学报》，1954 年第 1 期，36-39 页；《梁思成全集（五）》，179-184 页。

40　事实上，弗莱彻尔《比较法建筑史》在介绍各国建筑时设"比较分析"专节，讨论平面布局方式以及墙体、户牖、屋顶、立柱、装饰等内容，这种做法显然也体现了对于建筑"构图"与"要素"的二分法认识。

41　赵辰："'民族主义'与'古典主义'——梁思成建筑理论体系的矛盾性与悲剧性之分析"，见：张复合主编《中国近代建筑研究与保护（二）》（北京：清华大学出版社，2001 年），77-86 页。

42　梁思成："蓟县独乐寺观音阁山门考"，《中国营造学社汇刊》，第 3 卷第 2 期；《梁思成全集（一）》（北京：中国建筑工业出版社，2001 年），188 页。

43　林徽音（林徽因）："绪论"，梁思成《清式营造则例》（北平：中国营造学社，1934 年；北京：中国建筑工业出版社，1981 年），1-2 页；梁思成《图像中国建筑史》，见《梁思成全集（八）》，23、85页。此外还可参见 Li, Shiqiao（李士桥），"Writing a Modern Chinese Architectural History: Liang Sicheng and Liang Qichao," *Journal of Architectural Education*, Sep., 2002: 35-45；以及赖德霖："梁思成、林徽因中国建筑史写作表微"，《二十一世纪》，2001 年 4 月，90-99 页。

44 梁思成："宝坻广济寺三大士殿"，《梁思成全集（一）》（北京：中国建筑工业出版社，2001 年），267 页。

45 梁思成："宝坻广济寺三大士殿"，《梁思成全集（一）》（北京：中国建筑工业出版社，2001 年），272 页。

46 梁思成："蓟县独乐寺观音阁山门考"，《梁思成全集（一）》（北京：中国建筑工业出版社，2001 年），169 页。

47 梁思成："中国建筑史"，《梁思成全集（四）》（北京：中国建筑工业出版社，2001 年），107 页。

48 笔者尚不能清楚中央博物院大殿的斗栱施工是现场浇筑还是预制安装，但毫无疑问简化的设计对于两种方式都是方便的。

49 梁思成："图像中国建筑史"，《梁思成全集（八）》（北京：中国建筑工业出版社，2001 年），89 页。

50 陈明达《陈明达古建筑与雕塑史论》（北京：文物出版社，1998 年），215-216 页。

51 梁思成、刘敦桢："大同古建筑调查报告"，《梁思成全集（二）》（北京：中国建筑工业出版社，2001 年），155 页。

52 梁思成、刘敦桢："大同古建筑调查报告"，《梁思成全集（二）》（北京：中国建筑工业出版社，2001 年），157 页。

53 Yetts, W. Perceval, "Writings on Chinese Architecture"，《中国营造学社汇刊》，第 1 卷第 1 册，1930 年 7 月，1-8 页。

54 林徽音（林徽因）："论中国建筑的几个特征"，《中国营造学社会刊》，第 3 卷第 1 期，1932 年 3 月，163-179 页。林徽因的这一观点应该是受到了福格森的启发。详见本书第 3 章。

55 梁思成："中国建筑史"，《梁思成全集（四）》（北京：中国建筑工业出版社，2001 年），216 页。

56 Su, Gin-djih, *Chinese Architecture—Past and Contemporary* (Hong Kong: The Sin Poh Amalgamated, Ltd., 1964): 136

57 胡适著，唐德刚译注《胡适口述自传》（台北：传记文学出版社，1981 年），178 页。

58 耿云志《胡适新论》（长沙：湖南出版社，1996 年），66 页。

59 赵深："发刊词"，《中国建筑（创刊号）》，1932 年 11 月，1 页。

60 赖德霖："折衷背后的理念——杨廷宝建筑的比例问题研究"，《艺术史研究》，第 4 卷，2002 年，445-464 页。

61 梁思成："中国建筑的特征"，《建筑学报》，1954 年第 1 期，36-39 页。另参见本书第 2 章。

内篇Ⅱ：范式的转变

刘敦桢（1897–1968）
来源：《刘敦桢文集（一）》（北京：中国建筑工业出版社，1982 年）

第6章 马克思主义对刘敦桢中国建筑史观的影响

现在我希望你先掌握唯物辩证法，其次研究中国通史，因为只有先了解中国社会的发展经过，才能了解中国建筑是如何形成与进展的。……必须用唯物辩证法研究一些别人尚未研究，而与建筑史有关的内容。在这基础上，再去钻研建筑史与建筑结构、装饰等，方不致误入歧途。

刘敦桢致郭湖生函，1953 年 12 月 21 日[1]

1949 年中华人民共和国的建立在给中国的社会和政治带来翻天覆地变化的同时，也给中国的建筑界带来了自近代以来前所未有的转变。这些转变不仅体现在体制上的公司合营、教育上的院系调整，和实践上的大规模城乡建设，也体现在涉及建筑创作、遗产保护，以及历史写作的建筑思想之上。对于后者，目前学界已不乏对有关的事件、争论、相关文献，以及人物，尤其是梁思成的介绍和讨论。然而，大多数论者却忽视或回避了其中的另外一位重要学者的思想和影响。他就是杰出的中国建筑史家刘敦桢。

刘敦桢生于湖南新宁官宦之家，自幼接受传统经史教育，稍长入长沙楚怡工业学校，1916 年入日本东京高等工业学校，初学机械，次年改学建筑。1922 年 2 月回国后，先任上海绢丝纺织公司建筑师，1923 年秋与柳士英、朱士圭创办中国高等教育中的第一个建

筑专业——江苏省立苏州工业专门学校建筑科。1927 年 7 月,江苏、
浙江试行大学区制,苏州工业专门学校与东南大学等八校合并组成
第四中山大学（次年 5 月定名为国立中央大学）,刘随苏州工专建
筑科师生至南京。1932 年 7 月他辞去中大教职,赴北平加入中国
营造学社,任文献部主任,但同时参与了学社在北平、山西、河北、
河南、山东、江苏、陕西、云南、四川等地的考察,直至 1943 年
离开学社,重回中央大学任教。1949 年以后刘先后担任了南京市
文物保护委员会委员、南京市建设委员会顾问、南京工学院建筑系
与华东建筑设计公司合办中国建筑研究室主任、中国建筑学会理事
兼南京分会理事长、中国科学院自然科学史研究委员会委员及建筑
委员会委员、江苏省人民代表大会代表、中国科学院科学技术部委
员,1957 年加入中国共产党,1958 年筹备并参与《中国古代建筑
史稿》《中国近代建筑史稿》《建国十年》等“三史”的编写工作,
1964 年完成《中国古代建筑史》的定稿,并由中国建筑工业出版
社在 1980 年出版。该社还在 2007 年刘诞辰 110 周年之际出版了
《刘敦桢全集》（10 卷）。

　　刘敦桢的中国建筑史研究博大精深,在方法上新旧结合,综合
多样。早期研究如“佛教对于中国建筑之影响”和“大壮室笔记”,
在方法上可见经学名物学方法和史学文献考证的特点,但从撰写
“法隆寺与汉、六朝建筑式样之关系并补注”开始,他大概就已经
认识到了实物调查与美术史的形式方法分析对于建筑史研究的重要
性。纵观《刘敦桢全集》,我们可以看到,刘的研究既有传统方法
的经史考证,又有现代方法的实物考古;既有朱启钤提倡的营造
学、中外交通,又有梁思成、林徽因关注的结构和风格演变;既有
传统研究的宫室制度和城市规划,又有 20 世纪以来中国建筑史研
究的新主题:宗教建筑、住宅建筑、园林建筑,甚至家具。而他的
建筑研究视野最终也从本土扩展到了东方乃至世界（表 6-1）。刘
敦桢还发展了近代新史学和朱启钤提倡的社会文化史观。1949 年
以后,他又自觉地运用马克思主义史学的唯物主义观点对中国建筑
不同时期的发展原因进行解释。[2] 他对中国建筑的认识和唯物主义

《刘敦桢全集》目录分类 表 6-1

类别	篇名	年代³	卷
经史考证	大壮室笔记	1932	1
	《清皇城宫殿衙署图》年代考	1935	2
	哲匠录（续）	1935	2
	哲匠录补遗	1936	2
	六朝时期之东、西堂	1944？	4
营造学研究	刘士能论城墙角楼书	1931	1
	琉璃窑轶闻	1932	1
	《万年桥志》述略	1933	1
	牌楼算例	1933	1
	故宫抄本《营造法式》校勘记	1933	1
	同治重修圆明园史料	1933	1
	石轴柱桥述要（西安灞、浐、丰三桥）	1934	2
	明《鲁般营造正式》钞本校读记	1937	3
	中国之廊桥	1940？	4
	《鲁班经》校勘记录	1961	5
	中国古代建筑营造之特点与嬗变	？	6
	宋·李明仲《营造法式》校勘记录	1933	10
实物调查	北平智化寺如来殿调查记	1932	1
	复艾克教授论六朝之塔	1933	1
	明长陵	1933	1
	大同古建筑调查报告（与梁思成合著）	1933	2
	云冈石窟中所表现的北魏建筑（与梁思成、林徽因合著）	1934	2
	定兴县北齐石柱	1934	2
	易县清西陵	1935	2
	河北省西部古建筑调查记略	1935	2
	北平护国寺残迹	1935	2
	清故宫文渊阁实测图说	1935	2
	苏州古建筑调查记	1936	3
	河南省北部古建筑调查记	1937	3
	岐阳王墓调查记	1937	3

续表

类别	篇名	年代[3]	卷
实物调查	河北古建筑调查笔记	1935	3
	河南古建筑调查笔记	1936	3
	河北、河南、山东古建筑调查日记	1936	3
	龙门石窟调查笔记	1936？	3
	河南、陕西两省古建筑调查笔记	1937	3
	昆明附近古建筑调查日记	1938	3
	云南西北部古建筑调查日记	1938-1939	3
	告成周公庙调查记	1936	3
	川、康古建筑调查日记	1939-1940	3
	川、康之汉阙	1939	3
	川、康地区汉代石阙实测资料	1939	3
	西南古建筑调查概况	1940-1941	4
	云南古建筑调查记	1940-1942	4
	云南之塔幢	1945	4
	四川宜宾旧州坝白塔	1942	4
	南京及附近古建遗址与六朝陵墓调查报告	1949-1950	4
	曲阜孔庙之调查及其他	1951	4
	真如寺正殿	1951	4
	皖南歙县发现的古建筑初步调查	1953	4
	山东平邑汉阙	1954	4
	苏州云岩寺塔	1954	4
	对苏州部分古建筑之介绍	1964	5
	河北涞水县水北村石塔	1936？	10
	江苏吴县罗汉院双塔	1935	10
	河北定县开元寺塔	1935	10
	河北济源县延庆寺舍利塔	1935	10
	广州古建筑随笔	1948	10
	南京附近六朝陵墓调查笔记	1949	10
	曲阜古建筑调查笔记	1951	10
	皖南歙县古建筑调查笔记	1952	10

续表

类别	篇名	年代[3]	卷
都市	都市的建筑美	1948	4
	对苏州古城发展与变迁的几点意见	1963	5
宗教建筑	略述中国的宗教和宗教建筑	1965	6
住宅／ 民居	丽江县志稿	1940	4
	中国住宅概说	1956	7
园林	苏州的园林	1956	4
	论明、清园林假山之堆砌	1957	4
	苏州园林的绿化问题	1958	4
	《江南园林志》史料之补充参考——致童寯教授函	1959	4
	南京瞻园设计专题研究工作大纲	1959	4
	中国古典园林与传统绘画之关系	1961	4
	对扬州城市绿化和园林建设的几点意见	1962	5
	漫谈苏州园林	1963	5
	南京瞻园的整治与修建	1964	5
	苏州园林讲座之一、二	1964	5
	苏州古典园林	1963	8
	有关苏州园林花木的若干问题	1957	10
家具	明、清家具之收集与保护——致单士元先生函	1962	5
	略论中国筵席之制——致张良皋同志函	1963	5
艺术风格	汉代的建筑式样与装饰（与鲍鼎、梁思成合著）	1934	2
	南京灵谷寺无梁殿的建造年代与式样来源 ——关于中国建筑史一个问题的讨论	1957	4
	中国的建筑艺术	1951	4
	中国建筑艺术的继承与革新	1959	4
	关于建筑风格问题（与潘谷西合著）	1961	4
	中国木构建筑造型略述	1965	6
中外交通	佛教对于中国建筑之影响	1928	1
	法隆寺与汉、六朝建筑式样之关系并补注	1931	1
	中国之塔	1945	4
	（译注）日本古代建筑物之保存	1932	1

续表

类别	篇名	年代[3]	卷
保护	故宫文渊阁楼面修理计划（与蔡方荫、梁思成合著）	1932	1
	修理故宫景山万春亭计划（与梁思成合著）	1934	2
	对保护牛首山献花岩南唐陵墓的意见	1950	4
	修理栖霞山附近六朝陵墓及栖霞寺古迹预算表	1950	10
	致单士元先生函——关于建筑材料及彩画保护	1956	10
书评／前言／跋／题记	书评九则	1934-1935	3
	《营造法源》跋	1943	4
	龙氏瓦砚题记	1944	4
	《漏窗》序言	1953	4
	《中国古代建筑史》初稿前言	1959	4
	评《鲁班营造正式》	1962	5
	《江南园林志》序	1962	5
	对《佛宫寺释迦塔》的评注	1964	5
	《中国古代建筑史》的编辑经过	1964	5
	有关《中国古代建筑史》编辑工作之信函	1963-1964	5
	编史工作中之体会	1963-1964	5
中国建筑史	中国古代建筑史（教学稿）	1943-1957	6
	中国建筑史参考图	1953	7
	中国古代建筑史	1964	9
	《中国建筑史》课程学习说明	1953	10
	古建筑年代杂录	1956	10
东方建筑	《"玉虫厨子"之建筑价值》并补注	1931	1
	（译注）日本古代建筑物之保存	1932	1
	访问印度日记	1959	4
	《印度古代建筑史》（未完稿）	1963	5
世界建筑	访问波兰、苏联笔记	1956	10
建筑设计	南京中央图书馆阅览、办公楼设计施工说明书	1947	10
	粮食仓库设计大要	1950-1951	10
其他书信	复李济、王秉忱，致郭湖生、喻维国、张雅青、陈从周、侯幼彬、陆元鼎、马秀芝，贺朱启钤	1944-1966	10

的史观最终体现在由他主编、在 1964 年完稿的《中国古代建筑史》一书之中。这部书还体现了编者在取材上的兼容并蓄。如全书共有323 个注释，除去 66 个是重复引用的文献和一般性的补充说明之外，其他所有注释都是对资料来源的说明。这些资料有 8 种来自四库的经部，60 种来自史部，7 种来自子部，23 种来自集部。此外还有 2 种来自古代绘画，92 种来自现代考古发现，2 种来自现代史学研究，1 种来自日本学者的研究，其余 62 种来自营造学社成员、北平文物整理委员会（后北京文物整理委员会）成员，以及刘本人在 1950 年以后领导下的中国建筑研究室成员的研究。因此《中国古代建筑史》一书堪称 20 世纪前期中国建筑史研究的集大成之作。它以主要朝代为纲，以各主要建筑类型为目的体例也奠定了中国建筑史作为一门学科或话语体系的基本格局。

不过，罗列刘的著作目录虽然可以概括刘作为一名史家的研究概貌，但并不足以凸显他作为一位史学家在中国建筑史学思想方面的贡献。众所周知，刘敦桢是梁思成在中国营造学社的合作者，他们将传统文献学与现代考古学和美术史学相结合，一同开辟了中国古代建筑研究的科学新路。今天人们在谈论二人时所强调的大多是他们在学术追求上的一致性。不过在我看来，揭示他们在史学上的差异性或许更为重要，因为它反映了 20 世纪中期中国两种建筑观之间的冲突。这两种建筑观一者强调建筑的文化性，另一者强调建筑的社会性，它们既是当时建筑风格与遗产保护辩论中两种基本对立思想的根源，也是相隔约 20 年中国建筑史两种不同写作方式的史论基础。

一、1955 年刘敦桢对梁思成的批判

梁刘的史学分歧早在他们的营造学社时期就已经有所显现。这当然不仅是说梁刘分别负责学社的法式部和文献部，而且是说在研究对象上，梁的调查工作以阐明中国木构建筑的结构原理、发展脉络并解读宋《营造法式》为主要目标，而刘则更关注中国不同类型、

不同构造的建筑在整体上的成就；在研究方法上，虽然二人都强调对于实物的调查，但梁更注重分析建筑的风格演变，而刘更注重文献考证和工程技术。[4]不过他们之间分歧最集中的表述还在于刘敦桢在 1955 年 1 月发表的"批判梁思成先生的唯心主义建筑思想"一文。[5]由于直接针对了刘自己的同道故交，并受到了当时政治环境影响而带有颇为浓厚的意识形态色彩，这篇文章今天多为刘的亲属和门生所讳言，以至不见于他的文集和著作全集。然而不应否认的是，它是刘少数史论方面的文章中最重要的一篇，全面体现了刘从建筑的社会性的角度对梁中国建筑史写作的反思。对于今天的研究者来说，其重要的史学价值不容忽视。

刘文共分五节，第一节是引言，第五节是对梁错误的"溯源"，其他三节分别批判了梁的历史写作思想、建筑创作思想，以及文物建筑保护思想。针对梁的中国建筑史写作，刘批评说：

梁先生对中国建筑发展的论述方法，在"中国营造学社"时期所写的调查报告，不问社会背景，只讨论各种结构式样，令人读了以后，不知道这些结构式样如何产生和演变的。近年来发表了一本"中国建筑史"，并写了几篇与建筑史有关的论文，但所用方法基本上还是一样。就是在内容方面，主要罗列大批表面现象和式样技术方面的各种演变资料，除少数例子谈到生产方式与生产关系以外，未把中国建筑与中国社会发展有系统地联系起来，说明建筑和经济、政治、文化，尤其是和经济的关系，使人由此树立唯物主义的建筑观点，进而找出将来发展的方向，相反地却把人们引向错误的路上去。

针对创作，刘认为中国建筑特征与社会发展相关，过去的建筑艺术并不适于今天的创作。他说：

古代统治阶级，一方面为了穷奢极欲的享受，另一方面企图在精神方面巩固他们的统治，不惜浪费人力物力，建造了许多规模宏大的宫苑、陵墓、庙宇等等。这些建筑虽然是当时劳动人民用智慧和血汗累积起来的宝贵成绩，有很高的历史价值与艺术价值，但无可否认的，当时统治阶级的主观愿望，曾对这些建筑起了很大作用，因而它们的平面布局与形体色调，有不少部分成为虚骄夸大的形式主义建筑。这种建筑的宏大规模与辉煌壮丽的外观具有相当大的吸引力量，人们如果无批判地接受，便在无形中养成脱离现实为艺术而艺术的唯美观点。梁先生平日醉心这种建筑并对它具有深厚的感情，所以忽视适用与经济，强调建筑的艺术性，终于成为形式主义复古主义的倡导者。

关于文物建筑保护，刘主张分等级，对"不重要的"，要根据现实的条件和需要进行评判和取舍。他说：

关于保存古代建筑纪念物方面，梁先生提出所谓"古今兼顾，新旧两利"的方针，而在实际工作中几乎为保存古物而保存古物，不顾今天人民的需要与利益，反对改变原来城市的面貌，严重地妨碍国家建设事业的发展。……至于保存这大批纪念物的方针，我以为在国家集中力量从事大规模经济建设的时候，只能在经济许可范围内，采取分别等级和重点保护的方法。就是历史价值与艺术都具有代表性的建筑，应该随时修缮，不使其毁坏，而且不能任意使用。如果位于城市内，最好把它组织到城市规划里，使其在文化上能发挥积极作用。次要的，应允许使用，但不宜过分改修，变更原来面貌。不重要的，如妨碍建设或人民生活，可以迁移或拆毁。换一句话说，在原则上，不是为保存而保存，而是使建筑纪念物为今天人民利益服务。

总而言之，刘文强调要从社会的角度认识中国建筑，代表古代统治阶级意愿的建筑艺术并不适合今天的需要，即使在古建筑保护问题上也要充分考虑今天人民的需要与利益。

二、建筑科学观与建筑社会观对建筑文化观的批判

尽管一些措辞带有明显的意识形态色彩，但刘敦桢对梁思成的批评却并非无的放矢。梁思成的中国建筑史研究方法与研究目的密切相关。在梁看来，保护和复兴是研究中国建筑两个最重要的目的，正如他在 1944 年所写的"为什么研究中国建筑"一文中所说："中国建筑既是延续了两千余年的一种工程技术，本身已造成一个艺术系统，许多建筑物便是我们文化的表现，艺术的大宗遗产。除非我们不知尊重这古国的灿烂文化，如果有复兴国家民族的决心，对我国历代文物，加以认真整理及保护时，我们便不能忽略中国建筑的研究。"[6] 出于保护和复兴的需要，梁的中国建筑史研究关注的重点便是形式、风格，以及相关的结构方式。又由于梁接受过宾夕法尼亚大学的学院派教育和哈佛大学的美术史训练，他的建筑史写作受到了 19 世纪后期以沃尔夫林为代表并在西方美术史教育中影响巨大的视觉分析方法，以及 19 世纪中期以来英法结构理性主义建筑美学的极大影响。[7] 针对梁根据建筑构件是否具有结构功能来评价中国建筑的进步与倒退，台湾当代建筑学者夏铸九在刘敦桢的文章发表 35 年之后也提出了相似的批评。夏说，结构理性主义逻辑所造成的"结构决定论"，"不自觉地化约了空间的社会历史建构过程，产生了非社会与非历史的说法。"[8]

不过刘的批评不仅仅是针对梁的"结构理性主义"，他文章的标题是批判"唯心主义"，立论所指可以说是以梁思成为代表的一种建筑观念。这种建筑观视建筑为一种文化的产物，同时也是这种文化的表征，因此可以被称作建筑的"文化观"。18 世纪后期以来，对于民族文化的认同和表现的需要伴随着欧洲民族国家的兴起而出现。建筑作为一种艺术形式和所具有的象征性，[9] 也被民族主义者们充分认识与利用。如大卫·沃特金曾指出，在 19 世纪德国哥特建筑复兴时期，哥特建筑就被视为源于德国的自然条件，体现了德国的基督教精神和浪漫的民族主义。[10] 彼得·科林斯也认为民族主义是哥特复兴的五个来源之一，而英国的哥特复兴就与民族主义联

系在一起。[11]

　　建筑文化观在中国兴起于 20 世纪 20 年代。在创作实践中它表现为对于作为文化象征的物质形式，也即一种中国风格的追求。对此笔者已经在 "'科学性' 与 '民族性' ——近代中国的建筑价值观" 一文中作了较为详细的介绍。[12] 这里需要强调的是，建筑文化观也见于中国营造学社的创始人朱启钤的表示。如朱在 "中国营造学社缘起" 一文中说："吾民族之文化进展，其一部分寄之于建筑。建筑于吾人生活最密切。自有建筑，而后有社会组织。而后有声名文物。其相辅以彰者，在在可以觇其时代。由此文化进展之痕迹显焉。"[13]

　　在历史研究中建筑文化观表现为对于这种风格的界定和评判。由于是民族文化的一种象征，所以对建筑的民族风格的界定和评判往往以世界文化为语境，对外强调它与其他文化的差异性，对内强调它在民族的地理空间范围内的普遍性或典型性，以及历史时间发展上的持续性。这些特点在梁思成的中国建筑史写作中都表现得十分清楚。如他以古代官式建筑作为中国传统建筑的代表，以及自己中国建筑史研究的核心对象，他还强调中国建筑的基本特征是框架结构，这一点与西方的哥特式建筑和现代建筑在原则上相同；通过研究官式建筑大木结构，他总结出中国建筑的发展谱系，即从初始到成熟，继而衰落的演变线索。[14]

　　虽然刘敦桢对梁思成批判的直接政治背景是中国在 1950 年代初开展的 "知识分子改造运动" 和同时在社会科学领域开展的对于 "唯心主义" 的批判，[15] 但他论文的史论基础是当时已经在中国历史学界占据主导地位的马克思主义辩证唯物主义和历史唯物主义史观。马克思主义自 1919 年的五四运动以后在中国传播，其关于社会发展规律的主张也被中国的历史学家引入对于中国历史的研究和对不同时期社会性质的讨论。如果说刘敦桢的早期研究是渊源于清朝乾嘉学派和近代考古学的实证，那么他在 1950 年代对建筑社会性的关注和强调则明显受到了马克思主义的辩证唯物主义和历史唯物主义史观的影响，这一思想的核心是，生产力是社会发展的动力，社会存在决定社会意识。[16]

刘敦桢还在为《中国古代建筑史》的绪论所写的第四节"中国封建制度对古代建筑的影响"一文中深入探讨了中国建筑的社会特点和社会影响。在整体上他认为中国建筑是封建制度的产物，而在技术上又是保守和落后的。他说：[17]

第一，许多重要的建筑是为封建统治阶级服务的，它们反映着封建统治阶级所要求的物质生活和思想意识、美学观点等。……第二，建筑技术发展缓慢。主要原因是中国封建社会的生产力，无论农业与手工业都长期停留在手工操作的范畴，尤其手工业未发展到大规模的机械生产，成为推进建筑发展的动力之一。……第三，创作方法的因循守旧。古代的劳动匠师们受着当时生产关系和封建保守思想的束缚，使他们的建筑创作方法往往限于因循守旧。其中最主要的一个特点就是旧的建筑形式以至不能被新内容、新技术所突破。

刘敦桢的这些表述显然受到了当时政治环境的影响。不过，如果仅仅把刘的这些思想看成是一种意识形态的反映则是简单化的表现。批梁一文所反映的史观不仅有马克思主义的影响，也有建筑学的来源，这就是 20 世纪 30 年代以来在现代主义建筑思想影响下，中国建筑界内部对于建筑文化观及相应的"中国固有式"建筑的批判。[18]

第一种批判来白中国近代以来对于建筑的科学性的认识，具体表现在对于建筑的功能、材料以及技术的合理性和时代性的强调。如 1928 年南京《首都计划》的制定者曾列举四条采用"中国固有式"的理由，即"所以发扬光大本国固有之文化也"，"颜色之配用最为悦目也"，"光线空气最为充足也"和"具有伸缩之作用利于分期建造也"。而中国近代著名建筑师林克明在 1942 年介绍现代主义并批评"中国固有式"建筑时直言道："查以上所举理由，稍加思度已知其无一合理者，且离开社会计划与经济计划甚远，适足以做成'时代之落伍者'而已。"[19]甚至梁思成的同学童寯也从科学理性的角度，明确指出了中国建筑传统与现代的建筑结构与材料的矛盾，并间接地批评了梁所主张的中国古典复兴风格的建筑设计（详见本书第 7 章）。

对于建筑文化观的另一个批评来自建筑的社会观。如果说建筑的文化观关注的核心问题是作为文化表征的建筑，以及它与其他文化体系的建筑的区别，建筑社会观则关注文化体系内部一种建筑活动与特定社会条件的关联，以及该社会对建筑形成与发展的影响。这种建筑观早在 1920 年代在中国建筑界就已经萌芽，如刘敦桢在日本留学时的校友和回国后的早期合作者柳士英就把建筑改良与社会改良联系在一起。他说：[20]

> 一国之建筑物，实表现一国之国民性，希腊主优秀，罗马好雄壮，个性之不可消灭，在在示人以特长。回顾吾，暮气沉沉，一种颓靡不振之精神，时常映现于建筑。画阁雕楼，失诸软弱，金碧辉煌，反形嘈杂。欲求其工，反失其神，只图其表，已忘其实。民性多铺张而官衙式之住宅生焉，……民心多龌龊，而便厕式之弄堂尚焉，……余则监狱式之围墙、戏馆式之官厅，道德之卑陋，知识之缺乏，暴露殆尽。故欲增进吾国在世界上之地位，当从事于艺术运动，生活改良，使中国之文化，得尽量发挥之机会，以贡献之于世界，始不放弃其生存之价值。

中国近代第一位留学美国的建筑师庄俊在 1935 年也曾针对"中国固有式"的建筑设计批评说："凡建筑之合乎天时、地利、政治、社会、宗教、经济者，即是合理。……设在民主政体之下，而必建造封建式之衙署者，是不合政治也。"[21] 言下之意是建筑形式必须与社会的性质相适应。

1940 年代，受到现代主义建筑思想和马克思主义社会史观的双重影响，[22] 建筑的社会观在中国也得到了进一步发展，并与科学观一起构成了对于以建筑文化观为基础的"古典复兴式"建筑的质疑。黎抡杰（笔名黎宁）这位中国近代建筑史上极其重要的现代主义建筑宣传家在其所著《国际新建筑运动论》一书中就说：[23]

中国，具有四千余年的历史与辉煌的文化，在建筑方面自有其传统的珍贵与价值，然而站在现代之构造技术，与材料之使用上，则［中］国建筑距离时代太远，换句话说即不适合现代生活了。进步的唯物造型艺术理论家，如以式样作为社会意识形态的表现，那末中国建筑是代表中国四千余年封建文化与封建社会的上层机构。而不是代表今日进步的中国文化与社会。……中国新建筑运动以 1936 年起始，他［它］是世界新建筑运动的一环，是代表反抗数千年固有传统的封建的建筑技术，更否定了殖民地样式建筑的入侵而主张创造适合于机能性与目的性的新建筑。

黎还在《新建筑造型理论的基础》一书中探讨了社会对于建筑的影响，他说：

西洋文艺复兴期（Renaissance）的建筑，第一是宫殿之使用，现代古典歌剧场尚多采用，有厚重的感觉，及曲线纹装，这是上层阶级权力的表示。十九世纪资本主义之经济发展，金属（原文）势力要求巨大的建筑物，为生产关系（原文）建筑之大工厂、仓库，更为满足资本家之欲望，如剧场、酒店、别庄（原文）等建筑之兴起，更加以现代学科［科学］发达所产生的材料与构架技术，凝成于社会相适应的建筑形态。

他最后总结说，"由上的论述我们可认识一、生产关系规定社会的组织及建筑的用途，二、生产关系决定建筑材料之生产与构造技术，三、上层社会机构与'道德温度（原文）［'］作为上层社会的意识形态，决定该阶层之造型艺术表现与社会的情感。"[24] 显然，在黎抢杰看来，建筑是具有社会性的，即它总是与特定的社会阶层的物质及精神需要相联系的，社会的进步必然要对代表旧制度的建筑构成挑战。

事实上梁思成在 1940 年代后期访问美国后也开始关注建筑与社会的关系，他为清华大学营建系设计的学制和学程就充分体现了他将社会学的思考引入建筑学和建筑教育的努力。[25] 1950 年代以后，他在著作中还多次指出建筑是特定社会和政治经济制度的反映。[26] 作为一位系统地受到过现代科学教育的建筑家，他也并非不知道中国传统建筑在使用功能上的落后、材料上的原始，施工质量的粗劣以及与现代功能要求和工程技术标准的巨大差距。但是，梁思成思想的矛盾性在于，出于保护和复兴中国建筑的理念，他必须论证中国传统建筑在现代社会继续存在的必要和意义。为此，他和妻子林徽因在 1930 年代提出了两个主要论点：第一，美术价值不因实用价值改变而改变；[27] 第二，中国建筑采用框架结构，其原理与"国际式"现代建筑一样，所以"正合乎今日建筑设计人所崇尚的途径"。[28] 1950 年代，在当时政治环境的影响下，梁思成又根据毛泽东在"新民主主义论"一文中对中国新文化所提出的"民族的"、"科学的"和"大众的"三点要求，指出了中国建筑的人民性。正如他说,中国建筑的屋顶"不但是几千年来广大人民所喜闻乐见的，并且是我们民族所最骄傲的成就"。中国建筑的语汇（构件和要素）和文法（风格和手法）"是世世代代的劳动人民在长期建筑活动的实践中所积累的经验中提炼出来，……它是智慧的结晶，是劳动和创造成果的总结。"[29] 他还试图借助前苏联专家的话来支持自己关于建筑的艺术性与民族性的主张，并回应由童寯所代表的从结构和材料的角度反对在现代建筑中采用民族形式的观点。他说：[30]

穆欣同志批判了"材料和结构决定建筑艺术"的错误理论。他指出：决定建筑艺术的是社会思想意识，材料结构对它只能起一定的影响，它只是完成目的的手段。使艺术服从材料结构就是削足适履，所以，"钢筋水泥不能做民族形式的建筑"这种说法是不能成立的。有些同志认为木材可以加油漆，水泥是不应上油漆彩画的。穆欣同志幽默地笑着回答说："这是我们祖先的幸福，因为条件不好，倒能修建美好的建筑。今天都是建筑材料的罪过，使人不能美化它了！"

总之，梁试图通过对于中国建筑美术价值、结构原则和人民性的宣传唤起人们对于传统建筑的重视，并提高社会对于保护和复兴中国建筑的热情。不过，梁的这些论点在众多从建筑的科学观以及由社会观角度对中国建筑的落后性、保守性和封建性的批判面前都显得捉襟见肘。而现实也没有让梁思成将他获得的有关建筑与社会关系的新认识继续付诸他在新的社会条件下对于中国建筑史的研究。

建筑的科学观和社会观是所谓"复古主义"的批判者和北京拆城论者的"理论"基础。例如 1955 年底 2 期《建筑学报》中署名"牛明"的文章"梁思成先生是如何歪曲建筑艺术和民族形式"就批评梁强调了建筑的艺术性却忽视了生活方式和使用要求对于建筑形式的影响。[31] 而梁在营造学社的年轻同事卢绳在肯定了梁在 1953 年发表的《古建序论》一文中"能将决定一个时代建筑的社会经济条件与建筑本身联系起来"的做法之后，也站在与刘敦桢相似的立场批评说："可是既然明白这个道理，为什么在谈到关于新中国建筑的创作时，要把反映封建社会生活和封建制度的古代建筑法式的熟习，提到首要的地位呢？这显然对他自己所承认的建筑意义是相违背的。"[32] 主张拆除北京城墙和地标建筑的人们更是强调旧城和旧建筑是如何妨碍了现代的交通，如何迫使人民群众的游行队伍绕行，并让解放军的军旗在象征封建王朝的建筑门下"低头"，以此为由，最终将拆城计划付诸实施。[33] 更有甚者，1954 年 11 月，前苏联召开第二次全苏建筑工作者会议，苏共总书记赫鲁晓夫作了题为"论在建筑中广泛采用工业化方法，改善质量和降低造价"的报告。受其影响，中国建筑界掀起了一场反浪费的运动，矛头所指就是所谓的复古主义和装饰主义。[34] 除了工业化的技术要求之外，这场运动又为中国已有的建筑科学观加入了一个新的内涵，这就是经济上的合理性。

三、建筑社会观与刘编《中国古代建筑史》

刘敦桢秉持建筑的社会观，不过因为他身在南方，所以除了批梁一文之外，没有再更多地卷入当时以北京为中心的建筑思想之

图 6-1 刘敦桢主编《中国古代建筑史》（北京：中国建筑工业出版社，1980）封面。

争，但他从"唯物"，尤其是从社会发展的角度认识中国建筑发展的努力却清晰地反映在由他主编的《中国古代建筑史》一书之中（图 6-1）。这部著作由当时的建筑工业部立项，其编辑委员会除了当时中国的大部分建筑史专家之外，还包括有部属建筑科学研究院的主管领导。编撰工作从 1959 年开始，"历时七载，前后修改八次"，[35] 因此该书堪称是一部体现了官方意识形态的"官修"历史。

理解《中国古代建筑史》的编撰方式，需要对比刘敦桢所批评的梁思成著《中国建筑史》，二者的差异集中体现在体例、分期方式、各章首节及分类方式等四个方面。

1. 体例

梁著完成于抗日战争期间，也即梁在 1946 年底重访美国之前。该书的体例受到了由英国建筑史家弗莱彻尔父子所著，并自其 1896 年初版以来便在西方建筑史教育中极具影响的《比较法建筑史》。[36] 例如，弗氏对于每一个建筑体系的介绍都分为"影响"、"建筑特征"、"建筑实例"和"比较"四个部分。其中"影响"部分包括了地理、地质、气候、宗教、社会政治和历史等方面，而"比较"部分包括了建筑的平面、墙体、门窗、屋顶、柱、装饰等内容。这些内容与建筑风格密切相关，因而非常适合 20 世纪初期学院派历史主义教育和设计的需要。如英国当代建筑史家布鲁斯·阿尔索普（Bruce Allsopp）在其 1970 年出版的《建筑史研究》一书中曾评论《比较法建筑史》说，这本书更像一部辞典，它不是为了研究的（to be studied），而是为了学习的（to be learned），或应付建筑考试的。[37] 梁著也有相似的特点。如梁思成在绪论中讨论了中国建筑的特征和影响因素、分期，以及两部木结构法式著作——宋《营造法式》和清《工部做法则例》，而他对中国每一时期建筑的介绍都分为"大略"、"实物"、"特征"等节，并在"特征"节中分析型类和从阶基平座、梁柱斗栱，到构架屋顶和门窗雕饰等种种细节。不难看出，与弗莱彻尔相似，梁最关心的也是建筑的结构原理、造型特点及其发展，以及如何以最简明和直接的方式将这些知识介绍给读者，梁著的体例本身反映了梁保护并复兴中国建筑艺术传统的理想。[38]

　　刘编《中国古代建筑史》也设"绪论"一章，但其中三节分别介绍的是自然条件对中国古代建筑的影响、中国古代建筑发展的几个阶段，以及中国古代建筑的特点。尽管刘和梁一样也认为木构架是中国建筑的主要特点，但对于这一特点的形成原因，他却持与梁截然不同的"唯物"看法。相对于梁侧重的"环境思想"、"道德观念"、"礼仪风俗"等因素对中国建筑的影响，刘在本章强调的是物质条件。如梁思成认为中国建筑结构之所以以木材为主，除"古者中原为产木之区"这一表面原因之外，"更深究其故，实缘于不着意于原物长存之观念"。[39] 而刘敦桢则不谈观念因素的影响，只说古代黄河中游一带的气候"比现在温暖而湿润，生长着茂密的森林，木材就逐渐成为中国建筑自古以来所采用的主要材料。"[40]

2. 分期方式

　　在线性历史的写作中，分期方式往往体现了对历史发展特点的认识。日本建筑家伊东忠太所著《支那建筑史》是第一部有关中国建筑历史发展过程的著作。[41] 出于对日本建筑之源的关注，[42] 他对中国建筑的考察强调了历史上中外文化交流的语境。他的书便以汉代和汉代以前为"前期"，之后为"后期"，因为在他看来，上古至汉是中国的"固有文化阶段"，按照 19 世纪欧洲人类学以工具为标准的时代划分方式，其中又分为石器时代、铜器时代、铜铁时代，以及其后的"汉艺术发达时代"；而汉以后为"各国艺术感化之时代"，其中又分为三国、晋、南北朝的"西域艺术摄取时代"，隋唐的"极盛时代"，宋元的"衰颓时代"，以及明清的"复兴时代"。[43]

　　梁、刘对中国建筑史的分期都受到了伊东的影响，尤其是梁，他除了将元明清分为一个时期并增加了民国时期之外，几乎完全参照了《支那建筑史》的做法，这是因为伊东的分期对于他从造型风格的角度解释中国建筑的演变同样有效。刘编《中国古代建筑史》对汉代以后中国建筑的分期也与伊东著作相近。但刘对伊东的"前期"和梁的"上古时期"做了较大扩充，分章介绍了"原始社会时期的建筑遗迹"，"夏、商、西周、春秋时期的建筑"，并以战国时期作为第三章的开始。显然刘敦桢希望将中国建筑史的研究纳入马克思主义的社会发展史框架，而按照权威马克思主义历史学家郭沫若的观点，中国在夏、商、周和春秋时期是奴隶社会，直至战国时期才进入封建时期。[44]

3．各章首节

除以马克思主义的社会发展史作为中国建筑史分期的依据之外，刘的建筑社会观还突出地表现在《中国古代建筑史》的各章以"社会的变动和建筑概况"为题的第一节中。如该书对宋、辽、金时期和明清时期建筑概况这样介绍：[45]

> 宋朝的手工业分工细密，科学技术和生产工具比以前进步，有些作坊的规模也扩大，并且多集中于城镇中，促进了城市的繁荣。……在这些社会条件下，市民生活也多样化起来，促进了民间建筑的多方面发展，同时在官殿、寺庙等高级建筑的创作中成为主要的根源。……由于社会经济的发展及生产技术和工具的进步，推动了整个社会的前进。在建筑方面反映出来的，首先是都城布局打破了汉、唐以来的里坊制度。……工商业发展使得市民生活、城市面貌和政府机构都发生变化，从而城市的规划结构出现了若干新的措施。……由于手工业的发展，促进了建筑材料的多样化，提高了建筑技术的细致精巧的水平。这时建筑构件的标准化在唐代的基础上不断进展，各工种的操作方法和工料的估算都有了较严密的规定，并且出现了总结这些经验的《木经》和《营造法式》两部具有历史价值的建筑文献。
>
> 由于经济繁荣，中小地主、商人、手工业作坊主的数量不断增加，因而明清时期地方建筑有了较大的发展。在经济发展的同时，大城市增多了，还出现了许多新的城镇。在城镇和乡村中，增加了很多书院、会馆、宗祠、祠庙、戏院、旅店、餐馆等公共性的建筑。

如果说梁著各章的第一节是借助文献对各时期中国建筑活动的总体介绍，关注的问题是"有什么"，那么刘编的这一节则是对于各时期中国建筑发展因果关系的探讨，关注的问题是"为什么"，其中的"因"便是马克思主义社会发展史所强调的生产力和经济基础。

4. 分类方式

刘编《中国古代建筑史》与梁著《中国建筑史》最大的不同还在于两部著作对于建筑实例的分类方式。出于对于中国建筑结构的关注，梁著除对最后一章"清代实物"的介绍是分为宫殿、苑囿离宫及庭园、坛庙、陵墓、寺庙、砖石塔、住宅、桥梁、牌坊等类型之外，对于其他各代的实物基本都是以建筑的结构材料分为"木构"和"砖石（塔幢/建筑）"两类。而刘编则尽可能在每一章都按建筑的社会功能对材料分为宫室、住宅、陵墓、寺和塔等类进行讨论。

根据建筑的社会功能进行分类的叙述方式并非刘敦桢首创。例如中国古代的官方建筑管理便是按照城垣、宫殿、公廨、仓廒、营房和府第规定工程种类的，一般地方志也常常分类介绍地方的公署、坛庙、学校、桥梁、古迹和塚墓。不仅如此，从 18 世纪以来，随着城市建筑现代化的发展，建筑类型问题在西方建筑学中得到关注。以功能对建筑进行分类也成为西方建筑教育的一个重要方法。如法国著名建筑家，古典主义的代表人物小勃隆台将建筑分为剧场、跳舞和节庆大厅、公园、公墓、学校、医院、太平间、旅馆、交易所、图书馆、工厂、喷泉、浴场、商场、市场、屠宰场、营房、市政厅、武库、航标站等类型。[46] 另一位法国著名建筑家，巴黎美术学院的建筑理论主讲人加代在其名著《建筑的要素与理论》也以居住建筑、教育建筑、政府建筑、法院建筑、监狱建筑、医院建筑等为类别分别介绍各自的构图特点。[47] 所以并不奇怪，近代一些外国和中国建筑史家在介绍中国建筑时也是按功能分类，其中包括福格森的《印度和东方建筑史》、弗莱彻尔的《比较法建筑史》、伊东忠太的《支那建筑史》，以及营造学社成员王璧文（璞子）的《中国建筑》和刘致平的《中国建筑类型及结构》。[48] 显然按照建筑的社会功能分类有助于凸显建筑与人和社会的关联。遗憾的是，在写作中上述学者并没有在分类的基础上继续将社会对于建筑的影响深入研究下去。更遗憾的是，他们都没有将分类与分期相结合，动态地研究社会的发展在建筑上的具体反映，也就是建筑类型的变化。即使是伊东忠太，他对中国建筑的分期和分类都对刘敦桢不无影响，但由于他对中国建筑史的研究仅从上古截至南北朝，他的书中有关建筑与社会发展关系的讨论也没有展开。

刘敦桢对中国建筑类型的关注在他加入营造学社初期所作的研究中就已显现，并与梁思成的关注焦点有所区别。梁的中国建筑史研究始于对宋《营造法式》的解读，为此他从一开始就关注中国建筑的大木作法式，以及由此造成的中国木构建筑的风格演变。他的《中国建筑史》以对两部"文法"著作的介绍为开篇，以建筑的材料为分类标准，因此强调的是中国建筑的设计原理。这一点与法国19世纪另一位重要建筑家维奥雷－勒－杜克的理解十分一致，因为在维氏看来，"艺术不在于这种或那种形式，而在于一种原则——一种逻辑的方法"（Art does not reside in this or that form, but in a principle,—a logical method）。[49] 换言之，认识一种原理比认识由这种原理派生的造型更重要。而对于梁思成所追求的复兴中国建筑的目标来说，介绍中国传统建筑的法式也比介绍在现代社会已经失去功能价值的建筑类型更有意义。相对而言，刘敦桢对中国建筑的早期研究并无如此具体的目标。但也正因如此，他的研究范围比梁更广，不仅涉及到塔、桥、陵墓等多种类型，也涉及到宫室制度。[50] 1950 年代刘又完成《中国住宅概说》和《苏州古典园林》两部专著，它们是刘关于中国建筑类型研究的代表作。[51]

建筑的民族风格对应于建筑的国家或民族性，也即风格所代表的文化普遍性，而建筑类型对应的是建筑的特定功能，也即类型所具有的文化特殊性。对类型的研究使刘敦桢能够更好地结合文献材料，具体地揭示建筑的使用方式，社会、文化和经济等因素对建筑的影响，以及由此造成的文化体系内部的多样性与差异性。当代中国建筑史家傅熹年曾指出：刘的《大壮室笔记》"综合早期文献，研究两汉时期的第宅、官署、道路、陵寝、西汉长安城和未央宫的建筑特点及发展演进过程，并把它们和经史中反映出的古代社会情况、典章制度结合起来加以论证。"[52] 这一特点在刘编《中国古代建筑史》对唐朝住宅的介绍中更加明显，如刘说："由于经济发展，社会财力雄厚，统治阶级建造华美的宅第和园林，但根据不同的等级，自王公官吏以至庶人的住宅，门、厅的大小，间数、架数以及装饰、色彩等都有严格的规定，充分体现了中国封建社会严格的等级制度。"[53] 可以说，对类型的关注使得刘在新中国成立后更容易认同马克思主义的历史唯物主义思想，进而将对建筑历史的研究与对经济和社会制度原因的探讨相结合。

将类型与分期结合还使得刘可以动态地看待中国建筑形制的发展。这一点除见于前引刘对宋东京城形态变化的讨论外，还清楚地表现在他对中国宫殿制度和佛教寺院空间格局变化的分析上。如他在介绍东魏宫殿时说：[54]

宫城位于城的南北轴线上，大朝太极殿的左右虽建东西堂，但在这组宫殿的两侧又并列含元殿和凉风殿，而太极殿后面还有朱华门和常朝昭阳殿，可以看出东魏宫殿的布局除沿用曹魏洛阳宫殿的旧制以外，同时又附会了《礼记》所载的'三朝'布局思想。它对于隋唐两朝废止东西堂，完全采取'三朝'制度，起着承前启后的作用。

他在介绍北魏洛阳的永宁寺时说：[55]

据记载早期中国佛寺的平面布局大致和印度的相同，以塔藏舍利（佛的遗骨），是教徒崇拜的对象，所以塔位于寺的中央，成为寺的主体。以后建佛殿供奉佛像，供信徒膜拜，于是塔与殿并重，而塔仍在佛殿之前。永宁寺正是这个时期佛寺布局的典型。可是东晋初期已出现双塔的形式，南北朝到唐数目渐多，供奉佛像的佛殿也逐渐成为寺院的主体，因而唐代佛寺在传统的两种布局方法以外，又有的在寺旁建塔，另成塔院，到宋又出现了将塔建于佛殿之后的方法。

马克思主义的社会发展史继承了黑格尔目的论式的历史主义（teleological historicism），即它相信，伴随着生产力的进步人类社会也在不断向更高目标发展。从这种社会发展史的角度考察建筑发展，必然会以符合社会生产力发展趋势并反映社会生产力条件的建筑为合理的建筑，反之则为落后、不合理，甚至反动的建筑。正是由于刘敦桢认为建筑是特定社会条件的产物，所以他对中国古代建筑的评价也与梁思成不同。出于建筑的文化观，梁思成强调传统建筑作为民族文化的组成部分对于现代中国的价值。而出于建筑的社会观，刘敦桢则对产生于封建社会的传统建筑在总体上采取了批判的态度。他在《中国古代建筑史》的稿本中说：[56]

一定的文化，是一定社会的政治与经济在意识形态上的反映。中国漫长的封建社会反映在建筑方面又是什么呢？……而所谓真正反映封建社会建筑的重要实物，都是为封建帝王、贵族、官僚、地主等统治阶级所服务的宫殿、苑囿、陵寝、城堡、邸宅、宗祠等等。以及用以麻痹人民的宗教建筑，如寺、观、塔、幢、石窟等。

他还说：[57]

由于社会的生产力始终停留在农业与手工业的不发达阶段，因此不能也不可能出现新型的建筑物，例如资本主义社会中的银行、商场、工厂、车站。……就是建筑内部，绝大多数也不必具有广大的空间和承载很大的活荷载，更不必考虑此空间内由于活荷载所引起的震动、倾斜、弯挠、破裂、崩溃等问题。所以中国古代建筑的结构与材料，除了少数例外，大体以木架为主、砖石为辅。而它的平面布局与外观式样，也就长期维持这一贯的独立系统。

很难想象，对于刘，这样的建筑传统还能够为一个新的时代和新的社会继续服务。同样，以社会生产力的发展为评判建筑发展的标准，刘的《中国古代建筑史》写作在立论上就与童寯科学主义的外国现代建筑研究（详见本书第 7 章）相近，而在实践上它可以支持现代主义建筑，同时反对复兴主义建筑。作为一名杰出的中国建筑史家，刘敦桢在 1950 年代没有像梁思成一样去大力宣传文物建筑保护的意义，其原因也就不难理解。

结　语

建筑社会观对于现代中国建筑产生了多方面的影响。它不仅是"复古主义"的批判者和北京拆城论者的思想基础，也是批判所谓"资产阶级"的现代主义（1950 年代又称"结构主义"）建筑的一个理论依据。[58] 而新中国第一个十年最重要的建筑工程"十大建筑"在风格上的多样性，[59] 也反映了在文化观、科学观和社会观彼此排他，纠缠不清的背景下，中国建筑莫衷一是的局面。

然而不可否认的是，作为一名建筑史家，刘敦桢从社会观出发，将中国建筑史的研究从梁思成所偏重的结构—形式和风格史转向了对于建筑发展的动力，也即中国建筑与中国自然、社会之间关系的探讨。他的两项重要的建筑类型研究——《中国住宅概说》和《苏州古典园林》——都促进了全国性的对于这两类建筑的调查和研究。[60] 它们更长远的影响是，通过揭示中国建筑的多样性，打破了建筑文化观下的同一性的"中国建筑"概念，从而推动了地域建筑史的研究。

在其《建筑史研究》一书中，阿尔索普从社会学的角度对以弗莱彻尔的著作为代表的建筑风格史叙述模式进行了批判。他说：[61]

如果我们再把建筑是人造环境（built environment）这一点作为前提，视其好坏来自人如何认同他所造，如何自我表现，如何以它为自豪，或出于崇尚权力抑或敬仰上帝等种种缘由，给予它某种特殊的品格，那么人们常说的'建筑是社会的镜子'这句话显然就是真理。我们从镜子中所见并不见得是我们所青睐的。弗氏的书页中挑选的都是普遍获得认可和赞赏的建筑，用它们来建构建筑的历史至少是一种误导。

限于其历史条件，刘敦桢并没能将对于梁思成的批判引申为一种史学角度的对于弗莱彻尔建筑史叙述的颠覆，但他在中国现代主义建筑思想以及马克思主义史学影响之下形成的建筑社会观和建筑史写作实践无疑顺应了 20 世纪世界建筑史学发展的大趋势。在刘之后，一批年轻的建筑史家继续了他的探索。如对建筑类型发展脉络的关注 1980 年代在由刘生前的助手潘谷西主编的《中国建筑史》教材中成为叙述框架。[62] 潘还通过《曲阜孔庙建筑》一书探讨了孔庙的建筑形制在中国的发展。[63] 刘的学生郭湖生则将类型演变研究的思想用于城市史研究，使学界对于中国古代城市制度的认识提升到一个新的高度。[64] 由刘的哲嗣刘叙杰以及傅熹年、郭黛姮、潘谷西和孙大章等学者领衔主编，并在新世纪之初问世的五卷本《中国古代建筑史》在大大增加了新发现的史料和新的研究成果的同时，继续沿用了刘编《中国古代建筑史》的体例。1990 年代以后社会学角度的中国建筑史研究更成为学科发展的一个重要趋势。[65]

刘敦桢从建筑的社会观角度置疑了梁思成的建筑文化观，并通过编著《中国古代建筑史》，极大地推动了中国建筑史研究向深度与广度的发展。然而，在今天总结和反思梁刘的史学分歧与 20 世纪中期中国两种建筑观的冲突的时候，我们还必须注意到，刘敦桢并没有对如何实现梁思成"为什么研究中国建筑"一文所提出的"保护"与"复兴"两个目标作出自己的回答。这两个目标也并没有因为意识形态的批判而失去其意义，相反，它们在如今正在急速迈向现代化和全球化的中国变得更加令人关注。

注释

1　"致郭湖生函"，《刘敦桢全集（十）》（北京：中国建筑工业出版社，2007 年 10 月），202 页。

2　赖德霖："文化观遭遇社会观——梁刘史学分歧与 20 世纪中期中国两种建筑观的冲突"，朱剑飞主编《中国建筑 60 年（1949-2009）:历史理论研究》（北京：中国建筑工业出版社，2009 年），246-263 页。

3　年代尽可能依《刘敦桢全集》编者所注的工作时间，若无则依发表时间。

4　参见傅熹年："一代宗师，垂范后学——学习《梁思成文集》的体会"、"博大精深，高山仰止——学习《刘敦桢文集》的体会"，《傅熹年建筑史论文集》（北京：文物出版社，1998 年），437-439 页，440-442 页。另外，夏南悉还指出，在梁的学术著作中仅仅有一处提到日本建筑，而在刘同期的著作中则有很多处。考虑到日本木构建筑对于研究 8 世纪中国建筑的极其重要性，对于梁这位接受过超级教育和极其细致的学者来说，这种对日本建筑的忽视，只能被理解为是出于政治的和个人的考虑。见 Steinhardt, Nancy Shatzman, "The Tang Architectural Icon and the Politics of Chinese Architectural History", *Art Bulletin*, Vol. 86, No. 2, June, 2004, 228-254.

5　刘敦桢："批判梁思成先生的唯心主义建筑思想"，《建筑学报》，1955 年第 1 册，69-79 页。

6　梁思成："为什么研究中国建筑"，《中国营造学社汇刊》，第 7 卷第 1 期，1944 年 10 月，5-12 页；《梁思成全集（三）》（北京：中国建筑工业出版社，2001 年），377-380 页。

7　详见本书第 2 章、第 5 章。值得注意的是，沃尔夫林通过形式分析，论证了巴洛克艺术与文艺复兴艺术一样，体现了各自特定时期社会的艺术意志，而不是文艺复兴艺术的衰退表现，从而批判了西方美术史自温克尔曼以来将艺术比拟生物体的线性发展观。而梁思成虽然受到了沃氏形式分析的训练和影响，但在历史写作上延续了温氏的叙述模式，并以结构理性主义为标准勾画了中国建筑从原始至豪劲，再至醇和和羁直的发展脉络。

8　夏铸九："营造学社 - 梁思成建筑史论述构造之理性分析"，《台湾社会研究季刊》，第 3 卷第 1 期，1990 年春季号，6-48 页。

9　德国哲学家和美学家黑格尔的《美学》可以说是 19 世纪有关建筑艺术讨论的一部代表作著。

10　Watkin, David, *The Rise of Architectural History* (London: The Architectural Press, 1980): 4-5.

11　如科林斯所指出，英国哥特复兴建筑的主要提倡者普金曾认为，这种建筑体现了英国的基督教精神；出于民族主义的诉求，他将这种风格用于英国的议会大厦（House of Parliament, 1835）建筑的设计，是"哥特民族主义"（Gothic nationalism）的表现。见 Collins, Peter, *Changing Ideals in Modern Architecture, 1750-1950* (Montreal & Kingston: McGill-Queen's University Press, 2nd. ed., 1998): 100-102. 他所认为的另外四个方面的思想来源是浪漫主义、理性主义、教会神学、以及社会改良。

12　详见赖德霖："'科学性'与'民族性'——近代中国的建筑价值观"，《建筑师》，第 62、63 期，1995 年 2 月、4 月，48-59、59-76 页；赖德霖《中国近代建筑史研究》，189-203 页。

13　朱启钤："中国营造学社缘起"，《中国营造学社汇刊》，第 1 卷第 1 册，1930 年 7 月，1-6 页。朱的表述呼应了日本建筑家伊东忠太的看法。1930 年 6

月 18 日伊东在访问营造学社时曾说："凡传一国之文化于后世者，文献与遗物，而文献易散佚，亦往往有误传、有伪作。遗物亦然，第视文献之抽象，则较具体而可信。至于建筑，更无散佚伪作之虞，又为综合其时各种美术工艺之具体大作。故文化之征，此最重要。"见"日本伊东忠太博士讲演支那建筑之研究"，《中国营造学社汇刊》，第 1 卷第 2 册，1930 年 12 月，1-11 页。

14　详见本书第 2 章。另外，李士桥也指出，梁思成中国建筑史写作的一个重要企图就是在全球和历史发展的语境中为将中国建筑寻找一席之地。Li, Shiqiao, "Writing a Modern Chinese Architectural History: Liang Sicheng and Liang Qichao," *Journal of Architectural Education*, Sep. 2002, 35-45.

15　详见胡海涛《建国初期对唯心主义的四次批判》（南昌：百花洲文艺出版社，2006 年）。这四次批判包括对电影《武训传》的批判，对胡适思想的批判，对梁漱溟"文化保守主义"的批判，和对胡风文艺思想的批判。

16　蒋大椿总结了新民主主义革命时期中国马克思主义史学八点基本理论主张，其中包括"认为物质资料生产方式是历史的基础，是划分社会形态的标志（具体理解则有所异），从生产力与生产关系的矛盾运动中探索政治的思想的历史，用社会存在说明社会意识"，见蒋大椿："八十年来的中国马克思主义史学（一）"，《历史教学》，2000 年第 6 期，5-10 页。

17　该节最后没有在《中国古代建筑史》中发表。作为刘的遗稿，最初发表在《古建园林技术》2007 年第 4 期，9-10 页。有关该文的写作过程，见该刊同期 8 页，王世仁："关于刘敦桢遗稿'中国封建

制度对古代建筑的影响'的说明和认识"。

18　详见赖德霖："'科学性'与'民族性'——近代中国的建筑价值观"，《建筑师》，第 62、63 期，1995 年 2 月、4 月，48-59、59-76 页；赖德霖《中国近代建筑史研究》，229-236 页。

19　林克明："国际新建筑会议十周年纪念感言"，《新建筑》（战时刊），1942 年 5 月，2-3 页。

20　"沪华海公司工程师宴客并论建筑"，《申报》，1924 年 2 月 17 日。

21　庄俊："建筑之式样"，《中国建筑》，第 3 卷第 5 期，1935 年 11 月，1-3 页。

22　1930 年代后期至 1940 年代，中国马克思主义的史学代表著作有：何干之《中国社会性质问题论战》（1936）、《中国社会史的论战》（1937），翦伯赞《历史哲学教程》（1938 年 8 月），毛泽东等《中国革命与中国共产党》（1939 年），华岗《社会发展史纲》（1940 年），邓初民《中国社会史教程》（1940 年），许立群《中国史话》（1942 年）。见蒋大椿："八十年来的中国马克思主义史学（一）"，《历史教学》，2000 年第 6 期，5-10 页。

23　黎宁《国际新建筑运动论》（重庆：中国新建筑社，1943 年），13-15 页。

24　黎宁《新建筑造型理论的基础》（重庆：中国新建筑社，1943 年），8-9 页。

25　详见赖德霖："学科的外来移植——中国近代建筑人才的出现和建筑教育的发展"，《艺术史研究》，第 7 卷，2005 年；赖德霖《中国近代建筑史研究》，173-179 页。

26　参见梁思成："古建序论——在考古工作人员训练班讲演记录"，《梁思成全集（五）》，156 页；"建筑艺术中社会主义现实主义和民族遗产的学习与运

用的问题——在中国建筑学会成立大会上的专题发言摘要"，《梁思成全集（五）》，186-187 页。

27　林徽因在"论中国建筑之几个特征"（《中国营造学社汇刊》，第 3 卷第 1 期，1932 年 3 月，163-179 页）一文中说："已往建筑因人类生活状态时刻推移，致实用方面发生问题以后，仍然保留着它的纯粹美术的价值，是个不可否认的事实。和埃及的金字塔，希腊的巴瑟农庙（Parthenon）一样，北京的坛、庙、宫、殿，是会永远继续着享受荣誉的，虽然它们本来实际的功用已经完全失掉。"

28　梁思成："建筑设计参考图集序"，《建筑设计参考图集（一）》（北平：中国营造学社，1935 年）。这一观点在他和林徽因合写的"祖国的建筑传统与当前的建设问题"（《新观察》，1952 年 16 期，《梁思成全集（五）》，136-142 页）继续坚持。

29　梁思成："中国建筑的特征"，《建筑学报》，1954 年第 1 期，《梁思成全集（五）》，179-184 页。

30　梁思成："苏联专家帮助我们端正了建筑设计的思想"，《人民日报》，1952 年 12 月 22 日，《梁思成全集（五）》，150 页。

31　牛明："梁思成先生是如何歪曲建筑艺术和民族形式"，《建筑学报》，1955 年第 2 期，1-8 页。从文章开头所说"解放以前，我曾在长时期中向梁思成先生学习中国建筑，和共同从事于中国建筑的研究工作"，以及文中第 4 页的注释"[剑川门窗] 我在 1940 年去 [云南] 剑川时还在制造"，可知"牛明"是梁在中国营造学社的一位年轻同事的笔名。

32　卢绳："对于形式主义复古主义建筑理论的几点批评"，《建筑学报》，1953 年第 3 期，13-23 页。

33　详见王军《城记》（北京：三联书店，2003 年），163-190 页。

34　详见邹德侬《中国现代建筑史》（天津：天津科学技术出版社，2001 年），198-204 页。

35　"说明"，刘敦桢（主编）《中国古代建筑史》（北京：中国建筑工业出版社，1980 年）

36　Fletcher, Banister, *A History of Architecture on the Comparative Method* (1st ed.) (London: B. T. Batsford Ltd, 1896) 第五版 (1905) 对中国建筑的介绍内容包括：1. Influences (i. Geographical, ii. Geological, iii. Climate, iv. Religion, v. Social and political, vi. Historical); 2. Architectural Character; 3. Examples (Temples and Monasteries, Pagodas, The Pailoos, Bridges, Tombs, Houses, Tea Houses, Engineering Works, Cities); 4. Comparatives (a. Plans, b. Walls, c. Openings, d. Roofs, e. Columns, f. Mouldings, g. Ornament).

37　Allsopp, Bruce, *The Study of Architectural History* (New York: Praeger Publishers, Inc., 1970): 67.

38　梁思成在"为什么研究中国建筑"一文的结尾说："研究实物的主要目的则是分析及比较冷静的探讨其工程艺术的价值，与历代作风手法的演变。知己知彼，温故知新，已有科学技术的建筑师增加了本国的学识及趣味，他们的创造力量自然会在不自觉中雄厚起来。这便是研究中国建筑的最大意义。"

39　梁思成《中国建筑史》，《梁思成全集（四）》（北京：中国建筑工业出版社，2001 年），14 页。

40　刘敦桢（主编）《中国古代建筑史》，1 页。

41　该书日本版原名为《支那建筑史》，载于《东洋史讲座》第 11 卷，1931 年出版；1937 年陈清泉译为中文并作增补，改名《中国建筑史》，由（上海）

商务印书馆出版。见徐苏斌《日本对中国城市与建筑的研究》（北京：中国水利水电出版社，1999 年），54-57 页。

42　徐苏斌《日本对中国城市与建筑的研究》（北京：中国水利水电出版社，1999 年），43 页；"日本伊东忠太博士讲演支那建筑之研究"，《中国营造学社汇刊》，第 1 卷第 2 期，1930 年 12 月，1-11 页。

43　伊东忠太（著），陈清泉（译补）《中国建筑史》（上海：商务印书馆，1937 年），38 页。

44　注释4，刘敦桢（主编）《中国古代建筑史》，407 页。1950 年代，在中国历史的分期问题上，另一种颇具影响的主张是范文澜提出的"西周封建说"。

45　刘敦桢（主编）《中国古代建筑史》，163-164、278 页。

46　Rabinow, Paul, *French Modern: Norms and Forms of Social Environment* (Cambridge, MA: The MIT Press, 1989): 48.

47　参见 O'Donnell, Thomas E., "The Rick Manuscript Translations, II: Gaudet's 'Elements and Theory of Architecture,' Volume II," *Pencil Points*, Vol. 8, No.3, 157-161.

48　如福格森《印度和东方建筑史》的中国建筑一章就分为天坛、佛教寺庙、塔、坟墓、牌楼和居住建筑。（ Fergusson, James, *History of Indian and Eastern Architecture*, New York: Dodd, Mead & Company, 1891）弗莱彻尔的《比较法建筑史》对中国建筑的介绍也分为庙宇、塔、牌楼、桥、陵墓、住宅、茶室、工程和城市。伊东忠太的《支那建筑史》更明确将中国建筑分为"宗教建筑"和"非宗教建筑"两类，前者包括佛、道、儒、祠、回、陵墓，后者包括城堡、宫殿楼阁、住宅商店、公共建筑、牌楼

关门、碑碣和桥。1943 年营造学社成员王璧文出版的《中国建筑》一书分为绪论、都邑计划（城垣）、宫殿、苑囿与园林、坛庙、陵墓、衙署、寺观（塔）、第宅、桥梁、牌楼、碑碣等 12 章。1956 年另一位中国建筑史家刘致平在其所著《中国建筑类型及结构》也试图以功能分类，他说"我国地大物博，历史悠久，文化遗产内容非常丰富，所以历代所建的建筑物也是形形色色多种多样，如城市，住宅，宫殿，陵墓，佛、道、回、文、武庙，祠，坛，馆，书院……等各种形式。"（刘致平："原序"，《中国建筑类型及结构》，北京：中国建筑工业出版社，1987 年，21 页）

49　Viollet-Le-Duc, *Discourses on Architecture* (Paris: 1860; Boston: 1875), 2 卷，57 页，转引自 Rabinow, Paul, *French Modern: Norms and Forms of Social Environment* (Cambridge, MA: The MIT Press, 1989): 71.

50　刘对不同类型中国建筑的早期研究有："石轴柱桥述要"、"《抚郡文昌桥志》之介绍"（《中国营造学社汇刊》，第 5 卷第 1 期，1934 年 3 月，32-54、93-97 页），"中国之廊桥"（《刘敦桢文集（三）》，448-455 页），"明长陵"（《中国营造学社汇刊》，第 4 卷第 2 期，1933 年 6 月，42-59 页），"易县清西陵"（《中国营造学社汇刊》，第 5 卷第 3 期，1935 年 3 月，68-109 页）；"六朝时期之东西堂"（《刘敦桢文集（三），456-463 页》）

51　刘敦桢《中国住宅概说》（北京：中国建筑工业出版社，1957 年）；《苏州古典园林》（北京：中国建筑工业出版社，1979 年）

52　傅熹年："博大精深、高山仰止——学习《刘敦桢文集》的体会"，《傅熹年建筑史论文集》（北京：

文物出版社，1998 年），440-442 页。

53　刘敦桢（主编）《中国古代建筑史》，105 页。

54　刘敦桢（主编）《中国古代建筑史》，78 页。刘敦桢从礼制角度对中国古代宫殿设计的分析还可见于《中国古代建筑史》中有关明清故宫的介绍。在这一点上他与乐嘉藻的视角（本书 8-9 页）相似而与梁思成《中国建筑史》的相关讨论（《梁思成全集（四）》，177-182 页）有别。如他说："明清故宫的主要建筑基本上是附会《礼记》、《考工记》及封建传统的礼制来布置的。例如，社稷坛位于宫城前面的西侧（右），太庙位于东侧（左），是附会'左祖右社'的制度；太和、中和、保和三殿附会'三朝'的制度；大清门到太和门间五座门附会'五门'的制度；而前三殿和后三宫的关系则体现了'前朝后寝的制度。"（286 页）此外，他从中国"天圆"宇宙观及"和农业有关的十二月、十二节令、四季等天时"的象征性角度对天坛建筑设计的理解（350页）也与梁思成纯技术性的讨论（《梁思成全集（四）》，188 页）有所不同。这些都显示出刘在研究方法上的新旧结合和综合多样。

55　刘敦桢（主编）《中国古代建筑史》，83 页。

56　刘敦桢《中国古代建筑史》，《刘敦桢文集（四）》（北京：中国建筑工业出版社，1992 年），235 页。

57　同上。

58　有关文章包括林凡："人民要求建筑师展开批评和自我批评"，《人民日报》，1954 年 3 月 26 日；戴念慈："从华揽洪的建筑理论和儿童医院设计谈到对'现代建筑'的看法"，《建筑学报》，1957 年第 10 期，65-73 页。

59　详见邹德侬《中国现代建筑史》（天津：天津科学技术出版社，2001 年），230-240 页。

60　刘叙杰："刘敦桢"，杨永生、王莉慧编《建筑史解码人》（北京：中国建筑工业出版社，2006 年），8-15 页

61　Allsopp, Bruce, *The Study of Architectural History* (New York: Praeger Publishers, Inc., 1970): 83.

62　潘谷西主编《中国建筑史》（第 1~5 版）（北京：中国建筑工业出版社，1982~2005 年）。

63　潘谷西《曲阜孔庙建筑》（北京：中国建筑工业出版社，1994 年）。其他关于中国古代建筑形制的研究还包括萧默："五凤楼名实考——兼谈宫阙形制的历史演变"，《故宫博物院院刊》，1984 年第 1 期，76-86 页；于振生："北京王府建筑"，贺业钜等著《建筑历史研究》（北京：中国建筑工业出版社，1992 年），82-141 页；杨慎初《中国书院文化与建筑》（武汉：湖北教育出版社，2002 年）等。

64　郭湖生《中华古都：中国古代城市史论文集》（台北：空间出版社，1997 年）

65　参见陈薇："天籁疑难辨，历史谁可分——90 年代中国建筑史研究谈"，《建筑师》，第 69 期，1996 年 4 月，79-82 页。

外篇：主流之外

童寯（1900–1983）
来源：童明先生授权发表

第7章 世界主义、无政府主义与童寯的外国建筑史和中国传统园林史研究

或曰："彼主为室者,倘或发其私智,牵制梓人之虑,夺其世守,而道谋是用,虽不能成功,岂其罪邪?亦在任之而已。"余曰:不然。夫绳墨诚陈,规矩诚设,高者不可抑而下也,狭者不可张而广也,由我则固,不同我则圮。彼将乐去固而就圮也,则卷其术,默其智,悠尔而去,不屈吾道,是诚良梓人耳!或其嗜其货利,忍而不能舍也,丧其制量,屈而不能守也,栋桡屋坏,则曰"非我罪也",可乎哉?可乎哉?

——柳宗元《梓人传》

本章的主角是20世纪中国建筑界第一位系统地研究西方现代建筑和中国传统园林的学者,一位在处世态度和学术兴趣上都曾长期自我边缘化于中国建筑界的建筑师和建筑史家——童寯。童给大多数识者的印象是一位独来独往、特立独行的隐士。他没有同学梁思成对复兴中国传统和参与现实活动的热情,也不同于挚友杨廷宝的随遇而安、无可无不可;如同事刘敦桢对学术的执著,但视野宽广,绝不囿于中国建筑;他具有深厚的中国文化修养,但却与事务所的同仁相约摒弃"大屋顶";对西方文化有着广博的了解,却绝不"崇"洋;受到过正统的学院派建筑教育,却积极引介现代主义;出身满族,却以"戴红顶花翎,后垂发辫"讽刺古代建筑要素在现代建筑上的

不合时宜；反对中国建筑的"传统复兴风格"设计，却又对江南园林情有独钟；精湛于西洋水彩画，却又嗜好中国水墨山水；博览群书、学富五车，却又惜墨如金、慎于立论；更突出的是，他从事于建筑师职业，却鄙夷商业习气，毕生坚持士人本色。如此多的对立集中在童寯身上，使得他既令人熟悉又令人陌生。在他逝世之后，人们写了无数的回忆文章表达对于他渊博的学识和崇高的人品的敬意，但是这些敬意本身就来自高山仰止的距离感。人们可以毫不怀疑作为一位建筑家，他在设计、历史、理论乃至绘画各方面所取得的杰出成就，也可以对他为人、教学与治学的事迹如数家珍，可是对于他在中国近现代建筑史上的特殊地位却又感到难以把握。童寯到底是一个什么样的人？他的处世和为学又与他的生活经历有何关系？

与许多同辈中国建筑师和学者一样，童寯幼年受到过中国传统教育，青年负笈留洋于西方，中年执建筑师业，后半生改任大学教师，一生经历晚清、民国和共和国三个时期，他个人性格和思想的复杂性首先就应该是这一曲折经历的反映。但与许多汉人同道不同，他身为满人，对于中国所发生的变革也会有不同的感受。据清史学者阎崇年，辛亥革命以后，满人经历了在政治、经济，以及社会地位等多方面的巨大变化：八旗军队被解散，贵族学校被裁撤，满人官员不再领取俸禄，八旗兵弁不再支放饷银，满族百姓甲粮被停发，王庄旗田被丈放，先前的特权民族转而成为一个普通的民族。种种变化导致满族开始受到汉人的歧视，许多满人的生计也遭遇了空前的困境。如一些王公贵族只能靠典卖祖产度日，甚至有王爷后裔以拉洋车为生。很多满人被迫改变姓氏，隐瞒民族成分。满洲八旗原来"不农、不工、不商"，此时也不得不农、工、商皆务。[1] 童寯出生于辽宁奉天（今沈阳），父亲恩格为满族正蓝旗，原姓钮祜禄。他的家人对于改朝换代和社会变迁的感受虽然未必像北京满人那样强烈，不过作为满族的一分子，他们对于民族地位的巨大转变很难无所触动。目前童家放弃钮祜禄这一满族大姓而改汉姓的确切原因尚不清楚，[2] 但这一变化无疑标志了家族自我认同的一个极大

改变。辛亥革命对童寯的影响应该是非常深刻的：早在三年前他8
岁时，他就曾因为光绪帝驾崩而披麻戴孝，并为满清失去变法图强
的最后希望而悲恸欲绝。民国成立后他又连续三年拒绝剪辫。在最
终不得不留短发之时，他又再次痛哭不已。[3] 刘光华教授还曾告诉
笔者，童不讲满语，认同汉族文化，不过他反感推翻清朝的国民党，
不喜欢孙中山，并经常私下贬称孙为"孙大炮"，[4] 这些就很可说明
社会变革在他心灵深处留下的烙印。历史上改朝换代每每出现许多
遗民，诸如周初的伯夷、元初的钱选和清初的朱耷。他们无力抗争
社会的变化，但为表明气节，便如孔子所说："隐居以求其志"（《论
语》第16 "季氏"）。隐居在空间上可以有"郊隐"、"市隐"，甚至"朝
隐"等不同方式，但在心理上它们都体现为一种自我的边缘化，即
对于新朝的不合作态度。童寯曾说："我选学建筑专业动机，主要
是为解决生活问题。我争取'自食其力'，靠技术吃饭，尽量不问
政治。"[5] 这一人生选择就反映出一种遗民的心态。必定是对历史上
遗民气节的崇尚使得童无法理解梁思成到张学良主持的东北大学任
职之举，直到晚年他还说"我永远也不明白，为什么两年之后他会
去沈阳，就在那位杀害他岳父的元帅眼皮下创办建筑系？"[6]

　　本章试图从文化认同的角度去认识童寯的处世以及在此背景下
的为学。在笔者看来，拒绝认同民国统治虽然可能导致童寯对中国
现实的疏离，却有可能使他在人生观上同时拥抱世界主义和个人主
义，即亲近视中国为他者的西方主流文化，以及历史上一直被官方
意识形态的权力排斥在边缘的士文化。童寯毕生学术工作的两个基
本内容——对西方现代建筑的关注和对中国古代园林的钟情——就
体现了这种双重的文化认同。

一、一名"世界主义"建筑师

　　中国现代文学史学者李欧梵在讨论近代上海的中国作家时曾
指出："在上海这个中国最大的通商口岸里生活的［中国］作家们，
对这个分裂的世界看来已经非常适应。尽管他们与西人并无多少私

人交往，但在生活方式和观念上他们却最为'西化'。不过他们中的任何人都不曾把自己看作一个被殖民的'他者'，正以任何方式效力于真正的或想象的西方殖民主子。……相反，在中国作家营造自己的现代想象过程中，他们对西方异域风情的热衷却把西方文化本身置换成了'他者'。[7] 李称这些作家是"中国的世界主义者"（Chinese Cosmopolitanists）。比较文学和文化学者王宁也曾指出，对于持有世界主义信念的人来说，"对人类的忠诚并不一定非把自己局限于某个特定的民族—国家，他们可以忠于自己的城邦（祖国），但这并不妨碍他们对外邦（外国）的人也持友好和同情的态度。因为，他们所要追求的并非是某个特定民族—国家的利益，而是更注重整个人类和世界的具有普遍意义的价值和利益。这种普世的价值和意义并非某个民族—国家所特有，而是所有民族和国家的人民都共有的东西。"[8] 在中国建筑家当中，童寯首先就堪称一位这样的"世界主义者"：身着西装是作为建筑师的童寯的典型形象；"精通英文，通晓德、法文"是他的好友兼事务所合伙人陈植（直生）对他的评价；家中藏有一套《大不列颠百科全书》，好几十本世界名著珍本和 20 余张巴哈到勃拉姆斯那一时期世界名曲的唱片是他的儿子对他的介绍；"热爱西餐，不喜欢（可以说讨厌）中式宴席"是他的长孙对他的记忆。[9]

　　"世界主义"一词也可以用来描述童寯的建筑作品风格。1931 年日本侵华的"九一八"事变发生后，童寯从沈阳移居上海，并加入了赵深、陈植两位建筑师的事务所，该事务所也在 1933 年 1 月改名华盖建筑事务所。三位建筑师共同创作的作品包括南京国民政府外交部办公大楼及官舍（1932-1935）、资源委员会南京地质矿产陈列馆（1933）、首都饭店（1935）、首都电厂（1936）、南京公路总局办公楼（1946）、下关交通银行（1946）、下关工人福利社（1946）、西藏路大公寓（1946）、苏州市青年会大戏院（1932）、上海恒利银行（1932）、大上海大戏院（1933）（图 7-1）、中央大戏院改造（1933）、金城大戏院（1934）、合记公寓（1934）、华懋公寓（1934）、林肯路中国银行公寓（1934）、江西路北京路

图 7-1　华盖建筑事务
所：大上海大戏院，上海，
1933 年
来源：《建筑月刊》，第 1
卷 第 3 期，1933 年 1 月，
2 页。

口浙江兴业银行（1935）、叶揆初合众图书馆（1940）、浙江第一商业银行大楼（1947）、昆明兴文银行（1940）、南屏街住宅（1940）、南屏街银行区办公楼（1941）、南屏街聚兴诚银行（1942）、贵阳贵州艺术馆（1942）、贵阳儿童图书馆（1943）、贵阳招待所（1943）、贵州省立民众教育馆（1943）等。正如陈植总结所说，华盖的作品"格调严谨，比例壮健，线条挺拔，笔法简洁，色彩清淡，不务华丽，不尚修饰"。[10] 它们体现了三位合作者追求现代主义"国际式"和"相约摒弃大屋顶"的理念。[11] 相对于中国近代著名的基泰工程司杨廷宝建筑师作品的细腻和典雅，这些设计强调的是建筑立面的点、线、面构图，整体的体积感，光影效果和材料的质感，因而也更具阳刚气质。

在其职业生涯之中，童寯始终表现出对于世界建筑发展新潮流的极大关注，这种关注在与他同时代的大部分中国建筑师中极为少见，即使在他的后辈之中也属前卫。据其长孙相告，即使在抗日战争期间，童寯仍在订阅美国重要的建筑杂志《建筑实录》（Architectural Record）。20 世纪 40-50 年代，他继续让在美留学的儿子按照他开列的书单寄回南京 20 余种建筑书籍和出版物，其中就有柯布西耶（Le Corbusier）的著作《模数制》（Le Modulor，1948）和著名现代建筑史家吉迪安（Sigfried Giedion）的经典著作《空间、时间与建筑——一种新传统的成长》（Space, Time and Architecture: The Growth of a New Tradition，1941）的 1954 年版。[12] 童对现代建筑的关注在他留学归国之前、从 1930 年 4 月 26 日至 8 月 27 日在欧洲的旅行中就已有所表现，[13] 他的日记有如下记录：

5 月 31 日："在布鲁塞尔逛了一圈。……试图寻找由约瑟夫·霍夫曼设计的斯托克勒特官，但没有人知道在哪里。"（331 页）

6 月 2 日："10 点钟去了［安特卫普］博览会，法国馆开放了，有一些现代风格的室内，以及时尚展览。……"（332 页）

6 月 3 日："在阿姆斯特丹南郊参观了很多新建筑，个个都很棒，砖工很精致。所有的木门都设计得很好。有一座现代教堂，但却没法参观室内。甚至街头的邮箱设计得都很现代。"（333 页）

6 月 6 日："前往杜塞尔多夫。在战前它有一座现代桥梁。参观了一座很高的办公楼(WM 马克楼)，爬到楼顶。它有一个砖砌大厅，带有运行的电梯轿车厢。楼顶能看成是全景。很精致的砖工。……杜塞尔多夫是一座值得一访的城市，因为它有几座欧洲最好的现代建筑。"（334 页）

6 月 14 日："前往法兰克福的手工艺馆，这里有一个沃尔特·格罗皮乌斯的现代建筑展（大多数是工业建筑）。……4 点钟乘火车回到汉堡，然后再去法兰克福，但是在杜姆布什下车去参观一所现代学校和一些现代公寓，在那里画了一张素描"（337–338 页）

6 月 18 日："晴天。7:30 乘火车前往曼海姆，参观了战前（1907）新艺术现代画廊，但是那儿的大多数展品是未来主义的，油画、水彩画以及雕塑。好建筑加上好内容。"（339 页）

6 月 25 日："在班贝格参观了现代教堂，圣·海尔里希教堂（建筑师为高蒂博士）。……"（341 页）

7 月 1 日："花了一个小时去寻找［波茨坦］爱因斯坦塔。最终当我到达那儿时，门口的老妇不让我进去。我非常急迫地想看到一些东西，因此我围着观察站（按：或可译为天文台）的周边走了很远，才看了顶部一眼。照片上的塔通常是黑色的，但是它现实中看上去却是白色的，而且很洁净。"（344 页）

7 月 18 日："早餐后乘轻轨前往海林尤斯塔德去参观现代公寓，它们很棒。"（350 页）

7 月 19 日："前往参观分离主义美术馆，那里有一些好东西，没有太多激进的内容。前往三号街区去参观现代公寓，在那里，你

可以从一个庭院穿到另一个庭院，直到路边。规划得很好，建筑也很棒。"（351 页）

7 月 27 日："7：15 抵达斯图加特。新火车站很漂亮。我从未见到过这么一件好东西。也许是建成的最好的车站。晚上参观了王宫以及一些现代建筑……。"（356 页）

7 月 29 日："下午 5：30 到达巴勒。火车站外面就有市场大厅，虽然现代但不是很好。误往了斯帕棱，但是在阿斯霍普（明信片上的地方）的附近找到了现代奥托瑞姆教堂，立即步行前往那里。钟塔（混凝土的）是我所见过最好的。"（357 页）[14]

童寯留学期间正是发源于欧洲的现代建筑运动开始在美国得到响应之时。如《建筑实录》杂志在 1928 年介绍了荷兰的现代建筑（2 月），德国格罗皮乌斯（Walter Gropius）、考夫曼（Oskar Kaufmann）、施耐德（Karl Schneider）等建筑师的作品（4 ~ 6 月），法国现代装饰艺术展览（5 月），德国德绍包豪斯的工艺商店（5 月），1925 年德国德累斯顿的国际艺术展览（6 月）等。此外，还在 1 月发表了年轻的建筑史家希区柯克所写的关于柯布西耶的著作《走向新建筑》（*Toward a New Architecture*）的书评。希区柯克自己的系列文章"现代建筑"（Modern Architecture）也从 4 月起陆续在该杂志上连载。这些文章后来汇集成《现代建筑：浪漫主义与再整合》（*Modern Architecture: Romanticism and Reintegration*）一书在 1929 年出版。这本书首次从建筑形式方面论证了现代建筑发展的合理性，刚一问世便很快成为一部建筑经典。作为一名渴望新知的建筑学生，童寯对于专业领域的最新发展必定有着极大的热情。

童受教的宾夕法尼亚大学虽然是巴黎美术学院在美洲的大本营，但在 20 年代后期包括著名建筑师克瑞在内的教师都已在尝试用简洁的现代建筑语汇去诠释古典的建筑法则，从而发展出一种"摩登古典"（Modern Classic）或"简洁古典主义"（stripped-down classicism）及"简洁摩登式"（stripped modern）的新风格。[15] 据美国建筑史家 G. 赖特，克瑞还强调让学生根据法国考古学家、建筑历史学家和工程师舒瓦西的建筑分析图去分析以往纪念性建筑中的要素，但不吸收那些风格和纪念物的程式。舒瓦西曾任巴黎国立土木学校的教授，他将建筑结构而不是风格视为建筑的本质，他曾说："新的结构是逻辑学在艺术上的成功。一座建筑成为一个经过筹划的整体，其中每一个结构构件的造型不取决于传统的范式，而仅仅取决于其功能。"[16] 童寯日后反对用古代式样表现新的结构显然与舒瓦西的这一思想一脉相承。

童寯毕业后到纽约实习所跟随的伊莱·康（Ely Jacques Kahn, 1884-1972）也是一位追求摩登风格的建筑师。康初学于纽约哥伦比亚大学，1907 年入巴黎美术学院，师从著名的象征主义画家奥迪隆·雷东（Odilon Redon）的兄弟伽斯敦·雷东（Gaston Redon）。在巴黎他还接触到了布拉克（Georges Braque）、德雷恩（André Derain）、毕加索（Pablo Picasso）等立体派画家的作品。他于 1911 年回到纽约，加入了以设计百货商店闻名的巴克曼 - 福克斯事务所（Buchman & Fox），1915 年福克斯退休后，巴克曼与他合作，改事务所名为巴克曼 - 康事务所。新的事务所仍以设计商业建筑著名。康本人则成为了与曾设计芝加哥论坛报大厦和纽约洛克菲勒中心的胡德（Raymond Hood, 1881-1934），参与设计洛克菲勒中心的哈里森（Wallace K. Harrison, 1895-1981），以及设计了纽约克莱斯勒大厦的凡·阿伦（William Van Alen, 1883-1954）等人齐名的现代摩天楼建筑师。1928 年 4 月康曾在《建筑实录》杂志发表了题为"摩天大楼的经济学"（Economics of Skyscraper）的文章，5 月又撰文介绍了法国的装饰艺术展览。童实习期间他正在设计建造纽约斯奎伯大厦（Squibb Building）这栋装饰艺术风格的著名建筑。[17] 童日后与事务所同仁赵深和陈植所作的一些主要设计都有摩登古典和装饰艺术风格的影响，强调立面线条的表现，但这些设计更加简化，也因此更接近现代主义风格。

现在我们尚不知道童寯如何计划自己的欧洲之行，他选定参眼光和勇气。

"近百年新建筑代表作"一文的开篇即说："新技术新材料促使建筑演变，大量铁制构件及玻璃应用于 1851 年伦敦水晶宫建筑，使结构初次脱离笨重的砖石。"显然此时他仍坚持自己在 20 世纪 30 年代就已经形成的建筑科学观，继续视建筑技术和材料为建筑发展的动力。非常值得注意的是，英国著名建筑史家佩夫斯纳（Nikolaus B. L. Pevsner，1902-1983）在 4 年后出版的《现代建筑与设计的源泉》（*The Sources of Modern Architecture and Design*，1968）也把水晶宫当作现代建筑的开篇之作，并称之为"19 世纪的试金石"。[21] 两位建筑史家分别在东西两方，但他们都视科技的进步，尤其是工业化和钢材料与钢结构的出现为现代建筑的主要特征，这一观点使他们在现代主义起始这一问题上获得了共同认识。

1978 年完稿的《新建筑与流派》一书是童寯有关西方现代建筑发展的最重要的著作（图 7-2）。该书的叙述以工业革命为开端，既延续了他自己视技术和材料为建筑发展的动力的一贯认识，也与佩夫斯纳有关现代建筑历史的论述角度颇为一致。在名作的介绍方面，童非常强调建筑的结构和材料，也即建筑外观造型的来源和内在逻辑。如他在介绍柯布西耶的著名作品朗香教堂（The Chapel of Notre Dame du Haut，Ronchamp，1954）时写道：[22]

结构用钢筋水泥支柱，砌毛石幕墙，粗犷水泥盖面；上覆双层钢筋水泥薄板屋顶。屋顶、地坪、墙身多作斜线曲面形。屋檐与墙顶有一条空隙隔开，形成横窗，使屋顶似乎漂浮上空。屋檐向上翻卷，可使院内布道声音反射给听众。这教堂各部分尺寸都由模度决定。柯布西耶把这得意建筑视为掌上明珠。造型首次冲破他在战前惯用的机械几何直角而用大量曲线，手法近乎古拙。这也不是突然决定而是来源于 1928 年柯布西埃与奥赞方纯洁画派的抽象造型，作为新表现主义作品。

图 7-2　童寯《新建筑与流派》（北京：中国建筑工业出版社，1980 年初版）封面

这里童寯着重介绍了朗香教堂的结构和材料，却没有特别强调那设计独特并颇具神秘感的室内空间。而在介绍柯布西耶的另一件著名作品萨伏伊别墅（Villa Savoie，Poissy，1928-1930）时，他仅仅强调了它对柯氏在《走向新建筑》一书中所归纳的现代建筑五特点的表现，而没有进一步介绍这栋建筑所体现的新的空间概念，即吉迪安在《空间、时间和建筑》一书所提出的"空间 - 时间"一体概念和他对萨伏伊别墅的赞扬——"一个在空间 - 时间中的营造"。[23] 同样，他在介绍赖特（Frank L. Wright）的名作鲁比住宅（The Frederick C. Robie House，Chicago，1908-1910）与落泉庄（Fallingwater，Bear Run，1934）时看重的也是二者所大胆采用的悬臂结构，而对两件作品在空间设计方面的创新却未置一词。

重视现代建筑的结构技术而"忽视"空间问题或许是因为童寯并没有机会考察和体验这些建筑的内部，不过更为根本的原因应该还是他在介绍现代主义建筑时所采取的一种取舍态度。如前文所述，童寯的建筑思想与宾夕法尼亚大学的克瑞所推崇的结构理性主义思想有很大关联。这种结构理性主义的观点在童的校友梁思成的中国建筑史写作之中有十分明显的表现，[24] 因此，童对现代主义建筑的介绍偏重于材料结构也就不难理解。此外，1949 年以后，中国建筑界在历史写作方面对马克思主义唯物主义的重视和强调也是一个不容忽视的原因。按照这种史观，生产力和经济基础是历史发展的主要动力。刘敦桢主编并于 1964 年完成的《中国古代建筑史》一书就曾试图体现当时这一正统的历史思想。[25] 童以建筑科技的进步而不是空间观念的进步为现代建筑起源的观点便与唯物史观相符。

在近现代建筑史上还有一些重要思想，如花园新城理念，芬兰杰出的现代主义建筑师奥托作品的"民族特点"，"新建筑后期"所主张的"联系历史并注意与地方特色相协调"，[26]《新建筑与流派》虽对之有所提及，却并没有深入讨论。童在介绍外国近现代建筑时的这种取舍态度很可能还与他对中国建筑现实需要的认识有关。20世纪 30 年代，童寯曾以建筑的"科学观"批判当时中国建筑中他

所认为的保守倾向。在"文化大革命"期间，他又用这一观点反对
极左思想和强调建筑阶级属性的"社会观"对于介绍和研究西方现
代建筑的压制。他在 1970 年 11 月写成的"应该怎样对待西方建筑"
一文中说：

> 我们批判崇洋思想，其要害在于'崇'，不在于'洋'。必须认
> 为：尽管西方建筑是为资本主义服务，掌握在资产阶级手中，追求
> 利润，剥削劳动人民；尽管设计思想有时故弄玄虚，尽情求享受，
> 追求个人名利，为设计人自己树立纪念碑，这种种无疑应加以批判，
> 但西方建筑技术中的结构计算，构造施工和设计法则等等，虽也夹
> 杂一些烦琐哲学，空谈浮夸，绝大部分还是科学的，正确的，而应
> 该予以肯定。[27]

在这篇文章中他列举了西方建筑结构力学、现代钢铁和玻璃等
材料、钢筋混凝土结构、薄壳结构、三角屋架、功能布局、建筑类型、
建筑设备、施工仪器、图式几何等 15 个方面的优点，指出它们对
中国来说"可以接受、应该学习。"

童寯还在 1979 年完成了专著《近百年西方建筑史》并在
1982-1983 年间发表了长文"建筑科技沿革"。[28] 在《近百年西方
建筑史》的结尾，他继续以科技的发展作为衡量建筑进步的标准展
望"现代建筑发展方向"。在他看来，这些方向就是"大跨度大空
间"、"薄壳"、"球体网架"、"拖车住宅"、"抽斗式住宅"、"张网结构"
和"充气结构"。[29] 而在"建筑科技沿革"一文的前言里他还强调说，
西方对于建筑三要素中的"坚固"问题有着久远的探求，至今已达
很高的科学水平。建筑设计、结构和设备三个专业应该互相重视并
合作，而新的结构技术还有助于节约资源。这些思想既包括了他从
科学观的角度对于学科发展的展望，也体现了他对于正处于工业化
初期的中国建筑现代化程度的判断以及它所要面对的现实问题的深
切关注。

童寯对外国近现代建筑的研究还包括日本。1983 年他出版了

《日本近现代建筑》一书。在介绍日本建筑现代化的过程时，他也触及了一个对于中国建筑具有重要意义的问题，这就是传统与革新的关系。他在前言中说，日本现代建筑"利用钢筋水泥可塑性，形成屋顶微妙曲线和传统形式呼应，在结构上显出露明梁头和发挥抗震特点，建立日本独特风格。"他最后说："在现代建筑的创作中，我国能从日本得到很多启发；但在共同追求先进目标，摸索东方民族风格道途中，也不应忘记英国史学家汤因比近来所警告的'西方文明本身就埋下自戕种子'，而要有选择地对待西方的成就。"[30] 总之，通过介绍日本建筑，童为当时正在努力探索建筑的民族风格的中国建筑师指出了一个目标，这就是材料、结构与造型的统一。

除作品之外，童寯还是同辈中少有的一位明确用文字宣传现代主义建筑，反对他所认为的中国现代建筑中的保守主义的建筑师。1941 年他在《战国策》杂志上发表了"中国建筑的特点"一文。针对中国近代以来一种用钢筋混凝土材料仿造古代建筑风格的"古典复兴式"设计方法，他在结尾质疑说：[31]

以上中国建筑的几个特点，是否也是其优点呢？无疑的，在近代科学发达以前，中国建筑确实有其颠扑不破的地位，惟自钢铁水泥盛行，而且可以精密计算使其经济合用，中国建筑的优点都变成弱点。木材不能防火耐震抗炸，根本就不适用现代。中国式屋顶虽美观，但若拿钢骨水泥来支撑若干曲线，就不合先民创造之旨，倒不如做平屋面，副[附]带的生出一片平台地面。我们还需要彩画吗。钢骨水泥是耐久的东西，彩画是容易剥落的东西，何必在金身上贴膏药？……中国建筑今后只能作世界建筑一部分，就像中国制造的轮船火车与他国制造的一样，并不必有根本不相同之点。物质文明在不停的进化，……因此以后建筑物的权衡尺码，恐又要改观。

1945 年 10 月童寯又在"我国公共建筑外观的检讨"一文中重申了上述观点。他说：[32]

中国木作制度和钢铁水泥做法，唯一相似之点，即两者的结构原则，均属架子式而非箱子式，惟木架与钢架的经济跨度相比，开间可差一半，因此一切用料均衡，均不相同。拿钢骨水泥来模仿宫殿梁柱屋架，单就用料尺寸浪费一项，已不可为训，何况水泥梁柱已足，又加油漆彩画。平台屋面已足，又加筒瓦屋檐。这实不可谓为合理。

在"中国建筑的特点"一文中，童寯还批评了当时以大屋顶为特征的"中国式"现代建筑。他说："以官殿的瓦顶，罩一座几层钢筋水泥铁窗的墙壁，无异穿西装戴红顶花翎，后垂发辫，其不伦不类，殊可发噱。"无独有偶，童在另一篇题为"建筑艺术纪实"的文章中更毫不留情地将所谓的"复兴式"建筑贬称为"辫子建筑艺术"。[33] 童的这段话值得注意，是因为他本人出身满族，在此他竟然以近乎嘲讽的态度视满族的官服和发式为落后的象征。对比辛亥革命后他在剪辫一事上的固执和此时的反叛，这一变化就不可谓不大。

童寯曾在 1930 年的一篇教学笔记中这样写道：[34]

现今建筑之趋势，为脱离古典与国界之限制，而成一于 [与] 时代密切关系之有机体。科学之发明，交通之便利，思想之开展，成见之消灭，俱足使全世界上 [之] 建筑逐渐失去其历史与地理之特征。今后之建筑史，殆仅随机械之进步，而作体式之变迁，无复东西、中外之分。

中国近代建筑史学者王敏颖认为，童的这一思想反映出他对于"建筑普世化"（architectural universalization）的信奉，即他认为现代建筑将最终消除历史和地理的差异。[35] 王所说的"普世化"也就是全球化或世界主义，它表明童对于一种建筑的发展趋势所抱有的积极态度。而从立论的基础来看，我们又可以把童的观点称为建筑的"科学观"或"时代观"，如他在这些文章中的基本立论都观目标的信息来源又是什么。他的日记虽然提到了斯图加特火车站等个别被希氏著作用作插图的建筑，但所记他看到的其他参观对象大都不见于该书，显然他并没有以这本现代建筑经典作为导游。不过，日记确实显示，他是带着极大的兴趣，甚至常常是专程去探访一些现代新作的。童的欧洲之行对他的日后创作有何影响也是一个引人思考的问题。如他 1933 年在设计资源委员会南京地质矿产陈列馆的外墙时将面砖间隔凸出，从而使墙面具有图案性且又有丰富的光影效果，不知这一手法是否借鉴了"砖工很精致"的阿姆斯特丹新建筑，抑或 20 世纪 20 年代以后在德国出现的"砖表现主义"（Brick Expressionism, Backsteinexpressionismus）建筑。又如他在 1933 年为大上海大戏院的观众厅设计了平行光带天花，其效果就令人想到他在 1930 年 6 月 2 日的日记里记下的一座鹿特丹现代剧院，他说："剧院很棒，天花是很长的平行光带，可以依次由红、蓝色光进行照明。"[18]

二、外国近现代建筑史研究

童寯也是最早开始研究外国近现代建筑的中国建筑师。注重现代建筑所体现的科技进步和对中国的意义是他的研究最突出的特点。不仅如此，他还是同辈中少有的一位明确用文字宣传现代主义建筑、反对他所认为的中国现代建筑中的保守主义的建筑师。

童寯对西方现代建筑的初始研究可以追溯到抗日战争爆发之前。有记载表明，早在 1936 年 4 月 16 日，他就在正于上海举办的中国建筑展览会上作过题为"现代建筑"的讲演。[19] 受意识形态影响，中国建筑学会的核心刊物《建筑学报》在 20 世纪 60 年代以后发表的文章大多关于工业厂房、社区规划和住宅设计，而有关国外建筑的介绍仅局限于与中国友好的亚洲和拉美国家。童则在 1964 年写成了"近百年新建筑代表作（资本主义社会）"一文，向系内的师生介绍西方的现代建筑。[20] 对比当时中国建筑界的主导性话语，后人便不难看出童在介绍西方"资本主义社会"现代建筑时所具有的是，科学技术是建筑发展的基础，随着时代的进步，建筑的功能、材料和结构都发生了变化，所以建筑的形式也必须随之变化。[36] 他在"中国建筑的特点"一文最后使用的"进化"一词格外重要，因为这个在今天已经近乎俗语的词在 20 世纪初却代表了中国一个颇具革命性的思想。1898 年，由严复翻译的赫胥黎所著《天演论》在中国问世，它所阐明的"物竞天择，适者生存"的进化论思想曾给中国人"一种当头棒喝"，[37] 一切有识之士都不得不把中国的传统与西方的近代文明放在"优胜劣汰"的天平上衡量。童寯从小学起开始接受新式教育，青年时期到天津新学书院进修英文，后又入清华学校接受留美预备教育，继而留学美国、环游欧洲。必定是对西方文明的了解和对进化论思想的服膺使他能够站在文明进化的立场，顺应时代的发展，最终接受清王朝垮台的现实，甚至不再认同满族固有习俗。对时代的认同和对科学技术的强调也使他能够在专业中倡导现代主义，毫不隐讳地批判民国政府提倡的"中国固有式"建筑。

三、个人 / 无政府主义影响

在后人与学生的回忆中，童寯以严肃、严格，甚至令人难以亲近著称。外表的冷峻对应的是他内心的孤傲，这一性格早在童 25 岁时所写《过洋日记》中就有所流露。如他写道："船上大约有 150 名中国人，其中有十几名妇女。感谢上帝我没有被介绍给她们其中任何一位，她们出国没有任何目的。""这样的海上生活必然是现实的，而且也是虚假的。我对这里的每件事情都感到厌烦。如果不是感到孤独，就是感到无聊。""吸烟室变成了一间赌博室。我们的学生一边叼着烟卷，一边搓着麻将。我远远躲在监护办公室里，把他们画下来。"[38] 这些叙述体现出童在空间场景上与周围人们的分离与拒绝认同，而他永远是一位远离中心、目光冷峻的旁观者；在更多情况下他的旁观还表现出他男权主义的立场。[39]

童寯 1930 年的《旅欧日记》内还有多处他对欧洲建筑、雕刻、绘画、戏剧、音乐，以及人和事的品评。其中最引人注意的是他在佛罗伦萨看到米开朗琪罗的著名雕刻"大卫"之后，竟然毫不客气地说"大卫除了它很大，而且有力，没什么特别之处。"[40]在他德国之行的日记中还有这样的话："奥斯瓦尔德·斯宾格勒（按：即Oswald Arnold Gottfried Spengler，德国著名历史哲学家、文化史学家及政治作家）必定很容易见到，因为 R.S. 递上一封自荐信并且见了一面。……我宁愿不去见他。这种会面又能怎样？如果他太伟大，我们将不会理解他。如果他一点也不伟大，最好等他来见我们。一个人没有必要仅仅因为好奇而去打扰另一个人。"[41]这些反权威的话语显现出了童的极其自信甚至孤傲。

　　童的这一性格与他的成长环境和成长经历不无关系。他出生于一个传统文人兼官僚家庭。父亲恩格是家中的独子，也是家族中第一位读书人，他曾经以奉天府廪生资格考取岁贡，殿试为二等十一名进士，钦点七品。归乡后，他先后担任了"功学所"所长、女子师范学校校长和省教育厅长。[42]这样的身份和地位使恩格不仅充当了一个传统伦理、礼教和文化精神的代表，还充当了一个家庭，一个女性世界，甚至一个社会中更多家庭的权威。[43]童寯是家中的长子，他严肃和严格的品性就令人追想到他的父亲曾经担当的家庭和社会角色。

　　"文化大革命"期间，童寯曾"自我批评"说："我解放前最大问题：我是一个十足的个人主义者。不管别人，不闻外事，'独善其身'。求学时是这样，毕业后工作也是这样。"[44]在 20 世纪 50 年代以后中国的政治语境中，"个人主义"曾是与国家和政府所提倡的集体主义和共产主义相反动的思想。它曾被等同于自私自利，甚至损人利己。但是童寯并非如此。——"九一八"事变后，他曾经为因东北大学倒闭而失学的学生们进关逃难而慷慨解囊，又在自己事务所工作之余义务为他们补课；他还将建筑系部分图书资料带在身边，妥善保管，直至复校后将它们完璧归赵。[45]

　　童寯"个人主义"的核心内容是"独善其身"，它代表了近代以来一种反抗专制以及集权束缚和压迫的意识。1915 年新文化运动的主将陈独秀曾在《新青年》杂志创刊号上发表"敬告青年"一文，阐述其著名的"青年六义"，其中第一条就是"自主的而非奴隶的"。他说："我有手足，自谋温饱；我有口舌，自陈好恶；我有心思，自崇所信；绝不认他人之越俎，亦不应主我而奴他人。"[46]这一时期盛行于 19 世纪后半期的欧洲的无政府主义（Anarchism，曾译作"安那其主义"）也伴随着中国的反帝制革命传入中国。无政府主义的基本主张是：相信智识完备和人格健全的个人是现代社会的基础，反对一切权力与权威，否认一切国家政权与社会组织形式，主张绝对的个人自由，所谓"人宜自治而不肯被治于人"，"人贵为主，他人来主我者何为？"（张继《无政府党之精神》），要求建立无命令、无权利、无服从与无制裁的"无政府"社会。[47]在个人层面上，无政府主义强调个人作为社会的最基本要素和社会改造的原点，追求独立、平等和自由的人格；在社会层面上，它反对政府的管治，提倡志同道合者之间的互助。在价值观方面，无政府主义者相信科学的公理，而反对种种政治的和宗教的权威。无政府主义思想是近代中国反封建、反专制的一个武器。

童寯的青年时代适逢这一思潮在中国兴盛之时。这种主张在他身上也有很多的体现，如他不入政党，不奉宗教，甚至不坐人力车轿。[48]据他在"文革"中写的"交代"材料，除同学会和专业学会之外，他唯一加入过的社会团体是"曦社"——一个中国留美学生仿照美国大学兄弟会的组织。尽管在当时的政治环境中他不得不说曦社的目的是"在社会上互相拉拢关系，介绍职务，增加个人活动能力和剥削范围，作为反动统治的帮凶"，[49]但对美国文化稍有了解的人都会知道，"曦社"的美国样板就是北美学生组织最大的之一——SAE 兄弟会（Sigma Alpha Epsilon）。该会1856 年首创于阿拉巴马大学，目标是以"真君子"或"真正的绅士"（The True Gentleman）理念，"为成员促成最高标准的友谊、学术和服务。"作为入会的礼仪，新会员需要记诵"真君子"定义："就是那样一种人，他行出善意，举止端庄，永远稳重自持；他不令他人形秽，亦不令穷者窘，卑者微，困者沮；他以谦获敬，既不骄矜自夸，亦不趋炎附势；他话语率诚而同情，言行一致；他体贴他人而不非专注自我，且在任何场合都行止得体。真君子就是这样一种人，荣誉在他得神圣，美德在他得佑护。"[50] 显然，这个"真君子"的标准也与无政府主义的人生观颇为一致。加入"曦社"表明了童做一名"真君子"的愿望，以及独立人格和自由精神的强烈追求。

尽管建筑师职业的服务性质使得建筑师必须重视社会关系，而童寯也需尽量保持"人缘"，[51] 但在事务所里，他主要负责技术性的设计工作而不是需要经常交际应酬的业务承揽。[52] 孤傲的性格和对于独立人格的追求使他对唐柳宗元在《梓人传》一文中所道出的"梓人"的职业操守极为赞同。晚年的他曾将这篇文章指定为自己的研究生的必读材料，不仅作为一种古文训练，而且也作为一种人品教育。[53]

1952 年后，政府进行公私合营，取消了自由建筑师职业，而在设计方针上又提倡"社会主义内容，民族形式"，这些都与童所坚持的职业自由性和设计理念的现代性相违背。《梓人传》或可视为在新的政治环境之下，童下决心离开建筑设计领域而转入教育领域，并谢绝梁思成来自首都的邀请，"悠尔而去，不屈吾道"的自我明志。[54] 也正是出于对一种理念的坚持，他会批评日本现代建筑元老村野藤吾。对于村野在大阪新歌舞伎座（1959）设计中因屈从使用者要求而采用"帝冠"风格和传统装饰，童寯说，这是"把平生抱负付之东流，而丧失一贯的信念。"[55]

孤傲的性格和对于独立人格的追求也必定是童寯在反对建筑中的保守主义、提倡现代主义的同时，又能够认同中国传统的士精神和士文化的一个原因。他的一些遗诗就从一个侧面反映了他的文人气质和理想。1937 年日本侵华战争全面爆发，华盖建筑事务所不得不在西南后方开辟新的业务，童寯也因此于 1940 年至 1944 年滞留贵州。其间，他在业余与一些友人多有诗词唱和，留下了诗集《西南吟草》。[56] 诗集封面由黄竹坪题签，内容为童寯毛笔手书。包括封面，诗集原有 17 页，其中第 17 页为 5 首诗的草稿或原抄稿，而 9、10 两页已失，所以正文尚存 14 页。全集共有诗 41 首，童本人的作品占 15 首。他的这些诗表达了对战争胜利的憧憬，[57] 对妻子的思念，[58] 以及对于朋友离散的伤感，[59] 但更多的是他在一个动乱的时代里远离尘嚣、寄情山水，对于诗书耕读、渔樵江渚生活的向往。如：

扁舟不系亦生涯，愿据高枝饱露华。孰令成名看竖子，宁为谋利问盈赊。知农悔较知书晚，遣兴年来解爱花。归计满怀催鬓老，烽烟何处好为家。（和淦芝湄潭寄省）（约 1942 年）

肥马轻车不羡人，山中风雨最关情。芒鞋破伞花溪路，版筑声中已半生。（和淦芝湄潭寄省）（约 1942 年）

南明碧色透柴扉，十里江流罢钓归。邻叟力田加麦饭，村姑汲水浣寒衣。尘扬隔岸驹争还，香惹穿花蝶乱飞。几度五湖为范蠡，不如高卧旧渔矶。（敬第兄避兵祥河，得郡城负郭河边基地，邀予小为区划，鸠工庀材，朝夕经营，新居落成，爰涂鸦奉赠，并占即景一律，壬午冬）（1942 年冬）

愁城未破入书城，唱和声杂板筑声。远客思家畏路断，老农盼雨喜云生。丹青小试因山绿，膏火迟煎赖月明。何日归乡为钓叟，莼鲈斗酒一舟轻。（癸未春题萧庆云兄画）（1943 年春）

为避兵戈留夜郎，恣情山水益猖狂。好游兼有丹青癖，不计芒鞋路短长。某夕乘兴过书肆，若叟待沽砚一方。索金高至三百余，付钱未半已空囊。相约翌日备补足，抱砚归途意彷徨。晚食无策惟枵腹，顽石宁能饱饥肠。走过屠门唤奈何，始悔误识张驹昂。张君授我辨砚诀，此砚张君应谓良。入室案头得小柬，有人招宴饫高粱。（得砚歌，癸未未定草）（1943 年）（图 7-3）

作为教师，晚年的童寯还试图用中国传统的士精神和士文化去教育、影响自己的学生。除《梓人传》外，他为研究生指定的古文名篇还有《马援诫兄子严敦书》、《圬者王承福传》、《种树郭橐驼传》，以及《兰亭集序》、《归去来辞》、《桃花源记》、《滕王阁序》、

图 7-3　童寯"得砚歌"手迹，
1943 年
来源：童寯《西南吟草》，童
明藏。

《陋室铭》、《阿房宫赋》、《岳阳楼记》和《醉翁亭记》。[60] 它们不仅
代表了童的职业准则，还体现了童严谨自守、淡泊高远、重义乐道
的人格理想。

　　反映童寯文人气质和理想的还有他的中国画作。1933 年至
1937 年，就在他创作了大量现代风格的建筑的同时，他开始师事
汤涤，潜心学习中国画。据胡佩衡，汤涤（1878/1879-1948）"字
定之，小字丁子，号乐孙，亦号太平湖客，双于道人，武进（今江
苏常州）人。清季名画家贻汾曾孙。山水学李流芳，以气韵清幽见
重于世。又善墨梅、竹、兰、松、柏，用笔古雅，自成一家。书法
隶、行并佳，题画字与画笔相调和。善相人之术，自谓生平相法第一，
诗第二，隶书第三，画第四。在北京画界任导师多年，晚寓上海。"[61]
由此可见，汤画延续了宋元以来中国文人画的传统，即强调诗书画
的统一，风格的古雅，题材上对于士大夫品格的象征以及一种对于
出世思想的表现。童寯对中国画的审美与汤涤颇为相似。"文化大
革命"期间，他曾"自我剖析"说："至于我的个人主义，倒不是

图 7-4　童寯：水墨山水图（稿？），1978 年 6 月 12 日。画上的引首章印文为"童寯建筑师"，压角章印文为"言不在画"
来源：童明提供。

为名为利，而是比名利更自私的个人主义；是放在名利上的，名利之外的'遗世独立'，'孤芳自赏'，'落落寡合'，'不随流俗'等的资产阶级知识分子所视为评定人格的标准。为名为利的个人主义还是入世的，不能离开群众；而不为名利的个人主义则是超然的，脱离群众的。……我的逃名鄙利思想是由欣赏元朝绘画和晚明文学而来。……这是当时士大夫的风气。"[62] 他特别提到倪瓒的山水画，"从来不见一人，只二三棵枯树，几块乱石，有时加一亭子"，并说"我就是陶醉于这种画中的人。"[63]

童寯的中国画作传世不多，1978 年他为友人林同济所画的一幅山水图是他少数遗作中的一件（图 7-4）。林（1906-1980）是中国现代史上一位重要的政论家和学者。他出生著名的福州东瀚镇林家，其曾祖、祖父均为清朝进士，并任知县。父亲曾任北洋政府大理院和南京政府最高法院的法官，母亲也出身于福州望族。其堂叔林澍民为中国近代著名建筑师，林斯登为著名地质学家，同辈中还有林同骅、林同棪、林同骥、林同奇等，均为著名的科学家和学者。林本人 1926 年从清华学校毕业后赴美留学，初在密歇根大学学习国际关系和西方文学史，1933 年获得加州大学伯克利分校政治学博士学位，归国后任教于南开大学和复旦大学等校。为了表示对中国文化发展的态度及积极的入世精神，以古代的谋臣或策士自诩，1940 年他与云南大学、西南联大的教授陈铨、雷海宗、贺麟，以及何永佶、朱光潜、费孝通、沈从文、曾昭抡等 26 位"特约执笔人"在昆明共同创办了旨在重建中国文化的《战国策》半月刊，抨击官僚传统、检讨国民性、提倡民族文学运动。这些作者也因此被称为"战国策派"。林曾将中国古代的"士"分为"大夫士"和"士大夫"两类。他们的人格互异，后者受皇权专制的影响，崇尚功名、希冀闻达，而前者则是封建层级结构的产物，"以义为基本感觉而发挥为忠、敬、勇、死四位一体的中心人生观，来贯彻他们世业抱负、守职的恒心。"[64] 他同时十分崇拜尼采。在他心中，尼采的"超人"是一种"把宗教家'超于人'的高度认合于道德家'入于世'的热力，再透过苏格拉底以前希腊异教的自卫精神，唯美精神，而烧烤出他心目中所独有的理想人格型"。[65] 1949 年以后他转向研究莎士比亚和李贺。由于性格直率，1958 年林被打成"右派"，继而又在"文化大革命"中受到迫害。[66]

　　童寯是林在清华学校时的室友，也是《战国策》杂志的 26 位"特约执笔人"之一。他的"中国建筑的特点"一文就发表在该刊 1941 年第 8 期。[67] 尽管 1949 年以后他与林分别在南京和上海工作，且林又因言获罪、身处逆境，但童并没有中断与他的交往，1964 年 5 月他还曾将自己的新著《江南园林志》寄赠于他。[68] 童的长孙回忆，1976 年"四人帮"被打倒后，林曾到南京探望童寯，这是二人自 1949 年以来的第一次见面。童以紧紧的拥抱欢迎这位尚未获得政治平反的老友，落座后又意味深长地背出了林肯的名言："You can fool all the people some of the time, and some of the people all the time, but you cannot fool all the people all the time."（汝可欺众人于有时，亦可欺有人于时时，然断无法欺众人于时时。）出于谨慎，二人不得不用英语，但兴致之高，他们的畅谈竟达两个宵旦。[69]

　　根据题记，童为林画的山水图作于 1978 年 6 月 12 日。该画采用的是挂轴式的竖向构图，强调了山水景色的高远和深远效果。画中的远景是一座孤立峻拔的峭壁，中景是自画面左侧斜出的几座山峰以及山谷中的瀑布和溪流，近景是掩映在古松之下和修竹丛中的房舍和房舍前的两个身着长袍的隐士，应该代表了画家自己与老友。整幅画墨色恬淡，而山势构图奇曲，又使画面充满动感。从用笔看，童画以雨点皴为主，与李流芳和汤涤擅长的披麻皴并不相同，但童所表现的出世思想却与两位文人画家异曲同工。他更在题记中表达了这一思想，他说："每当忆及早岁同舍同砚席诸彦鸿飞东西，良晤难再，感念无已。比游黄山，观始信峰，颇思结庐其下，餐霞饮露，嘲月吟风，时得良朋，觅句叩扉，流连话旧，岂非至乐？同济年兄想具同感，亦必笑可爱，戏涂其意以赠。丁巳长至前十日，亥末寯"

　　值得注意的是，童寯也是一位非常优秀的建筑水彩画家，他在 20 世纪 20 和 30 年代曾写生过大量中外建筑。不过 50 年代以后他便放弃了这方面的练习和创作。[70] 如果说西洋风格的水彩画要求画家去描绘现实景色，并常常需要在公众的注视下进行，那么中国传统山水画作为画家的"胸中丘壑"则使他可以更专注于自己内心理想和情感的表现，并在创作过程中避开外界的干扰。这些可能性正是童寯在生活中所希冀的，而他为林同济画的山水图也完成于"亥未"——一个夜阑人静的时刻。

　　李欧梵在讨论近代上海的中国作家时还曾指出，尽管他们都有很强的西化色彩，"但他们从不曾把自己视为、抑或因太过'洋化'而被视为洋奴。从他们的作品可以明显看出，尽管上海有着西方的殖民存在，但他们作为中国人的身份意识却从未出过问题。"[71] 他还认为，"正是因为他们那不容置疑的中国性，这些作家才能如此开放地拥抱西方现代性而不必畏惧被殖民化。"[72] 显然，童寯是一位能够开放地拥抱西方现代性而不惧被殖民化的中国建筑师。

四、中国传统园林研究

也正是在向汤涤学习中国画的时期，童寯在工作余暇开始了对于江南园林的系统调查和研究。他于 1936 年发表了自己第一篇关于中国园林的论文"中国园林——以江苏、浙江两省园林为主"，[73] 次年又完成了自己的第一部书稿《江南园林志》（图7-5）。[74] 今天中国建筑学界普遍认为，童是近现代研究中国古典园林的第一位建筑家。在笔者看来，更确切的说法或许应该是他在中国建筑师中首先重新"发现"了中国古典园林。这是因为，任何研究都起源于对于研究对象的特别关注，正是这种关注使得历史过往重新进入人们的视野而与当代产生了联系。人们或许很难想象，受教于以轴线构图为基础的西方学院派建筑传统，外表严肃、行为近乎刻板的童寯能够"心有戚戚焉"于以林泉山野著称的中国古典园林。那么童是如何"发现"中国古典园林的？他最初的研究动机是什么？刘敦桢在 1963 年为《江南园林志》所写的序言中说，童著书的动机是因为"目睹旧迹凋零，与乎富商巨贾恣意兴作，虑传统艺术行有澌灭之虞。"[75] 他的话无疑是想强调童作为一名爱国的知识分子在民族文化遗产面临毁灭时所表现出的社会责任感。然而，童并没有像刘本人以及梁思成那样研究同样有"澌灭之虞"的寺庙及宫殿等"官式"建筑。如同他为人的卓尔不群，他在学术上关注的也仅仅是一个当时中国学者中并无人介意的边缘领域，其中缘由便不能不令人追问。

事实上童寯天性上就对自然山水情有独钟。除了他在 40 年代所写的诗，他在 1930 年所写的"旅欧日记"中也有多处对于河流山水与自然环境的赞美描写。如他对英国剑桥这样评论说："这座小镇不如牛津那么漂亮。但是河流可以流经各个学院，许多如画的桥梁跨越其上，形成了一道有趣的风景。剑桥的学生们真幸福啊，他们可以躺在河岸的草坡上，谈论着天上的星星。"（326 页）而到德国后他又写道："沿着莱茵河的科隆夜景剪影非常壮丽，尽管轮廓有点粗糙。非常深的剪影加上单桅小船，还有下面的白色水滩，

图 7-5　童寯《江南园林志》（北京：中国工业出版社，1963 年初版）封面

真是太浪漫了。"（333-334 页）"乘船从波恩到科布伦茨，这是我
所知最美丽的航程。两岸的风景无与伦比，尤其是当月色升起时，
远方的螺塔和城堡的围墙笼罩于梦幻般的色彩之中。月亮在河水中
投下倩影，一艘航船或两朵紫色云彩，蓝色山脊，黑色丛林，橙色
水光。下午详细参观了七座山，以前从来没有见过如此完美融合的
景色。有如此之多的地方我想停下来画画。"（335 页）这些描写文
字优美，生动地表现出了童面对自然所获得的愉悦，也使人得以领
略童冷峻孤傲的外表之下那颇富诗情的内心。

在《中国现代文学与电影中的城市：空间、时间与性别构形》
一书中，中国现代文学和电影史家张英进曾指出，关于城市化，近
代中国曾经存在着两种截然对立的观点。一种视城市为光明的象征，
体现着启蒙、知识、自由、民主、科学、技术、民族国家，以及从
西方引进的所有观念；另一种视城市为黑暗的象征，体现着罪恶、
魔鬼、黑暗、污秽。持后者观点的人们则将乡村与快乐、人性、光明、
清新联系在一起，正如李大钊说："青年呵，速向农村去吧！日出
而作，日入而息……那炊烟锄影、鸡犬相闻的境界，才是你们安身
立命的地方呵！"[76] 张英进没有讨论介于城市与乡村之间的另一种
选择，它让中产阶级在享受城市的"光明"的同时又可以，哪怕只
是暂时，逃避它的"黑暗"，这就是郊游和旅行。事实上，20 世纪初，
中国城市化兴起的同时也是中国现代旅游文化蓬勃发展的时期。仅
以上海为例，1908 年开通的沪宁铁路和 1909 年开通的沪杭铁路都
促进了沿线的旅游。苏州的历史遗迹和庙观园林就是这一线路上旅
游的重要景点。[77] 民国成立以后，包括拙政园在内的一些苏州私家
园林已对公众开放，成为游人赏憩的公园，催生了游记文学、摄影、
写生、出版（杂志、指南书籍）、园林旅游和研究，关于一些园林
的游记或园记也见诸报刊。[78]

从 13 世纪开始，西方人就已经从《马可·波罗游记》中得
知中国皇帝在拥有蔬果湖沼的园林中生活，16、17 世纪又有传
教士和荷属东印度公司的使节在报告中描述中国园林。18 世纪以
来，受浪漫主义哲学与艺术思想影响，西方更出现了对于崇尚自

然的中国园林的赞美甚至模仿。英国宫廷建筑师钱伯斯（William Chambers，1723-1796）就是这方面的一位代表人物。除了为王太后主持过一座具有中国趣味的花园——邱园（Kew Gardens）的设计之外，他还出版了《中国建筑、家具、服装、机械和器物的设计》（*Designs of Chinese Buildings, Furniture, Dresses, Machines, and Utensils*，1757）和《东方造园艺术泛论》（*A Dissertation on Oriental Gardening*，1772）两部著作，介绍中国园林艺术。[79]

　　至 20 世纪 30 年代，又有一批中国文人学者加入了园林研究的行列。据建筑史家邱博舜考证，1931 年岭南大学中国文学系教授兼主任陈受颐（1899-1978）发表的"十八世纪欧洲之中国园林"一文是国内学界开始注意中国建筑文化、园林艺术对西方影响议题之先河。[80] 其主要贡献即在于建立了 18 世纪中国园林艺术传播欧洲的概观，对此传播的史实脉络及对欧洲（英、法、德）的影响，有精要的介绍。[81] 著名学者、英文《天下》月刊杂志（Tien Hsia Monthly）编辑林语堂把庭园看作是中国人生活态度的表现，即"与自然相调和"，所以他说："在中国人的概念中，居室与庭园不当作两个分立的个体，却视为整个组织的部分。"这些学者中还有传统学术出身的乐嘉藻，他在 1933 年出版的著作《中国建筑史》中专辟"园林"一章介绍园林在中国历史上的功能，以及自周至清各代皇家园林和私家园林的概况。

　　正是在这样一个大的文化和学术背景之下，童寯加入了对于中国传统园林的研究。他最初接触到的江南园林是上海豫园。1931年移居上海后不久，他在陪伴家人逛城隍庙时参观了这座名园。他的长孙说："他为这个不大的园子所震撼，那里的一切布置既令他心仪，又令他困惑。从此他便开始了对于园林的研究，并惊喜地发现沪宁沿线尚有许多私家园林。他很快认识到了它们巨大的建筑和文化价值。他作出计划，争取利用周日探访各园并进行测绘。"[82] 豫园创建于明嘉靖年间（1521 ～ 1566 年），占地 70 余亩，明代著名书画家董其昌曾写诗描述道："森梢嘉树成蹊径，突兀危峰出市廛。白水朱楼相掩映，中池方广成天镜。"园中的大假山更是一处胜观，据传出自著名叠山家张南阳之手。但入清以后豫园便逐渐破败并沦为城隍庙的庙园。庙内还有一个占地仅 2 亩的内园（又称东园），厅楼亭廊和山石池沼俱全。不过经过鸦片战争、小刀会起义之后，全园又相继被外国军队的兵营以及 21 个工商行会的公所占用。至民国时期，虽然故园的山石池沼犹在，但环境和景物已非，除内园外，其余大部已变为茶馆酒楼林立，商贩游人云集的庙市和商场。[83]

1932-1936 年华盖建筑事务所在苏州承接的工程又使童寯有机会接触到更具代表性的江南园林。根据苏州城乡建设档案馆档案，这些工程项目有：青年会大戏院（1932 年 6 月至 1933 年 2 月），铁瓶巷 50 号朱兰孙先生住宅（1935 年 4 月 2 日至 5 月 7 日），天锡庄景海女中校舍（1935 年 6 月至 1936 年 12 月）和景海女子师范学校礼堂（1936 年 2 月至 1939 年 1 月）。青年会大戏院的设计由童直接负责（图 7-6），[84] 该建筑地处玄妙观西，与拙政园、狮子林和留园等著名私家园林相距不远。[85]

我们可以想象童寯在"九一八"事变和相隔不久日军轰炸上海的"一二八"事变之后游览这些园林时的复杂心情：面对城隍庙攒动的人流，他或许会想到苏轼的"笑渐不闻声渐消，多情却被无情恼"，林升的"暖风熏得游人醉，直把杭州作汴州"，甚至杜牧的

图 7-6　华盖建筑事务所：苏州青年会大戏院（设计方案之一），苏州，1932-1933 年
来源：苏州城乡建设档案馆。从这一设计中可以看到童在 1933 年设计的大上海大戏院正立面的雏形。

"商女不知亡国恨，隔溪犹唱后庭花"。而漫步在那些颓败的私园里，他或许有杜甫般"感时花溅泪，恨别鸟惊心"的伤感，或许有司马迁般"低回留之而不忍去"的孤寂，还会有王羲之那样对于"事殊事异"的兴怀。当然，他还可能会有一种如欧阳修因"朝而往，暮而归，四时之景不同"而获得的无穷之乐和归属感。简言之，颓圮的私园难免令他触景生情，更加忧虑战乱之中的故土家园，并平添身在异乡的孤独。同时，封闭的园林空间或又可以使他"躲进小楼成一统"，暂时摆脱或忘却纷杂动乱的现实。所以他在 1937 年春为《江南园林志》所写的序言中写道："吾国旧式园林，有减无增。著者每入名园，低回嘘唏，忘饥永日，不胜众芳芜秽，美人迟暮之感。"同年，童又在"满洲园（按：即拙政园）"一文的开头说：

　　避开大城市喧闹的一种美妙方式是游赏苏州——一座以女性媚人和园林众多而享盛名的城市。……［拙政园］特别使我着迷，提及这名字对我就象一种神灵的召唤，在其宁谧的怀抱中悠闲地待上几个时辰，便是我的完美度假方式。我能无数次回到那里而毫不感到乏味，并非它每天能散发新的魅力。岁月磨砥的醇美和超脱沉浮后的安详，使这块迷人土地具有一种独特的宁静象征。[86]

　　两种表述情绪不同，语调也不同，但它们都流露出一种"遗世独立"和"不随流俗"的态度。笔者因此更倾向认为，是童寯内心中对于自然的眷恋和性格中孤傲的气质使他获得了对于江南的私家园林的空间环境的认同。

　　这种认同也使童寯对中国园林有了与钱伯斯不同的看法。出于浪漫主义美学对"惧畏感"（horror/awe）的重视，钱氏认为中国园林的景色给人三种体验，即愉悦（pleasing）、惧畏（horrid）和着迷（enchanted）。[87]童寯在自己的第一篇中国园林研究论文"中国园林——以江苏、浙江两省园林为主"中提到了钱氏的《东方造园泛论》，但不同于钱氏，童强调了中国园林的亲切感。他说：

中国园林旨在'迷人、喜人、悦人'（原文：to charm, to delight, to give pleasure），同时体现了某种障蔽之术。笔者无意说游人确知自己被障蔽。但一旦从游'园'而入'画'，他便不再感受到现世的烦扰。世界在他眼前敞开，诗铭唤起他的退想，美景诱发他的好奇。的确，每件景物都恰似出现在画中。一座中国园林就是一幅立体山水画，一幅写意的中国画。……中国园林不使游人生畏，而以温馨的魅力和缠绵拥抱他。[88]

《江南园林志》首志"造园"，次志"假山"，再志"沿革"，再次志"现状"，最后附"杂识"。作为总纲，"造园"一章实际是童寯园林审美思想的概括。他谈到布局之妙，"在虚实互映、大小对比，高下相称"，为园的三种境界依次是"疏密得宜，曲折尽致，眼前有景"。他还强调了植物的重要性，"园林无花木则无生气"，他还赞同计成所说"旧园妙于翻造，自然古木繁花"，因为"屋宇苍古，绿荫掩映，均不可立期。"他继而谈到了园林屋宇，认为它们"方之宫殿庙堂，实为富有自由性之结构。"对于围墙，他欣赏"式样变幻"，墙洞外廊"任意驰放，不受制于规律"，漏窗能以日光转移而"尤增意外趣"。而铺地则能"形状颜色，变幻无穷，[材料]信手拈来，都成妙谛。"[89]他反对墙因嵌砖刻人物而"欠雅致"，也反对镶琉璃竹节或花砖而"难免俗"。

正是因为强调自然变化与古朴，童在"现状"一章里将拙政园列于苏州园林的首位。拙政园为明御史王献臣故宅，清初曾归礼部尚书陈之遴，再归吴三桂婿王永宁。这里除亭台栏榭、荷塘假山之外，还有文徵明手植藤、远香堂、"小飞虹"桥、枇杷园、九曲桥、画舫、吴伟业（梅村）所书《山茶歌》、翁方纲所书"鹅"字、沈德潜（归愚）所撰《复园记》等著名景点。[90]20世纪20年代后期拙政园被用作顺直会馆，所以又称"满洲园"，但已荒废，残破不堪，改由市政府接收。相对于留园的"壮丽"和怡园的"清逸"，[91]拙政园则以其朴野吸引着文人墨客。1925年南社诗人胡石予曾说："余客吴门十有九年矣，每过此辄徘徊而不欲遽去。城内外诸名园，当首推是。顾游人绝少，殆僻处东北隅故。抑以其荒率耶？余以是园佳处，正在荒率有山野气。……草木蒙茸，丘壑天然，不雕不斫。"[92] 童寯显然怀有同样的审美，所以他说："惟谈园林之苍古者，咸推拙政。今虽狐鼠穿屋，藓苔蔽路，而山池天然，丹青淡剥，反觉逸趣横生。……爱拙政园者，遂宁保其半老风姿，不期其重修翻造。"[93]

　　童寯还在全书最后的"杂识"一章里引用文献进一步佐证他的园林审美。其中有《红楼梦》中贾宝玉的话："古人云天然图画四字，正畏非其地而强为其地，非其山而强为其山。即百般精巧，终不相宜。"袁学澜在《吴中双塔影园记》中所说的"今余之园，无雕镂之饰，质朴而已；鲜轮奂之美，清寂而已。"李渔所说的"未有真境之为所欲为，能出幻境纵横之上者"，还有庄子所说的"覆杯水于坳堂之上，则芥为之舟"，以及晋简文帝所说的"会心处不必在远，翳然林木，便自有濠濮间想"等。童寯的中国园林审美远追庄周、王维，近趋李渔、计成，体现了中国文化中的出世思想。如果说在 20 世纪 30 年代以梁思成和刘敦桢为代表的中国营造学社研究者们首先关注到的是以宫殿和寺庙为代表的官式建筑和它们所体现的中国古代建筑法式，那么童寯则在中国现代建筑家中最先发现了古典园林所体现的中国文人建筑的美学追求。[94]

　　需要指出的是，虽然身为一名建筑师，童寯《江南园林志》的写作关注的却不是传统园林与当下创作的关系，而是它们的审美、相关的叠石技艺、历史沿革和重要遗存。虽然童接受的是西方学院派建筑学教育，这本书关注的却不是法式而是"不拘泥于法式"。[95] 虽然童追求的是建筑的现代主义，但是他却并没有从现代建筑的角度对中国园林进行解释和阐发，尽管他已经注意到了中国园林空间的疏密曲折和"眼前有景"等特点。更重要的是，虽然该书出自一名接受过全面现代教育，熟谙西方文化甚至语言传统的学者之手，并且配有按照现代建筑学标准绘制的平面测绘图和摄影插图，但它的写作在体例上更接近中国传统文人的笔记、丛谈和杂录而不是严格西方经院传统的论文或论著；在文辞上是清代前期讲求义理、考据和辞章的"桐城派"古文风格而不是 20 世纪新文化运动所提倡的白话文，[96] 甚至作者为书名选用的字体都是古雅的小篆而不是现代的印刷体。除此之外，他在相关著作中还常常加写一些中国文人们的逸事，如晋王子敬（献之）游顾辟疆园、元倪瓒赏荷，以及明文徵明手植藤。总之，《江南园林志》和童寯其他有关中国园林的文章更多地体现的是他对于一种中国文人传统的认同和追慕，这种传统见之于魏晋《世说新语》、元朝绘画、明清江南园林和文学，而他所追求的独立人格就与这种传统若合一契。

《江南园林志》的书稿完成后由刘敦桢介绍，拟交中国营造学社刊行。但排印方始，日本侵华战争爆发，学社南迁，书稿的文字图片也因保存地点遭遇水灾而致模糊难辨。1940 年学社将原稿归还童寯。直至中华人民共和国成立，1953 年刘创办中国建筑研究室，才又有机会促请童将旧稿重新移录付印。尽管此时中国园林研究已经成为一门"显学"，更有一些学者试图运用西方现代建筑的最新概念解释中国园林的设计，[97] 童寯却无意去更新自己这部旧作的观点甚至文言文字。所幸 1959 年 5 月建筑工程部主持召开"住宅建设标准及建筑艺术座谈会"之后，全国范围的建筑思想又得以活跃，1961 年 3 月《建筑学报》还发表了题为"开展百家争鸣，繁荣建筑创作"的社论；1962 年 3 月，副总理陈毅在全国科学工作会议上讲话，给知识分子行"脱帽礼"，即摘掉"资产阶级知识分子"的帽子，肯定为"人民的知识分子"和"为无产阶级服务的脑力劳动者"。[98] 这一切都活跃了当时的出版环境。刘敦桢也不无苦心地为这部书写了序言，——他不仅尽力论证了这部旧著在新社会的意义，还试图去抬高作者的"政治觉悟"。[99] 该书终于在 1963 年获得正式出版。

1952 年以后童寯放弃了建筑设计职业而改从教学，以一名建筑教师的学识替换了他在建筑设计上的"技术"。他后半生的大部分时光都在两点一线中度过，——他在 1940 年代为自己设计的住宅和工作所在的南京工学院，以及二者之间的一条 2 公里的路。建筑系图书室的一套桌椅和家中起居室靠窗的一个躺椅是他在这两个

图 7-7　喻维国摄：童寯像，1982 年夏
来源：杨永生、明连生编《建筑四杰——刘敦桢、童寯、梁思成、杨廷宝》（北京：中国建筑工业出版社，1998 年），24 页。

空间中的个人领域。在学校陪伴他的是书，在家里，除了家人和书外，他还有一只猫、一台留声机和庭院中四季常青的花草树木。一张摄于 1982 年夏天的照片可能是他辞世之前留下的最后一帧影像。照片中的童寯表情依然严肃——他身着无领短衫，胸襟半敞，脊背微驼，孑立于庭院内种植的瓜果前。摄影者说，此情此景，令他想到了东篱采菊的陶渊明（图 7-7）。[100]

　　人们也记得他出现在公共场合的一些情景：那是在教室里给学生的妙手改图，"文革"中面无表情地跳"忠字舞"、背语录，"文革"后带着孙子看卓别林电影时的哈哈大笑，还有他在 1979 年出席南京金陵饭店的方案审查会。后者对于熟悉他的人来说是一个异乎寻常的举动。面对这个当时颇有争议的现代主义风格方案，他旗帜鲜明地说："这是第一流设计。"[101] 这就是童寯，一位一生都处在中国现代转型的动荡与矛盾之中的满族建筑家和知识分子。他用自己的作品、著作，乃至人生表明了自己对于彷徨于历史与现实、东方与西方的冲突中的中国建筑和一个中国人的现代化目标的认识。终其一生，童寯没有放弃自己的世界主义的世界观和对于建筑的科学性与时代性的追求，更没有放弃对于一种体现为独立人格的士精神的追求。他用建筑的科学性和时代性抵制中国现代建筑中他所认为的保守主义，又凭士精神默默抗拒着来自社会和现实的种种动荡和专制压迫，坚持了自己在专业上的理念。

　　当童寯的宾大校友梁思成和林徽因从结构理性主义的角度证明唐宋建筑优于明清建筑之时，他们或许尚未意识，这一论断实际已经违背了自己捍卫中国建筑的民族主义初衷。——试想如果宋朝以后中国建筑开始衰落，那么明清时期东亚建筑的代表何在？这或许正是日本建筑家伊东忠太亟待向世人解释的问题。[102] 回溯中国建筑的史学史，我们则可以清楚地看到童寯研究的意义。这就是在广泛地了解世界建筑发展潮流的同时，也更多元地认识中国自身的建筑传统，将中国营造学社从结构技术角度对中国建筑的研究引向了空间和环境体验，从而更加全面地评价明清建筑的成就。

中国建筑师自登上历史舞台起就不断探寻现代中国建筑之路，童寯的研究无疑为他们的努力提供了新的借鉴。20 世纪 50 年代以后，西方现代建筑史和中国园林史研究获得了越来越多中国学者的关注并成为中国现代建筑话语不可缺少的主题。而园林所代表的中国文人建筑传统经童寯和文化界的一批学者重新发现之后，又得到了更多建筑家们的现代诠释、实践和再发展。他们不仅丰富了世界现代建筑思想，而且在新的世纪开始不久就取得了更令世界瞩目的成就。[103]

注释

1　阎崇年："北京满族的百年沧桑"，《北京社会科学》，2002 年第 1 期，15-23 页。

2　童寯幼孙童明在 2009 年 12 月 28 日回复笔者的信中说："曾祖父即有汉姓，我爷爷这辈取其'葆童'的号而为姓，只是后来进关后将童字固定作为家庭姓氏。按家谱，我父辈应姓林，我辈好像是'业'，再下辈是'家'。我伯父童诗白好像原名'林伟'，后入关后改现名，取'思北'之意，但跟下来姓童。"

3　童寯："'文革'中思想汇报"，1968 年 1 月 -1969 年 5 月；转引自朱振通："童寯建筑实践历程探究（1931-1949）"，东南大学硕士学位论文，2006 年。感谢葛明博士帮助笔者核查这一史料。

4　2004 年 8 月 21 日采访刘光华教授。

5　童寯《童寯文集（四）》（北京：中国建筑工业出版社，2006 年），375 页。童的两个弟弟童廧和童村则分别选择了电机工程师和医生作为各自的职业。见童寯："'文革'材料"，《童寯文集（四）》，374 页。并非偶然，建筑界与童寯持相同想法的还有出生于清朝两广总督家庭的张镈。有感于"宦海沉浮，为官不义、不易。改朝换代，必受牵连"和"家有良田千顷，不如薄技在身"，张也选择了与医师和律师并称自由职业"三师"的建筑师专业。见：张镈《我的建筑创作道路》（北京：中国建筑工业出版社，1994 年），1 页。

6　童寯："致费慰梅信，1982 年 5 月 10 日"，《童寯文集（四）》，431-432 页。

7　Lee, Leo Ou-fan, *Shanghai Modern: The Flowering of a New Urban Culture in China, 1930-1945* (Cambridge, MA: Harvard University Press, 1999): 309.

8　王宁："'世界主义'及其之于中国的意义"，《南国学术》，2014 年第 3 期，28-43 页。

9　童文致笔者信，2010 年 1 月 8 日。

10　陈植："意境高逸，才华横溢——悼念童寯同志"，《建筑师》，第 16 期，1983 年，3-4 页。

11　同上。

12　童文致笔者信，2010 年 3 月 9 日。

13　童寯著，童明译："旅欧日记"，《童寯文集（四）》，315-373 页。

14　不可忽视的是，当时他还不失时机地观看了许多现代派绘画，如他在日记中写道：7 月 5 日"参观了皇冠王子（按：或可译为太子）博物馆，在顶层它拥有现代主义的绘画和雕塑。棒极了。塞尚、迪亚兹、亨利·马蒂斯、康定斯基，其中一些非常前卫现代。"（345 页）7 月 9 日："[德累斯顿] 画廊的现代部分有一些先锋的绘画作品，瓦西里·康定斯基采用几何形式（球形等等）。莱昂内尔·费宁格将平面穿过物体。保罗·克利在线描中，有时也在模式上采用埃及形式，看上去就像儿童绘画。恩斯特·路德维格·克尔希纳的绘画在形式上不算激进，但是在人们的脸上采用绿色和紫色。"（346-347 页）7 月 17 日："[维也纳] 现代画廊很棒，里面没有多少作品（绘画和雕塑），但那里的东西还是不错的。有 4~5 件是古斯塔夫·克里姆特的作品。他的服饰很原创（黑色、银色和金色），构图也很美妙。"（350 页）

15　克瑞在 1929 年设计的华盛顿的佛杰尔莎士比亚图书馆（Folger Shakespeare Library, Washington, D.C., 1929-1932）就是这一风格的代表作品。

16　转引自 Kruft, Hanno-Walter (Taylor, Ronald, Callander, Elsie & Wood, Antony, trans.), *A History of Architectural Theory from Vitruvius to the Present* (Zwemmer: Princeton Architectural Press, 1994): 288.

17 Lowe, David Garrard, *Art Deco New York* (New York: Watson-Guptill Publications, 2004): 70. 伊莱·康的作品还包括 2 Park Avenue (1926), Indemnity Building on John Street (1928), 261 Fifth Avenue (1928), 等。

18 童寯："旅欧日记",《童寯文集（四）》, 332 页。

19 上海通社编《旧上海史料汇编（下册）》（北京：北京图书馆出版社, 1998 年）, 480 页。

20 见《童寯文集（一）》, 170-193 页。童的长孙童文在 2010 年 3 月 9 日致笔者的信中说, 这篇文章是他为南京工学院建筑系图书馆编写的一份资料。由于当时大多数教师和学生不能直接阅读英文原文, 从 1950 年代开始至其逝世, 童编写了数百份类似资料供师生参考。但今天这些资料的收藏情况不详。

21 Pevsner, Nikolaus, *The Sources of Modern Architecture and Design* (New York: Frederick A. Praeger, 1968): 11.

22 童寯《新建筑与流派》（北京：中国建筑工业出版社, 1980 年）,《童寯文集（二）》, 71 页。

23 Giedion, Sigfried, *Space, Time and Architecture: The Growth of A New Tradition* (Cambridge, MA: Harvard University Press, 1st edition, 1941, 3ʰ edition, 1954): 518.

24 梁思成在自己的《图像中国建筑史》一书的前言中说："研究中国的建筑物首先就应剖析它的构造。正因为如此, 其断面图就比立面图更为重要。"有关结构理性主义与梁思成中国建筑史写作的关系, 详见汉宝德《明清建筑二论》（台北：境与象出版社, 1969 年）; 夏铸九："营造学社 – 梁思成建筑史论述构造之理性分析",《台湾社会研究季刊》, 第三卷第 1 期, 1990 年春季号, 6-48 页; 赖德霖："梁思成、林

徽因中国建筑史写作表微",《二十一世纪》, 第 64 期, 2001 年 4 月; "设计一座理想的中国风格的现代建筑——梁思成中国建筑史叙述与南京国立中央博物院辽宋风格设计再思",《艺术史研究》, 第 5 卷, 2003 年。见赖德霖《中国近代建筑史研究》（北京：清华大学出版社, 2007 年）, 313-330 页、331-362 页。

25 赖德霖："文化观遭遇社会观：梁刘史学分歧与 20 世纪中国两种建筑观的冲突", 朱剑飞主编《中国建筑 60 年（1949-2009）：历史理论研究》（北京：中国建筑工业出版社, 2009 年）, 246-263 页。

26 童寯《新建筑与流派》,《童寯文集（二）》, 80、90、99 页。

27 童寯："应该怎样对待西方建筑",《童寯文集（一）》, 227-230 页。

28 童寯："建筑科技沿革",《建筑师》, 第 10-12、14 期, 1982 年 3、8、10 月, 1983 年 3 月;《童寯文集（二）》, 171-206 页。

29 童寯《近百年西方建筑史》（南京：南京工学院出版社, 1986 年）,《童寯文集（一）》, 287-387 页。

30 童寯《日本近现代建筑》（北京：中国建筑工业出版社, 1983 年）,《童寯文集（二）》, 350 页。在《新建筑与流派》一书中, 童还特别指出, 丹下健三"总是想用日本固有艺术结合新社会要求, 把传统遗产当作激励与促进创作努力的催化剂, 而在最后成果中却看不出丝毫传统踪迹, 这是他的创作秘诀。"（《童寯文集（二）》, 104 页）

31 童寯："中国建筑的特点",《战国策》, 1941 年第 8 期;《童寯文集（一）》, 111 页。

32 童寯："我国公共建筑外观的检讨",《（内政专刊）公共工程专刊》（第 1 集）, 1945 年 10 月。《童寯文集（一）》, 118-121 页。

33　童寯著，李大夏译："建筑艺术纪实"，《童寯文集（一）》，85-88 页。

34　童寯："建筑五式"，《童寯文集（一）》，2 页。

35　Wang, Min-Ying, *The Historicization of Chinese Architecture: The Making of Architectural Historiography in China, from the Late Nineteenth Century to 1953,* Ph.D. dissertation, Columbia University, New York, 2009, 311.

36　另请参见赖德霖："文化观遭遇社会观：梁刘史学分歧与 20 世纪中期中国两种建筑观的冲突"，朱剑飞主编《中国建筑 60 年（1949-2009）历时理论研究》（北京：中国建筑工业出版社，2009 年），246-263 页。

37　胡适："四十自述"，转引自陈越光、陈小雅编著《摇篮与墓地》（成都：四川人民出版社，1985 年），61 页。

38　童寯著，童明译："渡洋日记"，《童寯文集（四）》，239-240 页。

39　如 1930 年 5 月 10 日他在"旅欧日记"中写道：温莎城堡"参观者太多，有一名妇女去那里仅仅为了带着手套，去感受蓝色天鹅绒坐垫的美妙感觉。"（《童寯文集（四）》，324 页）；7 月 22 日，他记述在德国奥伯拉马岗旅社的晚饭"除了我之外还有一大群人，都是美国人，一名妇女来自华盛顿特区，她与德国的主妇在高谈阔论，我想她也是德国人，因此我称她该死的家伙。……两名来自美国的年轻女孩坐在桌子的端头，并且从她们的谈话中可以看出她们的父母可能很有钱。两个愚蠢的脑袋。"（同上，352 页）7 月 30 日在瑞士蒙杜，他写道"我喜欢听法语。在伯尔尼，人们既说德语也说法语。但是在洛桑和蒙杜，他们只讲法语，这使我的耳朵很舒服。也可以看到很多漂亮的妇女。"（同上，359 页）

40　童寯著，童明译："旅欧日记"，《童寯文集（四）》，366 页。

41　同上，355 页。据童文调查，R.S. 即 ROACH, F. SPENCER，是童寯在宾夕法尼亚大学的同学，生于 1906 年 4 月，大学毕业后于费城 Harbeson,

Hough, Livingston & Larson 建筑师事务所任建筑师，美国建筑师学会（AIA）会员。

42　童文、童明编："童寯年谱"，童明、杨永生编《关于童寯》（北京：知识产权出版社，中国水利水电出版社，2002 年），148-157 页。

43　"童寯年谱"，《童寯文集（一）》，388 页。

44　童寯："'文革'材料"，《童寯文集（四）》，377 页。

45　童明："童寯"，杨永生、王莉慧编《建筑史解码人》（北京：中国建筑工业出版社，2006 年），16-22 页。

46　陈独秀："敬告青年"，《陈独秀文章选编（上）》（北京：三联书店，1984 年），74 页。陈的"六义"分别是：一、自主的而非奴隶的；二、进步的而非保守的；三、进取的而非退隐的；四、世界的而非锁国的；五、实行的而非虚文的；六、科学的而非想象的。

47　参见陈寒鸣："论近代中国无政府主义思潮"，<http://www.xslx.com/htm/sxgc/sxsl/2004-08-16-17166.htm>。

48　如中国无政府主义的主要倡导者刘师复曾在 1916 年发起组织"心社"，规定十二条社约：不食肉、不饮酒、不吸烟、不用仆役、不坐人力车轿、不婚姻、不称族姓、不做官吏、不做议员、不入政党、不做海陆军人、不奉宗教，完全履行者为社员，部分履行者为赞成人。出处同上。

49　童寯："解放前我参加过哪些组织"、"解放前我参加组织的补充交待"，《童寯文集（四）》，382、383-387。

50　"Mission & Vision," Sigma Alpha Epsilon, <http://www.sae.net/2013/pages/about/mission-values>. 笔者中译。

51　同注释 49。

52　曾经在华盖建筑事务所工作过 12 年的职员丁宝训在谈到童寯时说："所有草图、透视图等均出其手，且能高速高质量地完成。赵、陈两位老师常参与研究讨论。"见丁宝训："1937 年前华盖建筑师事务所概况"，赖德霖主编，卜浩娱、袁雪平、司春娟编《近代哲匠录——中国近代重要建筑师、建筑事务所名录》（北京:中国水利水电出版社、知识产权出版社，2006 年），232 页。

53 方拥："跟童寯先生读书"，童明、杨永生编《关于童寯》，82-88 页。

54 童寯的长孙童文在 2010 年 3 月 14 日致笔者的信中还说，解放以后江苏省政府还曾邀童出任建设厅厅长一职，省委书记也曾邀童参加宴会，但都被童谢绝。在笔者看来，童后来的读书生活乃至治学方法还令人想到撰写了《辍耕录》的元末明初学者陶宗仪和撰写了《日知录》的明末清初学者顾炎武。

55 童寯《日本近现代建筑》，《童寯文集（二）》，361 页。

56 诗集由童寯的幼孙童明保存。与童唱和的友人包括"葆老"、"淦芝"、"湄潭"、黄竹坪、"敬第兄"、李仲昭、萧庆云、张驹昂等，但他们的生平待查。其中"敬第"也为陈植叔父陈叔通的字，但童在此称"兄"而非"丈"，故当另有其人。黄竹坪在 20 世纪 70 年代仍与童有书信交往. 其寄童二诗见《童寯文集（四）》，456 页。

57 童寯："避警过文昌阁"诗："攀登画阁仰崔巍，每感失群与俗违。军垒清笳征成众，边关重税旅人稀。沈腰马齿惊花落，蜗角牛车羡鸟飞。孤馆夜郎风雨阻，故园何日见庭旗？"（1943 年）

58 童寯："甲申寄内"诗："对镜青丝白几根，最贪梦绕旧家园。西窗夜雨归期误，羡听邻居笑语温。"（1944 年）

59 童寯："癸未新正题赠李仲昭画"诗："乱中易隐不才身，屈指西南几故人。梦醒空悲灯对客，意闲每喜鹤为邻。云汀江表招青眼，日落峰头剩绛唇。生计哪堪兵火劫，书城尚在未全贫。"（1943 年）

60 方拥："跟童寯先生读书"，童明、杨永生编《关于童寯》，82-88 页。

61 胡佩衡《枫园画友录（稿）》，载《美术年鉴》，转引自俞剑华编《中国美术家人名词典》（上海：上海人民美术出版社，1981 年），1088 页。另据斯舜威《百年画坛钩沉》（上海：东方出版中心，2008 年），蔡元培任北京大学校长时成立书画研究会，聘汤定之主其事，汤并任北平艺术学院山水画教授。汤晚年身患癌症，扩散到食道，难以进食。在其请求之下，家庭医生又力劝其子女同意，于 1948 年 1 月 18 日为其注射吗啡，实施了安乐死。汤死前还写下遗嘱，要求火化，强调："你们一定要遵照我的遗言，否则就是大不孝。"又在"火化"两字旁加上重圈（157 页）。

62 童寯："'文革'材料"，《童寯文集（四）》，419 页。

63 同上。

64 林同济："大夫士与士大夫：国史上的两种人格型"，《文化形态史观》（上海：大东书局，1946 年），转引自丁晓萍、温儒敏："'战国策派'的文化反思与重建构思"，许纪霖编《二十世纪中国思想史论（下）》（上海：东方出版中心，2000 年），324-347 页。

65 林同济："我看尼采——《从叔本华到尼采》序言"，原载雷海宗《从叔本华到尼采》（重庆：在创出版社 1944 年 5 月初版）。转引自李琼："林同济传略"，许纪霖、李琼编《天地之间——林同济文集》（上海：复旦大学出版社，2004 年），385-408 页。

66 见李琼："林同济传略"，许纪霖、李琼编《天地之间——林同济文集》（上海：复旦大学出版社，2004 年），385-408 页。

67 童寯在文化大革命中所写的"交代材料"中曾说："'中国建筑的特点'一篇短文，刊登于《战国策》1941 年的一期，这刊物是云南大学教授林同济主持印行的不定期刊物，其中讨论当时抗战情势和关于其他杂事。1941 年我由贵阳回上海过春节时，路经昆明，林同济说这刊物缺乏稿件，要我写些文章充数，这文的内容讲中国古典建筑与西方不同点和将来的趋势。"见"解放前写了哪些文章？"，《童寯文集（四）》，389 页。

68 见林同济致童寯的四通书信（1964 年 5 月 19 日、20 日，1965 年 6 月 15 日、18 日），《童寯文集（四）》，445-446 页。

69 童文致笔者信，2010 年 3 月 14 日。

70 据童寯的助手晏隆余，南京刚解放时，童在街上写生，未料竟被一解放军战士制止，童从此罢笔。见杨永生："淳朴而杰出的童寯"，杨永生、明连生编《建筑四杰：刘敦桢、童寯、梁思成、杨廷宝》（北京：中国建筑工业出版社，1998 年），33 页。

71　Lee, Leo Ou-fan, *Shanghai Modern: The Flowering of a New Urban Culture in China, 1930-1945* (Cambridge, MA: Harvard University Press, 1999): 312.

72　同上。

73　原文标题为 "Chinese Gardens, Especially in Jiangsu and Zhejiang," 发表于《天下月刊》（*Tien Hsia Monthly*）1936 年 10 月。方拥中译 "中国园林——以江苏、浙江两省园林为主"，见《童寯文集（一）》，62-74 页。

74　童寯《江南园林志》（北京：中国工业出版社，1963 年）

75　刘敦桢："序"，童寯《江南园林志》，1-2 页。

76　李大钊："青年与农村"，《晨报》，1919 年月 20-23 日。转引自 Zhang, Yingjin, *The City in Modern Chinese Literature & Film: Configurations of Space, Time, and Gender* (Stanford: Stanford University Press, 1996)

77　"苏州游程"，《旅行杂志》，第 1 卷，春季号，1927，17-18 页。

78　周婉："拙政园旅行记"，（上海）《妇女杂志》，1915 年，1 卷 8 期，4 页；胡长风："记拙政园"，《同南》，1917 年，6 期，54-55 页；胡石予："游拙政园记"，《新月》，1925 年，1 卷 2 期，183 页。

79　详见窦武："中国造园艺术在欧洲的影响"，《建筑史论文集（三）》（北京：清华大学出版社，1979 年），104-166 页。另，童寯在为刘敦桢所著《苏州古典园林》一书所写的英文序言中还曾提到瑞典艺术史家喜龙仁曾在 1927 年出版了 *Gardens of China* 一书。但据 *Dictionary of Art Historians*（https://www.google.com.tw/?gws_rd=ssl#q=osvald+siren），该书初版于 1949 年。

80　陈受颐："十八世纪欧洲之中国园林 "，《岭南学报》，

2 卷 1 期，1931 年，35-70 页。（http://commons.ln.edu.hk/ljcs_1929/vol2/iss1/4/）

81　邱博舜，"中译导读"，威廉·钱伯斯著，邱博舜译注《东方造园论》（台北：联经出版事业股份有限公司，2012 年），(1)-(144) 页。

82　童文至赵辰信，2001 年 1 月 1 日。童文提供，本文作者中译。

83　参见童寯《江南园林志》，33-34 页；顾启良主编《上海老城厢风情录》（上海：上海远东出版社，1992 年），50-52 页。

84　这些图纸现都保存于苏州城乡建设局档案馆。

85　其中拙政园在清同治时被改为八旗直奉会馆，至 1928 年仍旧。所在位于玄妙观北"不过里来路"，"进内要费一毛小洋"。见胡儿："苏州"，《贡献》，第三卷第 3 期，1928 年 6 月 25 日，34-48 页。

86　童寯著，方拥译："满洲园"，《童寯文集（一）》，77 页。这段话令人想到他的诗句 "几度五湖为范蠡，不如高卧旧渔矶。"

87　Chambers, William, *Designs of Chinese Buildings, Furniture, Dresses, Machines, and Utensils*（1757 出版，New York: Benjamin Blom, Inc., 1968）: 15.

88　童寯著，方拥译："中国园林——以江苏、浙江两省园林为主"，《童寯文集（一）》，64 页。译文在此略有修改。童文在 2010 年 5 月 2 日给笔者的信中说："苏州园林乃至江南园林是童的梦幻之境，应该说他的最后一次访探是在上海沦陷之前。他再也没有勇气重返故园，虽然只有咫尺之遥。但他一旦有机会就会不断打听它们的现状。他太怕这些国粹毁于日军炮火，国共内战，土改，文革的浩劫。这些园林的存在，似乎比他自己的存在还要重要。即使是这些园林安然无恙，它们的美丽与趣味如果受到损害对他来说依然是一种灾难。他生命中的一个希望就是保持它们的遥远与梦境。"

89　童寯《江南园林志》，7-14 页。

90　胡长风："记拙政园"，《同南》，1917 年，6 期，54-55 页。

91 同上。

92 胡石予："游拙政园记"，《新月》，1925 年，1 卷 2 期，183 页。

93 童寯《江南园林志》，28-29 页。

94 童在《江南园林志》"杂识"一章里引用的前人文字今天已经为大多中国园林史学者所熟知，但它们在当年却应是童"发现"的结果。

95 同上，3 页。

96 据童的学生方拥，童在少年时曾在父亲的安排下，师从桐城派文人吴闿生（曾任京师大学堂总教习的吴汝伦之子）学习古文。见童明、杨永生编《关于童寯》（北京：知识产权出版社，2002 年）85 页。

97 空间问题从 1960 年代起成为中国园林研究的核心问题之一，其中代表性研究有郭黛姮、张锦秋："留园的建筑空间"，《建筑学报》，1963（2）。另外陈薇还指出，早在 1956 年 10 月，刘敦桢在南京工学院第一次科学讨论会上宣读的论文中也提出了关于园林空间和层次的见解。（见陈薇："《苏州古典园林》的意义"，杨永生、王莉慧《建筑百家谈古论今——图书篇》，北京：中国建筑工业出版社，2008 年，115-122 页。刘文即"苏州的园林"，《刘敦桢文集（四）》，北京：中国建筑工业出版社，1992 年，79-129 页）笔者认为，这种研究的新趋势应该是当时现代主义建筑理论新发展影响的结果。其中吉迪安在 1941 年出版的《空间、时间和建筑——一种新传统的成长》一书中提出的"空间—时间"一体思想在 1950 年代已经成为解释现代主义建筑的经典理论。中国的一些大学建筑系在这一时期也在教学中引入了"流动空间"概念，这个概念随之启发了中国学者和学生对于传统园林的新认识。（参见"陶友松"，杨永生、王莉慧《建筑史解码人》，北京：中国建筑工业出版社，2006 年，280-286 页）

98 承杨永生先生告知这一会议的情况及其对当时建筑出版的影响。

99 除了说童原初的研究目的是为了保护和拯救传统艺术之外，刘还说书的出版可以"有裨于今日学术上求同存异之争鸣"。他还不失时机地借用一些时代新词，通过说园而称颂了新社会。他说："至若解放以来，各地园林起堕兴废，不遗余力，而新建之园，数量规模均迥出昔日私家园林之上，且能推陈出新，使我国园林艺术有如百花怒放。"最后他巧妙地抬高童寯的"政治觉悟"说："以今观昔，隔世之感，不期油然而生，岂仅著者一人引为欣慰而已耶？"见刘敦桢："序"，童寯《江南园林志》，1-2 页。

100 这一联想来自摄影师喻维国本人。见杨永生、明连生编《建筑四杰——刘敦桢、童寯、梁思成、杨廷宝》（北京：中国建筑工业出版社，1998 年），37 页。

101 童明："忆祖父童寯先生"，见杨永生编《建筑百家回忆录》（北京：中国建筑工业出版社，2000 年），221-222 页；黄一鸾："童先生的人格魅力"；童文、童明："南京童寯故居"，见童明、杨永生编《关于童寯》，97-102 页、141-147 页。另据童文告知，1980 年 3 月，童寯曾出席南京金陵饭店的奠基典礼，这大概是他在 1949 年后唯一一次在这样的场合露面。邀请他的是设计师香港巴马·丹那建筑师事务所，其前身即 1930 年代在上海最为著名的外国事务所公和洋行。童文认为，这一邀请体现了建筑师对童的尊重，而童的出席则体现了他对建筑师的支持，因为他预见了中国重新回到了现代建筑的主流之中而不是继续纠缠于"民族风格"的争论。（童文致笔者信，2010 年 3 月 27 日）

102 包慕萍："伊东忠太的建筑论与中国调查"，张复合主编《中国近代建筑研究与保护（八）》（北京：清华大学出版社，2012 年），705-717 页；于水山："从伊东忠太的学术研究看中国建筑史基本叙事结构的成因"，王贵祥主编《中国建筑史论汇刊》，第 11 辑，2015 年 5 月，3-30 页。

103 赖德霖："中国文人建筑传统现代复兴与发展之路上的王澍"，《建筑学报》，2012 年第 5 期，1-5 页；"从现代建筑'画意'话语的发展看王澍建筑"，《建筑学报》，2013 年第 4 期，80-90 页。

附篇

鲍希曼（Ernst Boerschmann，1873–1949）
来源：科构（Eduard Kögel）先生授权发表。
据科构，鲍希曼肖像1934年摄于上海。对于
鲍氏此次来华，1934年12月30日《申报》
曾以"德政府专员博尔士满到京参观"为题进
行了报道。报道全文如下："德政府派专员博
尔士满上年来华，赴各地考察一切建筑，行政
院令各地方妥为照料。博氏今已考察完毕来京，
见各机关当局，并参观总理陵墓及京各大建筑。
明年一月间离华返国。（二十九日专电）"

1 鲍希曼对中国近代建筑之影响试论

　　了解中国近代建筑史的人们都知道美国建筑师茂飞和中国学者乐嘉藻。前者设计了大量符合现代材料和结构技术原理，同时又具有清代官式风格的新建筑；后者在 1935 年出版的《中国建筑史》一书则是中国同类著作中的第一部。目前有关二人生平及其设计或著作的讨论与研究已不鲜见。但有两个问题似乎仍有待回答：茂氏虽然有机会访问北京、广州和南京等中国重要城市，并参观紫禁城这样高等级的建筑实例，但他有关中国建筑的文章除了一般性的概述，并无详细的调查资料。他能够设计出造型相对准确，类型又颇为多样的中国风格建筑，原因何在？乐氏不是中国营造学社会员，应该没有梁思成、刘敦桢那样多的田野考察机会。他的著作提到了许多学社出版物并未介绍过的实例，它们又源自何处？更进一步的问题是，在 20 世纪初期，大多数建筑师们并没有接受过中国古代建筑史的教育，也很难有充足的时间和条件在业余进行实地考察，那么他们进行中国风格建筑设计所参照的材料是什么？这些问题看似不大，但它们涉及影响中国风格设计和中国建筑史学发展的因素，因此颇有追问和研究的必要。它们的部分答案其实在于当时的一些出版物，而德国学者鲍希曼的著作《中国的建筑与景观》和《中国建筑》就是其中最重要者。[1]

　　近年来中国建筑史学史研究有了长足的发展。但截至目前，学界关注的重点还只是中国营造学社，特别是梁思成、刘敦桢和林徽因等人的研究和论述。尽管鲍希曼曾经是学社通讯研究员的事实已是众所周知，近年来有关他的生平、来华经历及学术成果也不乏较为系统的介绍，更有学者探讨了他的建筑史研究的人类学视角及其与梁、刘等人技术与法式研究的区别，[2] 然而无论是在中国还是在欧洲，他对当时中国建筑创作和研究的促进作用均鲜有论及。其主要原因，在笔者看来，不仅仅在于鲍氏德文著述在语言上对于中英文读者的障碍，更主要的还在于双方学者在研究方法上的相对孤立，均未能自觉地将书面文献与实地材料相互参证，并将域外论著与本土研究进行对比。本文拟将鲍著《中国的建筑与景观》和《中国建筑》与其后的一些中国风格的建筑设计和建筑史写作进行对照。笔者相信，这一研究不仅可以揭示鲍希曼对于中国近代建筑的影响，还可以帮助我们从一个侧面认识中国近代建筑史上学术研究与建筑实践的互动，中外学者之间的交流与砥砺，以及中国学者们对于西方研究的取长补短。

据何国涛编译的材料，鲍 1891 年进入柏林夏洛滕堡高等学校（Technische Hochschule Charlottenburg，今柏林理工学院）攻读房屋建筑专业。1896-1901 年曾任管理房屋建筑长官，在东普鲁士房屋建筑和军队管理处工作。1902-1904 年以东亚国家驻防部队旅建筑官员的身份在中国工作。1906 年 8 月，他又以德国驻北京公使馆官方科学顾问的身份来华，开展了长达 3 年的中国建筑调查。至 1909 年，他探访了中国当时 18 个省份中的 14 个，收集和拍摄了大量照片，还对一些古代建筑进行了实测。他的部分调研成果发表在《中国的建筑艺术和宗教文化》（二卷，1911，1914）、《中国的建筑与风景》（1923），《中国建筑》（二卷）（1925），以及《中国建筑琉璃》（1927）等专著之中。《中国建筑》共计正文 162 页，照片 566 幅，103 版测绘图，速写 8 幅，地图 2 幅。全书共分 20 章，分别为：①城墙；②门；③中式殿堂；④砖石建筑；⑤亭；⑥阁；⑦中心阁；⑧梁架及柱；⑨屋顶装饰；⑩房屋正面雕刻；⑪栏杆；⑫基座；⑬墙；⑭琉璃构件；⑮浮雕；⑯郊祠；⑰坟墓；⑱纪念碑石；⑲牌楼；⑳塔。[3] 而《中国的建筑与风景》也有 288 页摄影图版。[4] 这些照片和测绘图不仅反映出中国建筑在地域风格以及功能和造型类型上的多样性，而且以其对细节的重视显示出中国建筑的工艺特点及其与宗教和文化的关联。

鲍著是 20 世纪初期少数对中国建筑进行了全面介绍的重要专著中的两本。尽管其德文文字有可能会妨碍中英文读者对于作者观点的接受，但它们大量精美的照片和测绘图无疑可以为当时的建筑人士们了解中国建筑提供宝贵参考。从中获益最多的建筑家当属茂飞。茂氏的"中国风格"建筑设计一直体现出他对清代官式建筑的追摹。1914年当他初次到中国并进入紫禁城之后，"就对它纯粹之建筑庄严而深感震撼"，[5] 他继而称赞它是"世界上最完美的建筑群"。[6] 1919-1926年在设计北京燕京大学校园建筑时，他的事务所便充分利用了在京的有利条件，近距离观摩紫禁城。至今中国第二历史档案馆还保存着当年"美国工程人员要求赴三大殿摄影有关文书"，内容是一位名叫赫尔的美国建筑师——当即茂飞事务所的成员 H. E. Hill——为了赴故宫参观通过美国大使馆与北洋政府内政部的往返信件。[7]

燕京大学工程之后，茂飞在中国的活动主要在南方。1923 年，他应广州市长孙科之邀为该市作规划，1927 年又担任了南京国民政府首都计划的首席顾问，还在 1931 年获得了南京国民革命军阵亡将士公墓的设计委托。虽然不再有很多机会直接借鉴北京的官式建筑实物，但他却能利用其他有关中国建筑的视觉材料作为设计参考。鲍希曼的《中国建筑》一书无疑就是其中之一。茂飞的设计清楚地反映出了鲍著的影响。尤其是他为阵亡将士公墓所作的六柱五楼大牌楼设计（图 1）除了比例缩小 1/3 和斗栱攒数有所减少之外，整体造型和多数局部竟完全是照抄鲍著图版 272、273 "［清］西陵石牌楼"的测绘图（图 2）。公墓梅花瓣平面的墓圹也显然参考了鲍著图版 246 普陀山一处墓地的造型。对于公墓的纪念塔（图 3），曾有学者认为是对 19 世纪中期毁于洪杨之役的明代南京大报恩寺塔的"复原"，但对照鲍著图版 313 广州六榕寺花塔的照片（图 4），我们便可以看出二者之间的高度相似性。此外，纪念塔前石栏板的"莲叶瓶"及望柱的"叠云柱头"造型也可以在鲍著的图版 178-180 中找到来源。

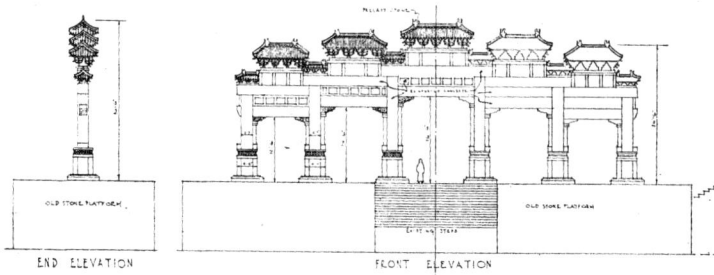

图 1　茂飞：国民革命军阵亡将士公墓大牌楼，南京，1931 年
来源：《建筑月刊》，第 2 卷第 2 号，1934 年 2 月，9 页。

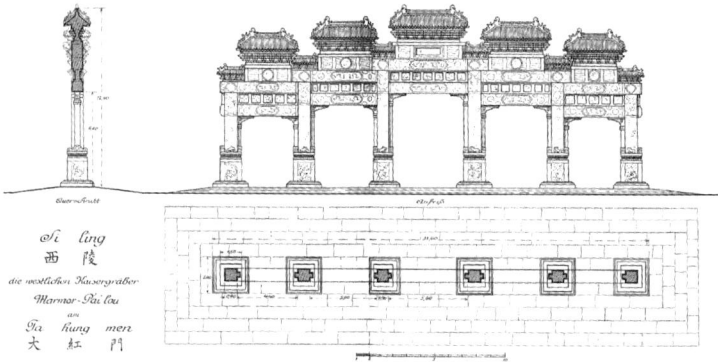

图 2　鲍希曼著《中国建筑》图版 272-273 "[清] 西陵石牌楼"

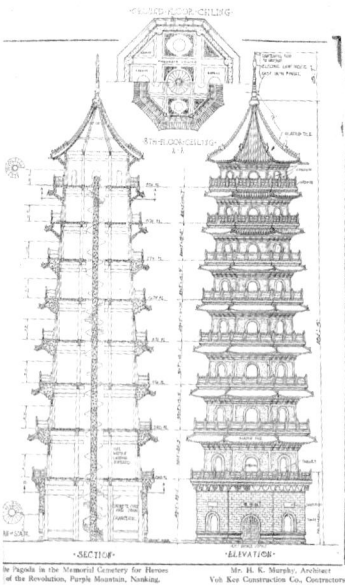

图 3　茂飞：国民革命军阵亡将士纪念塔，南京，1931 年（左）
来源：《建筑月刊》，第 2 卷第 2 号，1934 年 2 月，4 页。

图 4　鲍希曼著《中国建筑》图版 313 "Blumenpagode, Canton"（右）

　　乐嘉藻也是鲍著的获益者。这位在中年就立志研究中国建筑的学者在晚年曾对自己的研究条件不无感慨地说："其初预定之计划，本以实物观察为主要，而室家累人，游历之费无出。故除旧京之外，各省调查，直付梦想。"[8] 所幸的是，当时的出版物在一定程度上为他提供了方便。所以他又说："幸生当斯世，照相与印刷业之发达，风景片中不少建筑物，故虽不出都市，而尚可求之纸面。"[9] 对比乐著《中国建筑史》与两部鲍著可以看出，后者就是他这些"纸面"材料的一部分。例如乐著第 13 章"城市"的图 5"辽金元明四朝北京沿革图"中的元、明部分就当参照了《中国建筑》第一册第 7 页的北京平面图。此外，他还根据鲍著的图片描绘了一些插图。如其第 7 章"塔"中的插图 3"西安慈恩寺之雁塔"、图 7"北京阜成门外八里庄之万寿塔"和图 12"北京正觉寺五塔"当描自《中国的建筑与景观》图版 102、109 和 107；乐著插图 5"山东兖州之龙兴寺塔"、图 9"广州之六榕寺塔"、图 10"浙江普陀山太子塔"（图 5），以及图 15"北京颐和园、玉泉山两处之五色琉璃塔"（图 6）则显系描自《中国建筑》的图版 311、313、315（图 7）、333，以及 317（图 8）。其中太子塔图在构图上与照片左右相反，说明原图是用透明纸"描绘"，而在付印时被正反倒置。

图 5　乐嘉藻著《中国建筑史》第 7 章图 10"浙江普陀山太子塔"（左）

图 6　乐嘉藻著《中国建筑史》第 7 章图 15"北京颐和园、玉泉山两处之五色琉璃塔"（右）

图 7　鲍希曼著《中国建筑》图版 315 "Steinpagode, P'ut'oshan"（左）

图 8　鲍希曼著《中国建筑》图版 317 "Glasurpagode, Park bei Peking"（右）

　　茂飞的设计以及乐嘉藻的中国建筑史研究或参照、或描摹了鲍希曼著作中的图片，这一发现促使我们在更大的范围里考察他的影响。事实上鲍著不仅嘉惠了茂飞和乐嘉藻二人，它们也是其他一些中国建筑师和建筑史家参考甚至"批判"的对象。

　　郭杰伟已经指出，南京阵亡将士公墓的六柱五楼大牌楼是由当时在茂飞事务所工作的董大酉经手设计。[10] 这一事实说明了董对鲍著的了解。鲍著对董的影响至少还可见于他在 1931 年设计的大上海体育馆（图 9），对比它与《中国建筑》图版 332 "北京香山碧云寺金刚宝座塔"两座建筑须弥座束腰部位"玛瑙柱子"和"椀花结带"图案的造型（图 10），我们就能看出二者的关联，尽管董作须弥座的上枭和下枭都有所简化。

图 9　董大酉：大上海体育馆须弥座，上海，1931 年。来源：作者摄，1997 年

　　此外，营造学社社员卢树森建筑师在 1935 年设计的南京中山陵园的藏经楼（图 11）也得益于《中国建筑》。这座颇为纯粹的清官式风格建筑看起来在书中并没有对应的实物，不过它与鲍著图版 29 苏州圆妙观弥罗阁（图 12）在歇山形屋顶上另加一个略小的悬山顶这一共同特征说明了二者的关联。如何将中国建筑的屋顶改造为有用的空间是现代"中国风格"建筑设计的一个挑战。曾有建筑师试图按照西方的办法在中式屋顶上开辟老虎窗以提供通风和采光，但结果却造

图 10　鲍希曼著《中国建筑》图版 332 "Marmorpagode, Pi yün sze bei Peking, Aufbau"（局部）

图 11　卢树森：中山陵园的藏经楼，南京，1935 年
来源：卢海鸣、杨新华编《南京民国建筑》
（南京：南京大学出版社，2001 年）

图 12　鲍希曼著《中国建筑》图版 29 "Stockwerkhallen, Suchou"

图 13　杨廷宝：中央研究院社会科学研究所，南京，1947 年
来源：齐康等编《杨廷宝建筑设计作品选》（北京：中国建筑工业出版社，2001 年）

成了屋顶中国特征的弱化。弥罗阁将歇山顶中央升高，附加悬山顶，利用两个屋顶之间的间隔开窗，这一手法当为藏经楼的设计提供了一个极佳的范本。卢作与弥罗阁的不同体现了一种规范化的努力，即建筑师并没有照搬原建筑的地方风格，他采用了清官式做法、平坐栏杆和室内的八角形天井，这些又都是营造学社通过研究《清式营造则例》、宋《营造法式》，以及调查蓟县独乐寺观音阁所获得的古典"官式"语言。同样的屋顶做法在杨廷宝于 1947 年设计的南京中央研究院社会科学研究所建筑上也可以看到（图 13）。

　　1925 年南京中山陵和 1926 年广州中山纪念堂的设计正值鲍著出版之时。两处主体建筑在整体造型和细部处理上并没有明显地仿效任何鲍著提供的实例。建筑师吕彦直曾作为茂飞的绘图员，在 1919 年参与了南京金陵女子大学中国风格的校园建筑的设计绘图，[11] 故他对中国传统建筑的了解当另有来源。不过两处建筑群的个别"小品"和一些细部依然流露出他曾经对于鲍著的参考。对比显示，中山陵祭堂前广场两端的华表（图 14）的柱头、柱身甚至须弥座的造型都与《中国的建筑与景观》图版 24 或《中国建筑》图版 98 的华表如出一辙（图 15）。

　　上述实例说明，20 世纪 20 和 30 年代大多数建筑家对于中国建筑尚缺乏系统了解而且又无力亲自实地考察，在这种情况下，一些有关中国建筑的图片材料便充当了中国风格建筑设计以及有关论述的参考。鲍希曼的《中国的建筑与景观》和《中国建筑》二书所

图 14　吕彦直：中山陵华表，南京，1925–1929 年（左）
来源：作者摄，2002 年

图 15　鲍希曼著《中国建筑》图版 98 "Skulptierte Steinsäulen"（右）

记录的中国建筑类型丰富，图版清晰，因而受到业界和学界的广泛重视。另外值得注意的是，尽管鲍著中的材料得自当时中国的 14 个省，具有很大的地域多样性，但上述建筑家们并无意去效仿其中装饰繁冗或造型夸张的地方风格，而更倾向于参考清代北方官式建筑，或按照清官式建筑进行修改。鲍氏也因此通过自己调查服务了 20 世纪 20 和 30 年代"中国风格"建筑的创作，或傅朝卿所说的"20 世纪中国新建筑官制化的历史"。[12]

不仅如此，鲍希曼还通过这些资料与自己的见解，对中国近代以营造学社为主导的中国建筑史研究产生了一定影响。1924 年至 1927 年，在梁思成和林徽因还在费城宾夕法尼亚大学学习期间，鲍著《中国的建筑与景观》的英文版以及《中国建筑》先后出版。[13] 但梁对它们并不满意，连带其他一些同时期西方学者的中国建筑研究著作，他曾在 1947 年评论说："他们没有一个了解中国建筑的文法，对中国建筑的描述一知半解。"[14] 然而这种负面态度并不意味着他拒绝参考这些西方人士的研究，如他在 1935 年与学生刘致平合作编纂的《建筑设计参考图集》包括有关于"台基"、"石栏杆"、"店面"、"柱础"、"琉璃瓦"等中国建筑细部的分类介绍，这些内容在鲍著中也都有详细的对应材料。

梁思成的著作中还转用了鲍著的一些调查材料，如其《图像中国建筑史》中的图版 77-e "北京西山无梁殿"即引自鲍著图版 4，而且正如梁已注明，这本书的图版 75-c "北平西山碧云寺金刚宝座塔"（图 16）也描自鲍著的图版 331（图 17）。不过需要指出的是，梁思成所描的金刚宝座塔删除了原图中的雕刻，这表明他研究中国建筑的视角与鲍希曼有所不同。科构曾说："梁思成试图根据西方学院派的体系寻找中国民族建筑的一种新表述，而鲍希曼则以一种整体性的方法去涵盖一个依然活生生的文化。"[15] 金刚宝座塔的两种不同表达进一步说明，对于鲍氏，建筑物是一种意义的载体，他不能忽视其含义；而对于梁，传统建筑的造型和结构更重要，因为只有它们才值得为现代建筑所借鉴。[16]

1932 年鲍希曼通过中国驻柏林代办公使致函中国营造学社，并附赠他的著作《中国宝塔》，表示愿为中国营造学社通讯研究员。鲍氏随后受到学社聘请，[17] 他的工作因此也更为学社成员们所了解。1932 年 3 月《中国营造学社汇刊》第 3 卷第 1 册"本社记事"中曾提到鲍氏的赠书及学社的另一位通讯会员德国学者艾克（Gustav Ecke）与中国社员瞿兑之和叶公超合作对它进行节译的消息。同

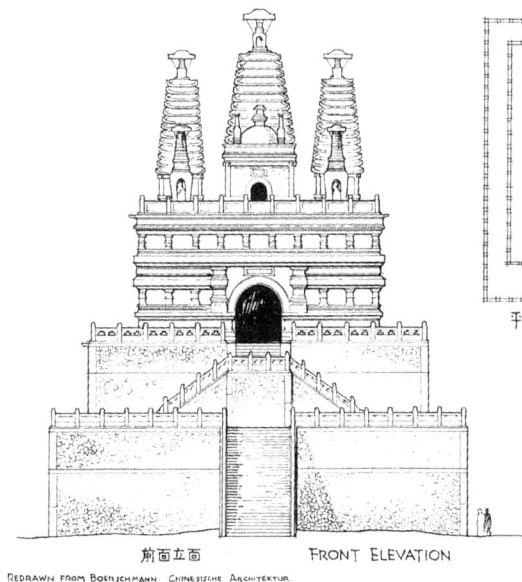

前面立面　FRONT ELEVATION
REDRAWN FROM BOERSCHMANN: CHINESISCHE ARCHITEKTUR

图 16　梁思成，"北平西山碧云寺金刚宝座塔"
来源：梁思成著《图像中国建筑史》，图版 75-c。

Marmorpagode,
Pi yun sze bei Peking

图 17　鲍希曼著《中国建筑》图版 331 "Marmorpagode, Pi yun sze bei Peking"

年 9 月《汇刊》第 3 卷第 2 期 "本社记事" 中还有朱启钤对鲍氏赠书的说明。[18] 而鲍著中的其他一些实例，如《中国建筑》中的苏州玄妙观和西康雅安高颐阙等，当也可以为中国营造学社 "按图索骥" 进行古建筑调查提供有价值的线索。[19] 此外，学社会员王璧文在 1943 年出版了专著《中国建筑》，书中的苏州圆妙观弥勒阁、北京妙应寺塔、四川灌县竹索桥等插图也是采自鲍著。

与外国同行的交流还使中国学者们获得了对比和超越的目标。如 1937 年 6 月营造学社社员鲍鼎发表论文 "唐宋塔之初步分析"，探讨中国古塔的类型特点和时代特征。他在文章的前言中提及鲍希曼的研究并称赞说："东西人士对于中国佛塔之调查研究颇不乏人……德人鲍希曼教授所著之佛塔尤见精彩。" 但他随即指出了他们在编辑方法和研究方法上的不足以及自己的方向："然均皇皇大著，未便初阅。且对于佛塔均只作个别的记述，未尝作断代的分析，于初学尤为不便。因不自惴谫陋，将我国佛塔精华所萃唐宋时代之式样作初步分析。"[20]

这种在与国外研究进行 "对话" 的过程中提出自己观点的做法尤见于梁思成和林徽因的写作。关于梁、林的中国建筑史写作，笔者已有若干专论，[21] 在此需要着重说明的是，林徽因关于中国建筑反曲屋顶起源的解释，其实就包含有对于包括鲍希曼在内的一些西方学者的批判。林说：

屋顶本是建筑上最实际必需的部分，……屋顶最初即不止为屋之顶，因雨水和日光的切要实题，早就扩张出檐的部分。使檐突出并非难事，但是檐深则低，低则阻碍光线，且雨水顺势急流，檐下溅水问题因之发生。为解决这个问题，我们发明飞檐，用双层瓦椽，使檐沿稍翻上去，微成曲线。又因美观关系，使屋角之檐加甚其仰翻曲度。这种前边成曲线，四角翘起的 '飞檐'，在结构上有极自然又合理的布置，几乎可以说它便是结构法所促成的。……总的说起来，历来被视为极特异神秘之屋顶曲线，并没有什么超出结构原则，和不自然造作之处，同时在美观实用方面均是非常的成功。[22]

虽然林徽因并不见得可以直接阅读德文，但她一定知道鲍氏及其他西方同行的一些观点，因为这些观点曾经英国学者叶慈总结，并在 1930 年介绍于《中国营造学社汇刊》。[23] 据叶慈，关于中国的反曲屋顶，西方曾有人认为它是中国古代游牧先人帐幕居室的遗痕，也有人认为它模仿了杉树的树枝，而那些吻兽就代表了栖息于树枝上的松鼠。鲍氏则说："中国人采用这些曲线的冲动来自他们表达生命律动的愿望。……通过曲面屋顶，建筑得以尽可能地接近自然的形态，诸如岩石和树木的外廓。"[24] 林徽因与梁思成一样，都相信中国建筑的结构不仅合理而且符合功能需要，屋顶造型也不例外，所以她认同于英国建筑史家福格森在 19 世纪 50 年代提出的一个看法，[25] 而不赞同上述所有西方学者的观点。她继续说：

外国人因为中国人屋顶之特殊形式，迥异于欧西各系，早多注意及之。论说纷纷，妙想天开；有说中国屋顶乃根据游牧时代帐幕者，有说象形蔽天之松枝者，有目中国飞椽为怪诞者，有谓中国建筑类似儿戏者，有的全由走兽龙头方面，无谓的探讨意义，几乎不值得在此费时反证。总之这种曲线屋顶已经从结构上分析了，又从雕饰设施原则上审察了，而其美观实用方面又显著明晰，不容否认。我们的结构实可以简单的承认它艺术上的大成功。

鲍希曼与中国营造学社的关联同时表明，中国建筑史话语的形成并非是中国近代几位建筑史先驱自说自话、孤立研究的结果，它还包含着他们与其他学者，尤其是国外学者的交流与对话。这种关联性对于研究中国建筑史学史尤其重要。

鲍希曼对中国近代建筑之影响这一个案也再次提醒我们，近代以来，中国建筑的发展逐渐呈现为一个全球化的过程，而对中国近现代建筑的深入研究和认识也需要具有跨文化的视野。将书面文献与实地材料相互参证，将域外论著与本土研究进行对比，不仅有助于我们更深入地了解他人，而且也有助于我们更清楚地认识自己。

注释

1　Boerschmann, Ernst, *Baukunst und Landschaft in China: Eine Reise durch 12 Provinzen* (Berlin: Verlag Ernst Wasmuth, 1923)；*Chinesische Architektur*, 2 Vol. (Berlin: Verlag Ernst Wasmuth, 1925)

2　这些介绍包括何国泰："记德国汉学家鲍希曼教授对中国古建筑的考察与研究"，《古建园林技术》，2005 年第 3 期，16-17 页，以及 2011 年 1 月 13 日至 14 日在柏林理工学院举办的题为 "鲍希曼与中国传统建筑的早期研究"（Ernst Boerschmann and Early Research in Traditional Chinese Architecture）国际研讨会，以及爱德华·科构（Eduard Kögel）的论文 "Early German Research in Ancient Chinese Architecture (1900-1930)," *Berliner Chinahefte/Chinese History and Society*, Nr. 39, 2011: 81-91。感谢科构先生惠赠大作。

3　据何国涛（编译）："记德国汉学家鲍希曼教授对中国古建筑的考察与研究"（《古建园林技术》，2005 年第 3 期，16-17 页）改编、改译。

4　感谢李江先生和杨菁女士帮助我查找该书。

5　Murphy, Henry Killam "Architectural Renaissance in China: the Utilization in Modern Public Buildings of the Great Styles of the Past," *Asia*, Vol.28, 1928: 468.

6　"Hails the Beauty of Forbidden City: New York Architect Says it Contains the Finest Group of Buildings in the World," *New York Times*, July 18, 1926.

7　"美国工程人员要求赴三大殿摄影有关文书"，中国第二历史档案馆档案 1001-5362. 据郭杰伟，H. E.

Hill 是一位纽约建筑师，"他负责在茂飞离开［燕京］大学工地时提供技术指导。" 见 Cody, Jeffrey W., *Building in China: Henry K. Murphy's Adaptive Architecture, 1914-1935* (Seattle: University of Washington Press; Hong Kong: Chinese University Press, 2001): 149.

8　乐嘉藻："绪论"，《中国建筑史》（1933 年初版；长春：吉林人民出版社，2013 年），6 页。

9　同上。

10　见 Cody, Jeffrey W., *Building in China: Henry K. Murphy's Adaptive Architecture, 1914-1935*: xxii.

11　"故吕彦直建筑师小传"，《时事新报》，1930 年报 2 月 5 日。此外，目前有关茂飞及金陵女子学院的介绍经常引用的一张学院鸟瞰图就是吕绘制的。原图现存于美国耶鲁大学 Sterling Memorial Library，上有吕的签名缩写 "Y. C. L."，初绘时间为 1919 年 6 月 13 日，修改时间为 1920 年。

12　傅朝卿《中国古典式样新建筑——二十世纪中国新建筑官制化的历史》（台北：南天书局，1993 年）

13　Boerschmann, Ernst (Hamilton, Louis, trans.), *Picturesque China: Architecture and Landscape, A Journey through Twelve Provinces* (New York: Brentano's, 1923)

14　见 Fairbank, Wilma, *Liang and Lin: Partners in Exploring China's Architectural Past* (Philadelphia: University of Pennsylvania Press, 1994): 29.

15　Kögel, Eduard, "Early German Research in Ancient Chinese Architecture (1900-1930)," *Berliner Chinahefte/Chinese History and Society*, Nr. 39, 2011: 81-91.

16 参见拙文"文化观遭遇社会观——梁刘史学分歧与20 世纪中期中国两种建筑观的冲突",朱剑飞主编《中国建筑 60 年:历史理论研究(1949-2009)》(北京:中国建筑工业出版社,2009 年),246-263 页。鲍氏对建筑象征性的关注及其人类学视角或许受到了德国古典美学,尤其是黑格尔美学,以及著名建筑家森佩尔(Gottfried Semper, 1803-1879)研究的影响。

17 林洙《叩开鲁班的大门——中国营造学社史略》(北京:中国建筑工业出版社,1995 年),129 页。有关材料见《中国营造学社汇刊》第 3 卷第 1 期,1932 年 3 月,187、192 页。

18 感谢科构先生提醒我注意这些材料。

19 刘敦桢于 1935 年 8 月 9 日参观苏州玄妙观,又于 9 月 7 日与梁思成再度调查该建筑。见"苏州古建筑调查记",《刘敦桢文集(二)》(北京:中国建筑工业出版社,1984 年),258 页(按:原文所记调查时间为"民国二十五年",但据文中所言"适首都中央博物馆征求建筑图案",且该文发表于 1936 年 9 月的《中国营造学社汇刊》第 6 卷第 3 册,可知"二十五"当为"二十四"之误)。该文所用的弥罗阁照片即"自柏尔斯曼《中国建筑》转载")。刘对雅安高颐阙的考察在 1939 年 10 月 20 日。见"川、康古建筑调查日记",《刘敦桢文集(三)》(北京:中国建筑工业出版社,1987 年),251 页。

20 鲍鼎:"唐宋塔之初步分析",《中国营造学社汇刊》,第 6 卷第 4 期,1937 年 6 月,1-29 页。

21 参见拙文"梁思成、林徽因中国建筑史写作表微",《二十一世纪》,第 64 期,2001 年 4 月,90-99 页;"设计一座理想的中国风格的现代建筑——梁思成中国建筑史叙述与南京国立中央博物院辽宋风格设计再思",《艺术史研究》,第 5 卷,2003 年,471-503 页;"构图与要素——学院派来源与梁思成'文法—词汇'表述及中国现代建筑",《建筑师》,第 142 期,2009 年 12 月,55-64 页。

22 林徽音(林徽因):"论中国建筑的几个特征",《中国营造学社汇刊》,第 3 卷第 1 期,1932 年 3 月,163-179 页。

23 Yetts, Walter Perceval, "Writings on Chinese Architecture,"《中国营造学社汇刊》,第 1 卷第 1 册,1930 年 7 月,1-8 页。

24 同上。

25 福格森说:"在中国,大雨集中于一年中的一个季节,于是中国普遍采用的瓦屋面需要较大的坡度以排雨水,但是另一个季节明媚的日照又使墙和窗的遮阳成为必要。……如果为了后一种需要而延长屋面,高窗将变得十分昏暗,同时也遮挡了视线。为了弥补这一弊端,中国人将渗漏问题不太大的外墙之外的屋檐部分沿水平方向折出。同时,为了打破两个折面之间的僵硬角度,他们采用了凹形的曲线。这样,既有效地解决了屋顶[排水和遮阳]的两个功能,又创造了中国人正确地视为美观的屋面造型。"见 Fergusson, James, *The Illustrated Handbook of Architecture in all ages and all countries* (London: John Murray, 1859): 140.

喜龙仁（Osvald Sirén，1879–1966）
来源：http://hahn.zenfolio.com/p995373718/h35C61
E0A#h35c61e0a

2 梁思成《中国雕塑史》与喜龙仁

　　研究中国近代考古学与美术史的发展历程，不能不提到一批外国学者。他们中有英国的斯坦因（Marc Aurel Stein，1862-1943），法国的沙畹和他的学生伯希和，日本的大村西崖（1868-1927）、伊东忠太、关野贞和常盘大定，德国的鲍希曼，以及瑞典的喜龙仁。这些学者通过广泛的实地调查和对实物的深入分析，为中国文化史研究方法的现代化起到了示范作用。他们当中，在中国建筑史和美术史两方面兼具重要影响的人物大概首推喜龙仁，而他所影响的直接对象就是 20 世纪中国最杰出的建筑家梁思成。

　　喜龙仁 1879 年出生于芬兰的赫尔辛基，1966 年故于瑞典的斯德哥尔摩。他早年研究意大利文艺复兴前期美术，后来成为研究和收藏东方美术的著名西方学者。他 1908 年至 1925 年任斯德哥尔摩大学美术教授；1928 年至 1944 年任斯德哥尔摩国家博物馆绘画与雕塑部负责人。

　　喜龙仁受业于芬兰首位美术史教授、意大利美术专家、赫尔辛基大学提卡南（Johan Jakob Tikkanen，1859-1930）教授门下，1900 年获博士学位。他对早期文艺复兴艺术的兴趣使他在 1901 年就担任了斯德哥尔摩国家博物馆的助理，并结识了美国在文艺复兴艺术研究方面的著名美术史家贝伦森（Bernard Berenson，1865-1959），他还于翌年在贝伦森位于塞提格纳诺（Settignano）

的伊·塔提（I Tatti）别墅（按：该别墅现为哈佛大学意大利文艺复兴研究中心）拜访了他。1908 年喜龙仁成为斯德哥尔摩大学的首位美术教授。和 20 世纪早期很多美术学者一样，他还为一些商业画廊做鉴定工作，并为一些私人收藏家提供咨询，其中包括赫尔辛基的啤酒业的西奈伯里乔夫（Sinebrychoff）家族。他后来虔心于神智学（Theosophy），或许即因此而对亚洲艺术产生兴趣。

　　喜龙仁于 1917 年出版他的第一部学术专著《乔托及其部分追随者》（*Giotto and Some of his Followers*，2 卷，Cambridge, MA: Harvard University Press, 1917）。然而，他从 1914 年就开始专注于亚洲美术。1918 年，斯德哥尔摩大学的康斯西斯托里斯卡研究院（Konsthistoriska Institutionen）举办亚洲美术展览，他为之编写了图录。同年，他第一次赴亚洲旅行，此后又于 1921 年至 1923 年，1929 年至 1930 年和 1935 年多次考察，摄影并购买实物。1924 年他出版了《北京的城墙与城门》（*The Walls and Gates of Peking: Researches and Impressions*，3 卷，New York: Orientalia, 1924, 1926）一书的第一卷。

　　喜龙仁并非一位安逸的教师，在 1925 年辞去了大学的教职。同年他出版了对于云冈和龙门石窟研究的成果，即四卷本（一卷文字，三卷图版）的《5 至 14 世纪的中国雕塑》（*Chinese Sculpture from the Fifth to the Fourteenth Century*，4 卷，London: E. Benn, 1925）。他在书中建立了自己的一套分类系统，这一系统后来被许多研究中国美术的学者们所采用。1925 年，喜龙仁为英国著名美术史家弗雷（Roger Fry）、宾扬（Robert Laurence Binyon, 1869-1943）、肯德里克（Albert Frank Kendrick, 1872-1954）、拉克汉（Bernard Rackham, 1876-1964），以及亚洲学学者叶慈及温克沃斯（William Wilberforce Winkworth, 1897-1991）等合著的普及教材《中国艺术概论：绘画、雕刻、陶瓷、织绣、青铜器及其他》（*Chinese Art: an Introductory Handbook to Painting, Sculpture, Ceramics, Textiles, Bronzes & Minor Arts*，London:

Burlington Magazine/B. T. Batsford, 1925）撰写了"中国雕塑"一节。1926 年他还出版了《中国北京皇城写真全图》（*The Imperial Palaces of Peking*, Paris and Brussels: Librairie Nationale D'Art Et D'Histoire/G. Van Oest, Publisher, 1926）。有趣的是，他对紫禁城的调查还得到了当时已经退位的宣统皇帝溥仪的亲自引领，为此《纽约时报星期日增刊》（*New York Time Magazine*）曾在 1923 年 4 月 22 日以"一位中国的皇帝担当了摄影家的助手"（A Chinese Emperor Plays Photographer's Assistant）为题介绍了此事。喜龙仁自己则在书的前言中说："我得到了内政部的官方许可考察了紫禁城已经收归国有的部分区域。但内廷当时还是保留的皇室居所，无论是中国人还是外国人，极少有人曾涉足其中。我却有幸在退位皇帝的亲自引领下，参观了其中的许多庭院。"林语堂曾对该书大加赞赏，他说："喜龙仁的《北京的城墙与城门》和《中国北京皇城写真全图》是两本最完全和最权威的再现北京的图集。"（《中国北京皇城写真全图》一书 1976 年新版护封）

1928 年，喜龙仁被任命为斯德哥尔摩国家博物馆的绘画与雕塑部负责人。通过博物馆，他结识了柏林的亚洲学学者、后来的柏林博物馆馆长库摩尔（Otto Kümmel, 1874-1952）。1929 年，他出版了《中国早期美术史》（*History of Early Chinese Art*, 4 卷，London: E. Benn, 1929-1930）。该书是同类书中的开山之作之一。这些书都采用了图版结合文字的形式，但并非一种历史叙述。此时喜龙仁关注的是中国绘画，他的著作也大都以西方读者为对象。两部绘画史——《中国早期绘画史》（*History of Early Chinese Painting*, 2 卷，London: The Medici Society, 1933）和《晚期中国绘画史》（*History of Later Chinese Painting*, 2 卷，London: Medici Society, 1938）分别在 1933 年 和 1938 年出版。在此期间，他对 1935 年至 1936 年在伦敦 Burlington House 举办的"中国美术展"（Exhibition of Chinese Art）的筹办起到了关键作用。1935 年他到中国旅行，1936 年出版了一部系列美术文集《中国人论绘画美术》(*The Chinese on the Art of Painting*，Beijing: H. Vetch, 1936)。

第二次世界大战期间，喜龙仁滞留瑞典，用瑞典文写作并出版了个人第一部 叙述体著作《中国营造三千年》(*Kinas konst under tre Artusenden*，2 卷，Stockholm: Natur och Kultur, 1942, 1943)，并在位于 Lidingö 岛的家中开始了对于中国园林的研究。他于 1944 年退休，1948 年出版了第一部园林研究著作《中国传统园林》(*Tradgardar i Kina*)。喜龙仁从未放弃他对西方美术的爱好。退休后，他多次赴英国考察拍摄英国园林，1950 年出版了《中国和 18 世纪的欧洲园林》(*China and Gardens of Europe of the Eighteenth Century*，New York: Ronald Press Co., 1950)。他还对自己早年的著作进行修订，从 1956 年开始陆续出版了 7 卷本的《中国绘画的名家与原则》(*Chinese Painting: Leading Masters and Principles*，New York: Ronald Press, 1956-1958)。为此，当时尚在密歇根大学攻读博士学位的高居翰 (James Cahill) 还曾赴斯德哥尔摩协助工作。同年，他获得华盛顿弗里尔艺术博物馆新设并颁发的 Charles Freer 奖章。喜龙仁的大部分收藏被斯德哥尔摩的远东古物博物馆 (Museum of Far Eastern Antiquities) 收购 (以上介绍参见 http://www.dictionaryofarthistorians.org/sireno.htm)。他逝世后，《伦敦时报》(*Times of London*) 的讣告曾说，"喜龙仁在中国、日本和西方国家的公私收藏所见和所录的中国绘画之多，大概超过了他同时的所有其他学者。"(《中国北京皇城写真全图》一书 1976 年新版护封)

李军曾指出喜龙仁在中国建筑史叙述方面对梁思成的影响。如梁思成认为建筑结构构件在建筑外观上的表现忠实与否是一个标准，据此可以看出中国建筑从初始到成熟，继而衰落的发展演变。而喜龙仁在他 1930 年出版的《中国早期美术史》第四卷 (也即建筑卷) 中，已有同样表述。(李军："古典主义、结构理性主义与诗性的逻辑——林徽因、梁思成早期建筑设计与

思想的再检讨"，《中国建筑史论汇刊》，第5辑，2012年4月，383-427页）

事实喜龙仁对梁思成的中国美术史研究也有重大影响。梁思成在自己的《中国雕塑史》——也即1930年他在东北大学开设同名课程时所编的讲义——的前言中也说："外国各大美术馆，对于我国雕塑多搜罗完备，按时分类，条理井然，便于研究。著名学者，如日本之大村西崖、常盘大定、关野贞，法国之伯希和（Paul Pelliot）、沙畹（Edouard Chavannes），瑞典之喜龙仁（Osvald Siren）等，俱有著述，供我南车。而国人之著述反无一足道者，能无有愧？今在东北大学讲此，不得不借重于外国诸先生及各美术馆之收藏，甚望日后战争结束，得畅游中国，以补订斯篇之不足也。"而喜仁龙的《5至14世纪的中国雕塑》当系梁所"借重"的诸多前人著作中最重要的一部。

《中国雕塑史》以朝代为叙事结构，从"上古"一直介绍到"元、明、清"，其中重点是"南北朝"至"宋"——在《梁思成全集》第一卷刊登的该书31页文字中，这部分内容共占20页。它们共有525行，而自喜龙仁著作翻译或节译的内容至少有150行。这些文字显示出喜龙仁在研究方法上对视觉分析的重视。他在对实物造型进行深入细致分析的基础上，进而解读图像、定义风格、判定时代、追溯渊源，甚至探讨雕制过程中工匠合作的关系。这一方法当然源自他那个时代西方美术史学的形式主义传统。梁思成曾在哈佛大学学习美术史，对此方法也不陌生，而喜龙仁的著作无疑为他研究中国美术提供了一个直接参考。《中国雕塑史》其他章节和段落的写作和梁后来对于中国建筑的研究也都充分体现了这一方法（图1、图2）。

1932年梁思成加入中国营造学社之后有了更多的机会实地考察中国古代的雕塑。但中国的现代历史最终没能让他对自己在29岁时编写的讲义继续"补订"，从而加入更多自己搜集的材料和自己的创见。或许更为令他的在天之灵不安的是，由于他的译文"过于"自然、生动和流畅，后人竟误以为所有内容均为他的独创，而将这本讲义手稿视为他的专著。现在，还是让我们帮助梁先生改正这一历史的误会，重新把《中国雕塑史》定作他的"编译增补"之作，并一起欣赏一些他简练传神的译文（中文中的斜体字为梁所增内容，英文中的删节号为梁未译内容）。

图 1　喜龙仁《5 至 14 世纪的中国雕塑》第一卷，绪论，xliv 页（左）

图 2　梁思成《梁思成文集》第三卷，《中国雕塑史》，312 页（右）

CHINESE SCULPTURE

along the sides in parallel curves, forming at the hem zigzag lines or series of pointed lobes. When fully developed these mantle hems become suggestive of stretched bird wings, and they seem, indeed, quite appropriate for those celestial beings who descend on earth to assist human kind. Nothing could be more unlike the small and finicky folds of the knitted garments of the Indian figures. The lines of these wing-like mantles are marked by an elastic rhythm and an energetic terseness which remind us of the plastic works made in the Han period under the influence of the Scytho-Sarmatian art. They reflect the same tendencies of style as the energetic contours of the animal statues examined above, and may consequently be taken as evidence of the continuation of an indigenous art tradition.

Two distinct currents of style may thus be observed in the Yün Kang sculptures ; an Indian (or Southern) which dominates particularly in the large hieratic statues, and a Chinese (or Northern) which endows many of the minor statues with a remarkable rhythmic energy and decorative beauty. This new element of style which we now encounter for the first time fully developed in the Buddhist art of China, becomes of the greatest importance for the succeeding evolution. It is in the rhythmic disposition of the mantle folds that the Chinese genius first reveals itself, and it is by this that the religious sculptures of China receive their peculiar artistic significance. Once we have observed this element and fully grasped its importance, it is quite easy to follow the evolution of style step by step and with the aid of dated monuments to establish definite periods in the history of Chinese sculpture. The gist of it is brought out by the schematic drawings of folds reproduced in the text ; they tell their own story even without comments.

The earliest, or archaic, period of Buddhist sculpture in China is characterized by the most terse and energetic fold designs. The contours are bending like stretched bow-strings, forming sharp points at the corners of the lower hem (cf. Figs. 2-3). They are strengthened by a succession of folds, all following the same long curves and ending in wing-like points. Between these side-folds which frame the lower part of the figure the garments are arranged in two or more layers and laid in straighter folds, the hems of which are drawn either in a succession of sharp beak-like curves or in lozenge-

Fig. 2.—Seated figure in Cave XXVI at Yün Kang. End of 5th century.

shaped patterns. This fold design is, however, by no means stereotyped ; there are local variations as well as modifications caused by different materials. A soft and coarse stone does not allow the same degree of exactness as a hard and fine material, and when the figures are executed on a very small scale the fold motives are usually simplified. But on the whole it may well be said that there are no figures of the Northern Wei period which do not possess the essential features of

xliv

312　梁思成文集（三）

第五十六图　云冈第二十七窟造像

第五十七图甲　云冈佛像衣纹比较

第五十七图乙　云冈第十九窟西阃坐像

南北朝——北朝

元魏

78 页

　　[云冈]石窟总数约二十余，其大者深入约七十尺，浅者仅数尺。其山石皆为沙石，石窟即凿入此石山而成者。除佛像外，尚有圣迹图及各种雕饰。石质松软，故经年代及山水之浸蚀，多已崩坏。今存者中最完善者，即受后世重修最甚者，其实则在美术上受摧残最甚者也。

　　The caves, which number over twenty, are of varying size, the largest one being about seventy feet deep, the smaller ones only a few feet. They are hollowed out in the sandstone ridge, and all abundantly decorated with Buddhist divinities, legendary scenes and ornamental reliefs executed in the rock walls. But as the stone is of a rather soft granular quality, the sculptures have deteriorated a great deal under the influence of water and time, and have been repeatedly restored during successive ages. The caves which are now in the most complete condition are those which have been most thoroughly cared for by the restorers and which consequently are artistically most disfigured....

续表

79 页 　　云冈雕饰中如环绕之莨苕叶（Acanthus），飞天手中所挽花圈，皆希腊所自来，所稍异者，唯希腊花圈为花与叶编成，而我则用宝珠贵石穿成耳。顶棚上大莲花及其四周飞绕之飞天，亦为北印中印本有。	pp.xl-xli 　　A good many of the decorative motives in the Yun Kang caves are derived from Central or Western Asian art. The highly conventionalized winding acanthus stems ....The heavy garlands carried by standing or flying genii are akin to the festoons found on Gandhara sculptures from Taxila and elsewhere, thought it may be remarked that while the Hellenistic garlands are formed of leaves and flowers, the Chinese are usually made of beads and ornamental buckles. The enormous lotus flowers with two or three rings of ornamental petals, surrounded by soaring apsaras, sometimes enclosed in trapezoid fields, are also to be found both on Northern and Central Indian monuments....
又如半八角拱龛以不等边四角形为周饰，为健陀罗所常见，而浮雕塔顶之相轮，则纯粹印式之窣堵坡也。尤有趣者，如古式爱奥尼克式柱首，及莲花瓣，则皆印译之希腊原本也。此外西方雕饰不胜枚举，不赘。	Quite similar flat ogee or tripartite arches (with frames composed of trapezoids), may be seen on Gandhara monuments ...., and the small stupas which are placed on the top of the pagoda ....are of pure Indian type. The bungled Ionian capitals on some of the polygonal pillars and pilasters and the roughly executed egg and dart patterns which decorate many profiles are also Hellenistic elements in Indian translation. Other similarly hybrid motive might be enumerated,...
不唯雕饰为然也，即雕饰间无数之神像亦多可考其西方本源者，其尤显者为佛籁洞栱门两旁金刚手执之三义［叉］武器，及其上在东之三面八臂之涅［湿］婆像，手执葡萄、弓、日等骑于牛上。其西之毘纽天像，五面六臂，骑金翅鸟，手执鸡、弓、日月等，鸟口含珠。即此二者已可作云冈石窟西源之证矣。	p.xli 　　The guardians who stand at the sides of the door-ways impress us on the whole as somewhat more Chinese (possibly because such figures are more common in later Chinese art), but some of them are provided with strange lances in trident form. Above the dvarapalas may be observed, as least in two instances, some very curious figures of purely Indian origin. We find them at first on the entrance arch to Cave VIII and then, in a less complete form, in the ante-room of Cave X. One of these is a five-headed and six-armed figure, carrying the sun, the moon, a bow, an arrow and a bird, seated on a large peacock-like bird which holds a pearl in its beak. The other is a three-headed and eight-armed figure, carrying similar attributes (besides some others, now destroyed), seated on a bull. The former is, no doubt, a Garuda raja, on Vishnu's bird; the other a Mahesvara (a form of Siva), who may be seen in a similar form, for instance, on a painting from Tun Huang (in Musee Guimet). These Hindu gods in the midst of a great Buddhist pantheon may indeed be quoted as indications of the Western origin of the Yun Kang decorations.
79 页 　　佛像中之有西方色彩可溯源得者亦有数躯，则最大佛像数躯是也。此数像盖即昙曜所请凿五窟之遗存者。（？）在此数窟中，匠人似若极力模仿佛教美术中之标准模型者，同时对一己之个性尽力压抑。故此数像其美术上之价值乃远在其历史价值之下。	p.xlii 　　Of special interest in this connection are the colossal Buddhas and Bodhisattvas which still may be seen in two or three caves; the largest one being over 50 feet high (cf. Plates 48, 53, 54; also 43, 44). It seems as if the artists had made a special effort to represent these large statues in closest adherence to the standard models of Buddhist art, at the same time obliterating as far as possible their own personality in the execution of such great works of devotion. The artist interest of these statues is thus very much inferior to their historical importance.

其面貌平板无味，绝无筋肉之表现。鼻仅为尖脊形，目细长无光，口角微向上以表示笑容，耳长及肩。此虽号称严依健陀罗式，然只表现其部分，而失其庄严气象。	The facial type is flat and insipid; there is hardly any modeling at all in the face. The nose is a straight sharp ridge, the eyes are narrow slits reaching to the temples, the corners of the smiling mouth are turned slightly upward, and the long ear lobes almost touch the shoulders. Broadly speaking, this is a derivation from the Gandhara type; it has retained the essential features, but lost something of the solemnity....
乃至其衣褶之安置亦同此病也。其袈裟乃以软料作，紧随身体形状，其褶纹皆平行作曲线形。然粘身极紧似毛织绒衣状，吾恐云冈石匠，本未曾见健陀罗原物，加之以一般美术鉴别力之低浅，故无甚精彩也。	No less characteristic are the mantle folds, the style of draping. The sanghati is made of a soft material, which clings closely to the forms, and arranged in a series of fairly thin creases usually indicated with double lines and following a regular system of parallel curves.... The regularity of these thin folds in the soft material suggests a knitted rather than a woven stuff.
79 页 由此观之，云冈佛像实可分为二派，即印度（或南派）与中国（或北派）是也。所谓南派者，与南朝遗［造］像袈裟极相似，而北派则富于力量，雕饰甚美。此北派衣褶，实为我国雕塑史中最重要发明之一，其影响于后世者极重。我古雕塑师之特别天才，实赖此衣褶以表现之。	p.xliv Two distinct currents of style may thus be observed in the Yun Kang sculptures; an Indian (or Southern) which dominates particularly in the large hieratic statues, and a Chinese (or Northern) which endows many of the minor statues with a remarkable rhythmic energy and decorative beauty. This new element of style which we now encounter for the first time fully developed in the Buddhist art of China, becomes of the greatest importance for the succeeding evolution. It is in the rhythmic disposition of the mantle folds that the Chinese genius first reveals itself, and it is by this that the religious sculptures of China receive their peculiar artistic significance.
83 页 我国佛教雕塑中最古者，其特征即极为简单有力之衣褶纹。其外廓如紧张弓弦，其角尖如翅羽，在此左右二翼式衣裙之间，乃更有二层或三层之衣褶，较平柔而作直垂式。	pp.xliv-xlv The earliest, or archaic, period of Buddhist sculpture in China is characterized by the most terse and energetic fold designs. The contours are bending like stretched bow-strings, forming sharp points at the corners of the lower hems. They are strengthened by a succession of folds, all following the same long curves and ending in wing-like points. Between these side-folds which frame the lower part of the figure the garments are arranged in two or more layers and laid in straighter folds, the hems of which are drawn either in a succession of sharp beak-like curves or in lozenge-shaped patterns.
然此种衣纹，实非有固定版式者，亦因地就材而异，粗软之石自不能如坚细石材之可细刻，或因其像大小而异其衣褶之复简。	This fold design is, however, by no means stereotyped; there are local variations as well as modifications caused by different materials. A soft and coarse stone does not allow the same degree of exactness as a hard and fine material, and when the figures are executed on a very small scale the fold motives are usually simplified.
总而言之，沿北魏全代，其佛像无不具此特征者。然沿进化之步骤，此刚强之刀法亦随时日以失其锋芒，故其作品之先后，往往可以其锋芒之刚柔而定之。	But on the whole it may well be said that there are no figures of the Northern Wei period which do not possess the essential features of the above described fold design, however primitively rendered. Gradually, as the evolution progresses, the design becomes a little slacker, the lines lose something of their nervous terseness and the curves on the front begin to round out. We shall have occasion to observe this more in detail in some later specimens and it can be easily verified in out plates, which are chronologically arranged.

83页 　　北魏孝文帝于太和十七年（公元493年）迁都洛阳，同时即开始龙门石窟之凿造。龙门地处洛阳南三十里，亦名伊阙。元魏以下至于隋唐龛窟造像无数，实我国古代石刻之渊薮。其龛窟之布置与云冈略同。唯匠人之手艺不同，而工作之石料较为坚细，故其结果在云冈上，然以地处中原，与社会接触较多，其毁坏之程度亦远在云冈之上，研究亦因之颇感困难。	p.xlv 　　The Lung Men caves were begun as soon as the capital of the Northern Wei emperors had been transferred from Ta Tung to Loyang, and the general plan of the work was very much the same here as in the north. But the artists must have been of a different set, and the material in which they worked was of a superior kind. The results obtained were, on the whole, much finer—particularly from a technical point of view—but they have unfortunately been subject to still more wanton destructions than the sculptures at Yun Kang . Only a minor part of the early sculptures at Lung Men remain in a condition which makes stylistic observations possible.
86页 　　古阳洞中像旁雕饰多珠链，飘带等，龛后及背光则作火焰纹。龛之周围梯形（Trapezoid）格中则为飞天，长衣飘舞。其雕多极薄浮雕，线索凌峻。背光火焰，亦有只刻线纹者。	p.xlvi 　　The ornamental motives consist of pearl-chains, tassels and draperies, and on the halos and the niche frames sinuous flames. Soaring apsaras in long fluttering garments fill the trapezoid fields of the triangular arches. All these elements are executed in quite low relief with sharp contours. The flames of the halos and nimbuses are sometimes simply engraved.
然皆一致同有一特征，则其刚强之蕴力是也。此特征本已见于云冈作品，及至龙门，则因刻匠技术之进步，石料之较佳，故其特征乃益易见。龙门刻匠实较云冈进步远甚，不唯技术，即对于雕饰之布置，亦超而过之矣。	The distinctive element of all these designs is the highly strung elastic nerve and tenseness which we already noticed in the draperies of the Yun Kang sculptures, but which now are still more accentuated and brought out in a finer technique and better material. Similar observations may be made on the mantle folds; their design follows the same general pattern as in the best Yun Kang figures, but the motives are a little further developed, the garments are laid in a greater number of pleated folds; the rhythm of the lines has stronger accents. The artists who worked at Lung men were not only more skilful as stone-cutters, they were also more accomplished as decorators....
94页 　　天龙山，北齐造像之最精者为"第二窟"及"第三窟"，其他诸窟皆隋唐物，"第一窟"亦北齐，然不及二、三窟之精美。二、三两窟中雕饰形制略同；各有三龛，每龛三佛，本尊居中，菩萨胁侍。浮雕甚高，几似独立，然仍带一种平板气味，尤以胁侍菩萨为甚。菩萨微向佛转侧，立莲座上，面部被毁，至为可惜。其姿态修直，衣褶左右下垂，下端强张作角形曲线，尚有北魏遗风。	p.lxiv 　　The finest sculptures of the Northern Ch'i period at T'ien Lung shan are to be seen in Cave II and III.... The system of decoration is practically the same in these two caves; they both contain three large groups composed of a seated Buddha and two standing Bodhisattvas....The main figures are executed in very high relief, giving almost the impression of free standing forms, yet there is still a certain flatness about them, noticeable particularly in the Bodhisattvas which stand turned half-way towards the central Buddha, and whose garments are arranged in pleated folds which spread out in winglike fashion at the sides. They are not very far removed stylistically from corresponding figures on later Wei monuments; ...

本尊则坐莲台上，后壁面门者结跏趺坐，左右壁者垂足坐。其衣褶虽仍近下部向外伸出作翘翼形，然其褶皱不复似前期之徒在表面作线形，其刻常深，以表现物体之凹凸。	The Buddhas ...on the middle wall, facing the entrance, are seated in cross-legged position with the long garment falling down in a profusion of flat ornamental folds over the broad throne-seat, while those on the side walls are seated in the Maitreya position with both feet down, draped in mantles of heavier material laid in deeper plastic folds. It is true that one may still notice here a tendency to spread out the garments like pointed wings at the sides of the feet, but the folds are no longer simply ornaments on the surface, they are often quite deeply undercut, and contribute to the plasticity of the whole appearance.
其背光本有彩画，今已磨失。其全部雕法极其朴素，其引人入胜不在雕饰之细腻而在物体之表现也。	.... The large nimbuses behind the Buddhas may originally have had some painted decorations, but they are now quite plain and look almost like backs of chairs. The representations are, on the whole, almost surprisingly plain and unornamental; their appeal depends more on plastic qualities than on any refinements of decoration.
94 页 河北境内遗［造］像作风与山西大异。泰半甚小，似为各家中供养者。其结构至繁杂，颇有金像手法。唯最初者尚略带北魏遗意。	p.lxx The Buddhist stelae from Chili are of a very different type. They are generally quite small, as if they were made for domestic use rather than for temples. Their compositions are rather elaborate, suggesting sometimes, by their mass of free standing details, bronze works; only the earliest ones retain a certain likeness with the Buddhist stelae from the end of the Wei period (cf. Plates 242, 243A).
佛像多有菩萨胁侍，其背则共有一背景，为叶形背光，其上则有飞天舞翔。俱为浮雕。其衣褶尚有在下端向外伸作翼形之倾向，其浮凸亦殊甚。	The figures are here placed in front of large background slabs in the form of leaf-shaped nimbuses on which the soaring apsaras are executed in high relief. The mantle folds still show a tendency to spread out in pointed wing-like lobes at the feet, and they have more relief than in the later works.
坛座甚高，周刻天王狮子等等供卫。其最普通之布置则在佛之两旁植树二株，枝叶交接于其上，树干遂成二柱状，而枝叶则成背光，飞天翔回于其间，共拱宝塔。	Characteristic of these as well as of the later stelae is the high dais or platform under the figures which is usually decorated with guardians, lions and an incense burner in high relief. By this arrangement the main figures are brought out in a more free standing position, and the whole composition receives a certain amount of depth in proportion to the width of the platform. In other specimens of this same group we find the large leaf-shaped nimbus reduced to a round halo behind the head of the main figure which thus appears largely in silhouette, though joined with the side figures in a strictly frontal group (Plate 244). The more common arrangement is, however, to build up a high background of the winding branches and leaves of two trees which stand like two pillars at the sides of the figures, forming with their large foliage a kind of arbour where the apsaras appear with the pagoda of the sacred jewel and magnificent pearl chains (Plates 245-247).

续表

枝叶之间多雕通处，使全像愈显其剔透玲珑，为其他佛教雕刻所罕见。	The light is piercing through the openings between the leaves, and the figures below are standing out as silhouettes against the sky. The general effect is more airy and light than in any of the other types of Buddhist stelae. ...
此种造像，其先率皆施彩色，其与当时绘画的布局必甚接近。由立体的布局观之，其地位实不甚高，然由技术的进步观之，则亦有相当价值。	....All these stalae were originally richly painted with bright colors and gold, ... Considered as plastic compositions, these small monuments can hardly be said to rank very high in Chinese sculpture—one may even question whether the means used in them are entirely "sculptural" —but as examples of skillful workmanship many of them stand on a high level.
佛像本身，仍可与前所论之公式符合，"管形"之倾向极为显著。其为数也多，其良莠也不齐，其精者可为佛教雕刻中最高之代表物，其劣者则无足道也。定县一带所产玉石为其主要石料，色白而润，最足以表现微妙之光影，使其微笑益显神妙矣。	The figures are made according to the formula discussed above, approaching more or less the cylindrical shape. The poorest among them are like stiff dolls (cf. Plates 243B, 247B) while the best belong to the most excellent specimens of religious statuary in China. The beautiful white stone, sometimes like the finest Greek island marble, has a luminous, almost transparent quality which serves to intensify the most delicate gradations of light and shade, and to create an atmosphere around the smiling face.

隋

101 页　　　至于遗物丰富，品类最杂者，当首推山东境内造像。当时此地对于佛教之信仰，似较他处为强烈。由其造像观之，当时殆本有自成一派之遗风，而其刻工，殆亦非寻常匠人，其天才艺技，皆有特殊之点。	pp. lxxx　　The richest and most varied provincial group of sculptures from the Sui period is to be found in Shantung. The religious fervor and interest in establishing Buddhist temples and sanctuaries seem to have been particularly great in this part of the country, and to judge from the sculptures still preserved in several of these caves, there must have existed a very important tradition of religious art which was now revived by various masters of no common ability. We have given a short account of some of these caves in the descriptive catalogue, but a few words should be added about the style of the more important among these sculptures.
其中最古者为益都驼山及历城玉函山，玉函诸像多开皇四、五、六年造，虽屡经修塑，然本来面目尚约略可见。	The earliest caves are at T'o shan and Yu Han shan; at the fourth, fifth and sixth year of the K'ai Huang era, but unfortunately they are largely restored with plaster and crude coloring, which of course more or less spoils their artistic character. The original form of the figures mantle folds and the facial types.
大致尚作管形；目颇呆板，衣褶垂直，益显其活动不灵之状。头部硕大，趋重方形，而颈则细长如柱；而他部之结构，亦非精美。历城佛峪亦有同此形制者，且保存较佳。为开皇七年造（公元 587 年）。	Broadly speaking, the form is more cylindrical than ovoid, not without stiffness, which is accentuated by the prevailing vertical rhythm of the thin mantle folds. The heads are very large, with a tendency to squareness and placed on high cylindrical necks; the modeling has evidently never been of a very remarkable kind, though their present condition make（原文）them look more doll-like than ever. Better preserved statues of exactly the same type and stylistic character may be seen at Fo Yu ssu, ... They are dated in the seventh year of K'ai Huang (587).

唐

106 页 　　就初唐遗物观之，唐代造像多在武周，其中精品甚多。龙门天龙山诸石室及长安寺院中造像，俱已证明此时期间美术之发达及其作品之善美。佛像之表现仍以雕像为主，然其造像之笔意及取材，殆不似前期之高洁。	pp.xci–xcii 　　If we may judge by the remaining material, and by the general historical indications, it may be safely said, that more Buddhist sculpture was made in the reign of Wu Hou than during the rest of the Tang dynasty, and some of these sculptures are indeed among the most perfect plastic creations ever made in China. Many of the finest sculptures in the caves at Lung Men in Honan, at Tien Lung shan in Shansi, and a great number of single statues and reliefs from temples in Chang-an bear witness of the intense activity and high artistic quality of this period. Sculpture was still the principal means for religious imagery, though it may well be that the devotional inspiration was not quite as pure and strict as in earlier times.
日常生活情形，殆已渐渐侵入宗教观念之中，于是美术，其先完全受宗教之驱使者，亦与俗世发生较密切之接触。故道宣于其感通录论造像梵相，谓自唐以来佛像笔工皆端严柔丽，似妓女儿，而宫娃乃以菩萨自夸也。	The religious sentiment was led into all sorts of side channels, and art was brought into closer touch with the profane world. The great Buddhist scholar, Tao Hsuan, who lived in His Ming ssu in Chang-an, and wrote his History of Buddhism in China already during the lifetime of kao Tsung, complained that the sculptors made their religious images look like dancing-girls, so that every court wanton imagined that she looked like a Bodhisattva.
106 页 　　西安为唐代都城，武后时造像尤多。其最古造像之可考者为贞观十三年（公元 639 年）中书舍人马周造像。佛结跏趺坐高座上。背光上刻火焰形。头光作二圆圈，圈内刻花纹及过去七佛像。衣装紧严，作极有规则曲线形。衣蔽全体，唯胸稍露。	pp.xcii–xciii 　　The earliest dated statue is of the year 639. It was made for the famous imperial minister Ma Chou and represents a Buddha in cross-legged position on a high draped pedestal, placed in front of a background slab which is bordered, like a nimbus, with flame ornaments (Plate 365). The halo is executed on the slab in the form of two rings with floral ornaments, and the seven Buddhas of the past in low relief. The figure is draped in a mantle which covers both shoulders, arms and feet, leaving only a small part of the chest bare.
衣褶由宝座下垂，亦极规则的，使全像韵律呈一安宁懿静状，而其曲线亦足增助圆肥丰满形态之表示。此像之中，前期之椭圆形仍极显著，然已较肥硕，且全体各部不同其刀法。	The folds are highly conventionalized in the form of thin rounded creases and arranged in long curves over the body, the legs and the upper part of the pedestal. The rhythm is restful and slow, but very clearly accentuated in these linear folds, which also contribute to the impression of roundness and fullness. The ovoid formula is quite perceptible in the figure and in its various parts, but it has become heavier than before and also more varied in the different parts of the body.
其装饰集中于背光及颈部，刻法精美。堪称杰作。	The decorative effect is altogether more powerful and concentrated than in earlier statues of a similar kind, and the execution is masterly....
此类遗物之在陕西颇多，刀法布局大略相同。就其衣褶及形态论，其深受印度影响殆无可疑。其衣褶与元魏云冈最初像相似，而形态则与敦煌画鹿苑法轮初转相合。然其根本念观（原文），则仍为中国之传统佛像也。	...No doubt, all these Buddhas have an Indian ancestry, but it has been crossed with quite powerful indigenous elements of style inherited from previous epochs of Buddhist art in China.

107 页　　　　　　　　　　　　　菩萨而外，尚有比丘僧尼造像。其形态较为雄伟，不似菩萨端秀柔弱。其程式化之程度较少于佛像，亦不如佛像之模仿西方样本，实与实际形状较相似。其貌皆似真容，其衣折（原文）亦其写实。	p.xciv　　　A kind of masculine pendants to these Bodhisattvas may be found among the statues of bhikshus and priests which sometimes formed parts of the same altar groups as the Boddhas and Bodhisattvas, but in other instances simply served as memorial statues (cf. Plates 371, 373, 374). They are less conventionalized, less dependent on foreign models, and made in closer adherence to actual life. Their heads are portrait-like, their mantles arranged in a more or less naturalistic fashion.
今美国各博物馆所藏比丘像或容态雍容，直立作观望状。或蹙眉作恳切状，要之皆各有个性，不徒为空泛虚渺之神像。其妙肖可与罗马造像比。皆由于对于平时神情精细观察造成之肖像也。不唯容貌也，即其身体之结构，衣服之披垂，莫不以写实为主；其第三量之观察至精微，故成忠实表现，不亚于意大利文艺复兴时最精作品也。	Look, for instance, at the young bhikshu who is standing in an attitude of observation, throwing his large shaved head backward with an air of self-contentment, ...They are character studies, ...very striking types observed in actual life. It is also worth noticing how much freer and more plastic the draping of the mantle becomes in these statues. A figure.... may have been done by a Roman artist just as well as by a Chinese. The figure is plastically conceived and felt under the garments, and the folds are treated with the same freedom and ease as in the best Italian works.
若在此时，有能对于观察自然之自觉心，印于美术家之脑海中者，中国美术之途径，殆将如欧洲之向实写（原文）方面发达；然我国学者及一般人，素重象征之义，以神异玄妙为其动机，故其去自然也日远，而成其为一种抽象的艺术也。	Chinese sculpture might well have reached a similar standard of characterization and plastic significance as the classic art of Rome, had it followed a course as close to nature as that of Italian art and not devoted its main energies to the interpretation of hieratic model. The course that it followed led, broadly speaking, away from nature towards a more abstract rendering of the significance of material symbols, which, however, did not prevent it from reaching, at the time of its highest development, a truly monumental form and classic equipoise.
107 页　　　　　　　　　　　　　今请移向河洛一带。唐代雕刻之最重要代表作品，厥为龙门造像。武后之世，造像之风盛行，然此期造像多已残破；唯最大者尚得保存。	p.c　　　The most characteristic and important specimens of early Tang sculpture in Honan are found in the Lung Men caves. A very extensive artistic activity took place here during the second half of the 7th century, but the greater part of the sculptures made then are now in a very ruined condition; it is practically only the very largest figures which are preserved in their entirety, and which still may serve to convey an impression of the Lung men style.
其中多数已流落国外，然以武后时像作风为标准，并视特殊之石质（灰色石灰石），可得其一种普通之特征。	When we know these, it is quite easy to recognize a number of detached specimens, both complete figures and single heads, which have been taken out of the Lung Men caves and scattered all over the world. Their quality varies, but their style is fairly uniform, and the grey limestone of most of these figures is also quite characteristic.
龙门造像，就其全数而论，不得作为各个作家之作品看，亦无特殊之杰作。其刻工虽有优劣之别，然其作风则画画一。殆可认为一派或一群刻匠之共同作品。	p.c　　　The Lung Men sculptures do not, on the whole, impress us as individual creations or masterpieces by definite artists; they seem rather to be the result of a collective activity of a school or a group of sculptors, who may have formed here a kind of "Bauh ü tte," or local artistic body, engaged by various people for the execution of votive statues.

其中最重要者多为发内帑所造，如诸极大像是也。此外像主极多，自王公以至庶人，莫不以造像为超度之捷径而竟［竞？］塑造也。	The most important of these commissions came from the imperial house...., who paid the expenses for the colossal Buddha; but others were given by government officials, or by members of the Buddhist confraternities.
其作法殆亦多人合作，匠师拟形，而工人乃开崖凿石，匠师又加以最后雕饰及头面之细作也。	What remains to-day of the Lung Men works are only the *membra disjecta* of a colossal plastic *ensemble*; but if we may judge by these, a great number of statues must have been executed by the co-operation of two or more stone-carvers. The leading masters indicated, no doubt, the compositions and the general shape of the figures, while the assistants had to carve out the huge forms from the rock, and the heads may have been done by men with special experience and training....
此期作品，其美术上的优劣颇为一致。其身材颇肥硕，头大而有强力，其笔法亦颇豪壮，而同时寓柔秀于强大之中，其衣褶流利自然，出入深浅，皆能善表第三量。	p.c All these sculptures have a uniform artistic character. The forms are broad and heavy, the bodies more or less thick-set, the heads very large and powerful, though sometimes not without an element of gentleness. ...
109 页 龙门诸像中之最伟大者为奉先寺。本尊座左侧有造龛记［略］。…今像坐露天广台之上，前临伊水。寺阁已无，仅余材孔，而像则巍然尚存，唐代宗教美术之情绪，赖此绝伟大之形象，得以包含表显，而留存至无极，亦云盛矣！其中尤以卢舍那为最精彩，二尊者，菩萨及金刚神王像皆较次。侍立诸像头皆过大，与矮胖肥壮之身不合；其衣褶亦过于装饰的，为线的结构，与广阔之形体不甚调和。	p.ci The great figures of the former Feng Hsien temple, which now stand on the open terrace overlooking the river, reflect in the most hieratic and monumental form the religious pathos of the mature Tang art; at least, the great Buddha does so, the accompanying figures at his sides—two bhikshus, two Bodhisattvas and four guardians—are distinctly inferior. Their enormous heads are out of proportion to their short and thick-set bodies, and their garments are treated in a rather ornamental fashion with sharply marked linear folds which do not quite harmonize with the broad and block-like forms.
卢舍那像已极残破，两臂及膝皆已磨削，像之下段受摧残至甚；然恐当奉先寺未废以前，未必有如今之能与人以深刻之印象也。千二百年来，风雨之飘零，人力之摧敲，已将其邻近之各小像毁坏无一完整者，然大卢舍那仍巍然不动，居高临下，人类之技［伎］俩仅及其膝，使其上部愈显庄严。	pp. ci-cii The present state of the great Vairochana Buddha is far from perfect—the hands are gone and the lower part of the figure has suffered a great deal—but I doubt whether it ever made a stronger impression than to-day, when it rises huge and free in the open air over the many surrounding niches in which time and human defilers have played havoc with most of the minor figures, doing their best to destroy even this giant. But it has been too great for them; the destroyers have reached only to its knees. The upper part of the figure is well preserved and dominates now more than ever.

且千年风雨已将其刚劲之衣褶使成柔软，其光华之表面，使成粗糙，然于形态精神，毫无损伤。故其形体尚能在其单薄袈裟之尽情表出也。背光中为莲花，四周有化佛及火焰浮雕，颇极丰丽，与前立之佛身相衬，有如纤绣以作背景。	Long ages have softened the mantle folds and roughened the surface of the grey limestone (which is beginning to crack), but have not spoilt the impression of the plastic form. It may still be felt under the thin garment: a very sensitively modeled form, not a dead mass, though unified in a monumental sense. The rock wall behind and around the figure seems to be covered by a rich carpet; it is formed by the flame patterns of the halo and the nimbus, which are executed in quite low relief, contrasting by their flatness and their swift rhythm with the heavy form and calmness of the giant who leans against them.
佛坐姿势绝为沉静，唯衣褶之曲线中稍藏动作之意。今下部已埋没土中，且膝臂均毁，像头稍失之过大；然其头相之所以伟大者不在其尺度之长短，而在其雕刻之精妙，光影之分配，足以表示一种内神均平无倚之境界也。	He sits in complete repose; only the mantle folds, which form a series of long curves over the chest, indicate a slight rhythmic movement—they give almost the impression of elastic springs which are pressed down by the weight of the enormous head. No doubt, this head appears now larger than it did originally, because the ground in front of the figure has been filling up, and substantial fragments from the waist down have fallen away; yet it is by no means simply the size and weight that make the head so impressive, it is rather the modeling, the very skilful treatment in light and shade, which suggests an atmosphere or an echo of an inner harmony.

宋

124 页	p.cxix
然就偶像学论，则宋代最受信仰者观音，其姿态益活动秀丽；竟由象征之偶像，变为和蔼可亲之人类。且性别亦变为女，女性美遂成观音特征之一矣。	...The Kwanyin, who became so much in vogue at this time, is, as a rule, represented in a very free and elegant form; not simply as a symbolic image, but as a human being, lovable and tender towards her adorers. The womanly beauty is much more accentuated in these figures than any divine of Bodhisattvic qualities. ...
自唐以后，铸铁像之风渐盛。铁像率多大于铜像，其铸法亦较粗陋；其宗教思想之表现亦较少，与自然及日常生活较近。此点可与木像相符。不幸此种铁像多经融毁，唯头遗下者颇多。然在山西晋祠及河南登封尚存数尊。皆为雄纠武夫。晋祠像为绍圣四年作（公元 1097）。	Another characteristic sign of the period is that iron more and more takes the place of bronze. Bronze statuettes are not as frequent after the end of the T'ang dynasty as before, while iron statues become quite popular during the Sung period. They are usually executed on a much larger scale and in a coarser technique than the bronzes, and again, they are less ritualistic and much closer to life and nature than the bronze statuettes. Unfortunately the greater number of these iron statues have been broken, only the heads remaining, but the whole genre may be appreciated from the two complete specimens which we reproduce in Plate 560. They are dated respectively 1097 and 1213. One of them stands at Chin Tzu, in Shansi, the other at Teng Fung in Honan. The statues represent guardians in long robes with features reminding of some of the standing types of the Chinese theatre. ...

3 中国营造学社之后的中国建筑史研究综述

　　建筑史研究自 20 世纪初期在中国成为一门独立的学科以来，至今已经过了近百年的历程。其间人才辈出，成果丰硕。然而，尽管众多学者都力求在研究中推陈出新，但自觉而系统的方法论回顾和总结仍属鲜见。本文试图在这方面进行一番初步的综述，以期抛砖引玉。

　　建筑史方法论涉及多种不同层次的认知和研究方法，小到制图手段的运用，大到建筑本体内涵的观照。本文关注的重点是一个影响普遍的中观性问题，即建筑史研究的视角。人们常用"步移景异"一词来形容对中国园林的体验，在我看来，用它形容学术研究也颇为合适。这就是事物的意义不仅仅取决于事物本身，而且还取决于观察者的视角。单一视角所获得的认知往往并不完整，研究者只有经常自觉地寻求新的视角，或不同的研究者都能从不同的视角贡献各自的观察结果，我们对事物的认识才能不断趋近完整。建筑的研究尤其如此。

　　建筑学的综合性决定了建筑的历史研究可能也必须采用多种视角。比如说建筑是人类的空间依托并服务于人，所以理解建筑首先要理解人，包括人的社会组织、生活和活动、习俗和观念；建筑又是通过技术手段实现的，所以理解建筑还要理解建造的方式，如结构、构造，以及设计方法。如此种种，所以人们说建筑是社会科学、人文科学，以及技术科学的结合。与此相应，研究建筑自然也需要从多角度着眼。

　　针对建筑史研究，这里所言的社会科学主要包括历史学、考古学、社会学和人类学；人文科学中虽然哲学也与建筑有所关联，但这里主要指美术和美术史；而技术科学主要是指结构构造与施工技术。建筑和建筑史研究在中国传统学术体系中最初是历史学的一个分支，以朱启钤为领导，梁思成、刘敦桢和林徽因为学术代表的中国营造学社第一代学者在 20 世纪 30 年代将建筑的历史研究与考古学、美术学和结构构造学相结合，从而使其成为了一门颇具综合性的独立学科。

考古学方法的引入极大地改变了传统建筑史研究，是建筑史研究在社会科学方面的一大进步。在中国传统学术中，建筑和建筑史研究限于名物的辨析、形制的考证、宫室的见闻，以及城坊的定位，基本方法是文字性的忆述和对文字的阐释，所以仅仅是历史学的一个分支。这种传统方法在 20 世纪初乃至营造学社的创办初期依然如故。考古学以实物为历史研究的重要对象，不仅扩大了历史材料的来源，也为历史研究提供了历史实物的证据。它使得对实物的调查、测绘记录和分析超越了文献而成为获取建筑历史信息的主要手段。实物也成为解读文献的最佳历史依据。

在历史领域，实物与文献相互参证的方法是中国近代史学的革命性人物王国维所提倡的"二重证法"之一。梁思成、刘敦桢和林徽因是这一方法在建筑历史领域的实践者。他们将对清代《工程做法则例》和宋代《营造法式》的注释与实物例证的调查相结合，在文献和实物的研究两个方面都取得了前无古人的成就。[1]

与社会科学的考古学实地调查方法伴随而至的是作为人文科学之一的美术史学的类型学分析方法。这一方法强调在实物间的比较中发现造型和风格的差异，进而发现造型风格演变的线索，为实物鉴定和年代判别提供依据。梁思成和刘敦桢的中国建筑史研究成功地运用了这一方法。他们首先以建筑部件的造型和比例作为类型排比的标尺，在此基础上再进行建筑风格的分类和时代的鉴别，从而建立了中国建筑的风格演变谱系。

梁、刘、林的研究还具有文化人类学的意义，即他们不仅关注考古意义上的历史遗存，还关心现实尚存的人类建筑文化活动。这方面的具体工作表现在他们对清代流传下来的工匠匠作的记录和整

理。刘的调查和研究还涉及中国古代桥梁，并影响了学社的会员王
璞子。[2] 此外，刘、林还和营造学社的另一名重要成员刘致平进行
了传统民居的调查和研究。他们的工作可以被更广义地视为对有形
的和无形的中国的建筑文化基因的保护。刘致平也曾尝试以县为单
位的建筑志写作，编写了《广汉县志·建筑篇》。该书稿虽因战乱
而遗失，但作者的研究方法不容忽视。

技术科学是营造学社中国建筑史方法论的另一重要组成部分，
具体表现在梁、刘等第一代中国建筑史家以古代建筑实物的单体构
架为最主要的研究对象。结构构造的方式和性能不仅是他们进行年
代鉴定的一个重要类型学依据，也是他们的中国建筑史论说的一个
基本美学标准。

20 世纪 50 年代以后，中国建筑史研究在社会、人文和技术科学
三个方面又有新的发展。首先，梁思成和助手莫宗江继续运用实物与文
献相互参证的方法研究《营造法式》。张镛森也在刘敦桢的支持下用
这一方法整理出版了苏州工匠姚承祖所著的《营造法源》。此外，梁
的学生徐伯安和郭黛姮在梁著《〈营造法式〉注释》的补充研究中，[3]
以及潘谷西、张十庆、何建中 [4]、李路珂 [5] 等在对《营造法式》的独
立研究中也继承了这一方法。杰出的考古学家宿白在对白沙宋墓的发
掘研究中扩展了这一历史研究方法。他不仅研究了墓室结构所反映的
宋代建筑情况，也对照文献研究了壁画所表现的器物。宿还将类型学
方法用于西藏建筑和石窟寺的断代研究。[6] 他的学生徐怡涛在 2002
年提出的以椽长判别不同辽代建筑的建造年代是这一方法的新例。[7]

还有大批学者延续营造学社的方法进行古建筑调查，发现、记
录了大量史料，为中国古代建筑史研究做出了宝贵的基础工作，并
为古建筑的保护和维修做出了巨大的贡献，其中有单士元、杜仙洲、
莫宗江、孙宗文、卢绳、冯建逵、祁英涛、罗哲文、张驭寰、刘叙杰、
赵立瀛、曹汛、柴泽俊、路秉杰、邓其生、杨慎初、方拥、朱永春、
刘临安和柳肃等。[8] 一些学者还把调查的范围从建筑结构扩展到家具
和装饰，其中如王世襄 [9]、杨耀 [10]、杨乃济 [11]、钟晓青 [12]。最近三维
激光扫描技术在建筑测绘方面的应用是建筑调查方法的一个进步。

　　除将实物与文献互相参证之外，考古学角度的中国建筑史研究在 20 世纪 50 年代后还取得了新的发展。这就是在地上文物调查的基础上增加了对地下遗址的发掘和复原研究，其中最为突出的有王世仁对汉长安南郊礼制建筑及唐长安明堂的考古复原，[13] 杨鸿勋 [14] 和傅熹年 [15] 等对于史前和先秦以至唐、宋、元各代大量建筑的考古复原和研究，以及萧默根据敦煌石窟和壁画所提供的视觉材料对唐代建筑的研究。[16] 在城市史方面，侯仁之结合地理学、历史学和考古学对北京城的历史变迁进行了长期深入细致的研究。[17] 王璞子、姜舜源也采用近似方法研究了元大都的城坊。[18] 近年来，陈薇及其同事以及新加坡学者王才强分别将计算机模拟技术应用于城市和古建筑群的复原，陈本人还试图运用考古材料回答建筑历史中的一些根本问题，如为何木结构能够成为中国建筑的主导结构方式。[19]

　　19 世纪末英国建筑史家弗莱彻尔在其所著《比较法建筑史》一书中曾引入有关地理、地质、气候、宗教、社会政治和历史因素对建筑的影响的讨论。相关的讨论也见于日本学者伊东忠太的《中国建筑史》一书。[20] 这些讨论开启了中国建筑社会史的研究，将建筑史关注的问题从"有什么"和"是什么"的问题引向"为何是"。1944 年梁思成在其《中国建筑史》书稿中对环境思想、道德观念、礼仪风俗等因素与中国建筑的关系所进行的分析，当受到了包括上述书籍在内的国外研究的启发。20 世纪 50 年代以后，在马克思主义史学的影响下，刘敦桢主编的《中国古代建筑史》一书也加入了有关各时代社会政治和文化背景的介绍。[21] 80 年代王世仁关注到中国古代建筑的工程管理问题，[22] 使建筑史研究对于社会学问题的关注从宏观的背景深入到了较为具体的建筑和城市空间的生产过程。王还在 90 年代主持了以北京宣武区为单位的系统历史建筑调查。[23] 社会学研究方法在 90 年代以陈志华为代表的中国乡土建筑研究中得到了更为明确和充分的体现。其特点是以一个个村落为单位，借助家谱、碑刻和题记等文字材料和访谈所获得的口碑材料，研究村落的社会历史，其影响之下的村落形态和建筑形态特点，以及不同类型的建筑在村落社会活动中的功能和意义。[24] 社会学的视角还体现在近年刘畅对清代宫廷样式房与算房设计体系的运作的研究，[25] 乔迅翔对宋代官方建筑设计的考述，[26] 王贵祥[27]、陈薇[28] 等对于城市史的研究，以及贺从容对唐长安平康坊这一特定街坊的城市土地分配方式的研究。[29]

　　具有人类学意义的匠作、民居或乡土建筑和少数民族建筑调查自 20 世纪 50 年代以后也得到很大发展。前者体现在王璞子对清工程做法的继续研究，[30] 王世襄对明清家具、匠作则例的搜集整理和细致研究，[31] 和李乾朗对台湾工匠流派发展长期不懈的追本溯源；后者有刘致平、王翠兰、汪国瑜、王其明、孙大章、陆元鼎、单德启、阮仪三、路秉杰、于振生、蒋高宸、黄汉民、朱光亚、朱良文、王其钧、陈伯超、张十庆、潘安、阮昕、陆翔、龚凯、曹春平，以及美国学者那仲良（Ronald Knapp）等大批学者对于中国民居建筑实物及习俗的广泛调查和研究。[32] 楼庆西[33]、郭黛姮[34]、陈薇[35] 等学者还将研究扩展至与文化习俗密切相关的建筑装饰。最近美术史学者郭伟其有关《诗经》图在传统屏风雕刻中的影响的论文，显示出美术史的图像学方法在建筑装饰研究中还大有可为。[36] 此外，马炳坚[37]、刘大可[38]、李全庆[39] 等学者在长期从事古建筑维修工作的基础上对清代木结构技术、瓦石琉璃施工技术进行了系统整理。这些工作同时也是对于一种文化遗产的保存，具有超乎技术科学研究的文化意义。近年来常青也在积极推动建筑人类学研究的开展。

　　除文化基因的调查记录之外，人类学所关心的礼仪与空间设计的关系也是建筑史研究中与"为何是"问题相关的重要课题。刘敦桢主编的《中国古代建筑史》一书已经注意到中国佛教从以塔为中心到以佛像为中心的瞻拜方式的转变对寺庙形制的影响。汉宝德探讨了明初以降宗教社会性的转变对寺庙开放性的影响。[40] 刘叙杰通过仪礼分析了先秦时期建筑中存在的东西阶现象。[41] 郭湖生将仪礼研究的思路用于探讨宋东京城与北京城千步廊形成的历史。[42] 近年仪礼与空间研究的新成果有朱剑飞对北京紫禁城的研究[43] 和诸葛净对明代北京城礼制建筑的研究等。[44]

　　人类学研究还有一个方向是文化的交流与互动。潘谷西、傅熹年、张十庆、王贵祥等学者通过将南方建筑实物与《营造法式》进行对比，发现了前后者间的影响关系，傅、张和路秉杰还论证了中国福建建筑与日本"大佛样"建筑的渊源关系。[45] 杨鸿勋对比中国古籍中有关黄帝明堂的描述与日本考古发现的神社遗址，进而从语音学角度论证了前者是后者的祖型。[46] 武蔚还试图比较嵩岳寺塔与印度一些中世建筑以期论证前者的建造时代。[47] 李华东对韩国高丽时代木构建筑和《营造法式》进行了比较。[48] 蔡明和张健根据史料分析比较了中日殿堂建筑设计中的木割基准寸法。[49] 曹汛追溯了百济定林寺塔、日本法隆寺塔与中国南朝寺塔什样的关系。[50] 他们的研究体现了"二重证法"的另一重要方面，即境内材料与境外材料的相互参证。这种方法在刘敦桢生前已得到重视，在 80 年代，郭湖生又明确提出"东方建筑研究"的主张，并指导了张十庆[51]、常青[52] 和杨昌鸣[53] 对中日建筑、中国与西域及东南亚建筑的比较研究。张良皋是另一位视野宽阔的学者，他通过对建筑的研究勾画出了中国史前至先秦时期地域之间文化传播及交流互动的宏观图景。[54]

　　50 年代中国建筑史最大的发展是美术史角度的研究。这一研究将重点从营造学社时期的年代鉴定问题转向设计方法问题。陈明达的《应县木塔》和其后的《〈营造法式〉大木作制度研究》是这方面的代表性著作，它也是中国建筑史研究在 20 世纪 50 年代以后最具深远影响的研究成果。[55] 此前其他学者的研究偏重于"有什么"、"是什么"、"为何是"等问题，陈则率先回答了"如何是"的问题，即中国古代建筑的设计原理，并在中国宋辽建筑"以材为祖"的设计方法问题上取得突破。今天以《营造法式》为代表的中国木构建筑营造法及其所包含的模数制设计问题已经成为建筑史研究的一个核心内容。在陈明达的基础上，傅熹年[56]、潘谷西、何建中[57]、张十庆[58]、肖旻[59]、徐怡涛[60]、刘畅[61] 等学者在 80 年代以后对这个问题的探讨不断有新的修正、拓展和深化。傅还将模数概念扩展到对建筑群和城市规划的研究。王贵祥在中国建筑的设计原理方面也有重要发现，这就是唐宋时期木构建筑中檐高与柱高之间所存在的 $\sqrt{2}$ 倍的比例关系。[62] 德国学者雷德侯（Lothar Ledderose）更视中国建筑模数化生产为中国美术史中一个具有普遍意义的问题。[63] 由于中国 8 世纪以前的地上木构已经不存，笔者也曾试图通过分析汉代木棺椁的设计，以期发现中国建筑规范木构设计和以构件尺寸大小为等级标志的早期线索。[64]

从美术史角度研究建筑设计方法有多个方面和多个层次。陈明达等学者对中国建筑设计方法的解释偏重于单体建筑和群体建筑设计和规划操作上的技术因素，刘敦桢主编的《中国古代建筑史》和刘致平所著《中国建筑类型与结构》开始关注中国建筑因类型不同而导致的结构和造型差异。[65] 这种关注在潘谷西主编的《中国建筑史》教材中成为论说框架，不仅注重中国建筑在结构上的时代变迁，还强调各种类型的建筑自身的历史发展脉络是该书的主要特色。[66] 龙庆忠的研究表现出一种对建筑设计中礼制因素的关注。[67] 贺业钜更把《考工记》所描述的周代"营国制度"视为中国古代城市规划的主导思想。[68] 礼制研究的主要学者还有李允鉌、孙宗文、傅熹年、潘谷西、杨慎初、于倬云、萧默和于振生等。李讨论了中国建筑群体的"门庭之制"，[69] 孙关注不同宗教和礼制思想在中国建筑上的反映，[70] 傅熹年对中国历代建筑的等级制度进行了概括，[71] 潘、杨、于倬云对建筑群进行整体研究，潘、杨分别探讨了中国孔庙、书院建筑的形制及其发展，[72] 于倬云探讨了礼制思想对紫禁城设计的影响，[73] 萧探讨了中国古代宫殿建筑中的"五凤楼"这一特殊形制的产生和演变。[74] 他还试图通过与出土实物北凉小石塔进行造型比较，在学界有关嵩岳寺塔建造年代问题的讨论中提出不同角度的证据。于振生则探讨了明清北京王府建筑所遵循的规制。[75] 此外，王世仁结合佛教造像对北京天宁寺塔的研究，[76] 钟晓青[77]、何培斌[78] 分别结合《祇洹图经》对唐代佛寺的研究，王才强对隋唐长安规划原理的探讨，[79] 也都是美术史视角的体现。最近美术史角度的中国建筑史研究有李清泉关于辽宋时期陀罗尼经的流行对丧葬习俗、墓葬建筑及塔的造型之影响的探讨。[80] 除此之外，还有一些研究尝试揭示中国建筑的美学理念及所体现的宇宙模式，其中的代表学者有侯幼彬[81]、王世仁[82]、王贵祥[83]、常青[84]、王鲁民[85] 和程建军[86] 等。

视觉问题是设计方法研究的另一重要方面。汉宝德首先运用西方维也纳学派的视觉分析方法解释中国建筑由唐宋辽风格向明清风格转变的视觉原因。[87] 20 世纪 80 年代以后，张家骥对北京故宫太和殿和蓟县独乐寺观音阁空间艺术的研究，[88] 刘宝仲对沈阳故宫崇政殿空间及中国建筑的研究也都以视觉效果作为着眼点。[89] 傅熹年则注意到了石窟寺佛像的观赏视角与唐代佛教建筑室内空间设计的关系。[90] 美国学者夏南悉也把辽代寺庙建筑藻井的出现与佛像陈设的空间设计联系在一起考察。[91]

视觉问题更是中国景观学的核心问题。这方面的开创性工作是童寯在 20 世纪 30 年代对于苏州园林的研究，至 50 年代后，更有大批学者投身于中国园林的研究，成就突出者有刘敦桢[92]、陈植（养材）[93]、陈从周[94]、周维权[95]、郭黛姮、张锦秋[96]、夏昌世[97]、王毅[98]、彭一刚[99]、潘谷西[100]、杨鸿勋[101]、曹汛[102]、卢绳、冯建逵和王其亨[103]、何重义和曾昭奋[104]、汪荣祖[105]、冯钟平[106]、陈薇[107]、贾珺[108] 和英国学者美琪·凯瑟克（Maggie Keswick）[109] 及柯律格（Craig Clunas）[110] 等。当然这些学者的研究视角也不尽相同，亦可按社会科学、人文科学和技术科学进行区分。

无论其是否符合近代科学原理，风水观念是中国传统建筑选址和设计思想研究中一个不可忽略的内容。宿白在 50 年代的白沙宋墓的研究中首先注意到风水堪舆传统对墓地设计的影响。[111] 90 年代冯继仁在此基础上将研究扩展到北宋皇陵。[112] 有关风水观念与中国建筑关系研究的另一位代表学者是王其亨。王在 80 年代对中国传统建筑，尤其是明清陵墓建筑中风水和形势问题的研究从一个特殊角度揭示了视觉因素在中国建筑群体规划和设计上的重要地位。[113] 他对中国建筑禁忌和象征问题的重视还具有重要的人类学意义。近年王及其学生又将研究扩展到清代皇家建筑的主要设计者样式雷家族，并通过解读雷氏图纸和烫样对其设计方法、制图方法进行了深入研究。继王之后，又有许多学者如何晓昕[114]、程建军[115] 等对风水堪舆之学在中国发展的历史、操作及影响进行了广泛的研讨。

在技术研究方面，梁思成在 20 世纪 50 年代对真武阁的研究是结构学方法的继续，尽管他认为该建筑运用了杠杆结构的原理的结论后来并未被学界所接受。这种利用现代结构科学的原理分析中国古代建筑技术的研究思路在陈明达和杜拱辰[116]以及喻维国[117]、郭黛姮[118]的研究中也有所体现。郭湖生在80年代初发表了有关《鲁班经》和中国古代城市水工设施的研究，他和张驭寰主编并在1985年出版的《中国建筑技术史》汇集了他们自己以及近百位中国建筑史学者的研究成果，是此前中国建筑技术研究的集大成之作。[119]其后朱光亚对建筑技术的研究更开创性地发现了中国建筑屋架结构从举折方式转变为举架方式发生于明代中期；[120]吴庆洲继续郭湖生的思路，将对中国建筑技术的研究扩展到城市防灾问题。[121]从70年代起，杨鸿勋深入细致地研究了中国早期建筑的结构、构造和工具，[122]90年代李浈对木材加工工具与建筑构件造型的关系进行了研究，[123]罗德胤、秦佑国对颐和园德和园大戏楼声学效果进行了研究，[124]最近，赵辰[125]和张十庆[126]从建构方式的角度分析了中国建筑的类型甚至进化过程，这些都是技术史研究方面的新思路。

　　总体而言，20世纪中国建筑史研究借助考古学、社会学、人类学等社会科学，美术史等人文科学，以及结构学、构造学、声学等技术科学，获得了巨大的进展。世纪之交由刘叙杰、傅熹年、郭黛姮、潘谷西、孙大章分别主编的五卷本《中国古代建筑史》，[127]以及萧默主编的上下卷《中国建筑艺术史》[128]两部巨著比较集中地反映了这些进展。在新的世纪里中国建筑史研究仍将随着这些学科的发展而继续发展。梅晨曦（Tracy Miller）新近出版的有关晋祠的个案研究结合了考古学、人类学、宗教学、社会学和美术史，一方面说明历史的丰富性必然要求研究角度的多样性，另一方面说明多角度的综合研究正在成为中国建筑史研究的一个方向。[129]

　　然而，需要格外注意的是，在强调不同学科对于建筑史研究的影响的同时，绝不能忽视历史学本身的作用。事实上历史学仍在若干方法论层面上支配着建筑史这一史学分支。首先，历史研究的基础是史料，包括实物的、文字的、图像的、口碑的，乃至数据的。无论采用何种分析方法，翔实的史料——"有什么"——都是不可或缺的条件。不难想象，没有营造学社的实证性调查，今天的中国建筑史将失去其最核心的个案材料。保存史料就是保存文化基因，这种认识在当前文物破坏严重、第一位学者见过但第二位学者未必能够再见、今天可以看到但明天未必能够再看到的现状下更显其重要性。[130] 其次，在工作方法上历史学还强调文献的使用，通过细致的文献研究进行史实的考证是历史学最基本的方法。喻维国等整理编辑了多卷《建苑拾英》，[131] 是对中国建筑文献学的积极贡献。朱永春通过对文图的再解读，重新阐释了《营造法式》中"分槽"的概念。[132] 近年曹汛不断呼吁加强建筑史学者的史源学与年代学训练，就意在矫正一些偏执于"类型学"的经验所导致的错判和误判，而他的每一篇论文都堪称是史源学和年代学方法的范例。[133] 他提醒我们，当今建筑史研究多关注于"为何是"和"如何是"的问题，但大家切不可忽视"是什么"这个最基本的问题。此外，历史学还强调具体问题具体分析，因此有助于将以风格编年或类型分类为方式的既有宏观"大中国"建筑史写作引向更为深入具体的中国各地方建筑史，[134] 以及建筑史个案与专题研究。如郭湖生在城市史研究中就反对将城市简单视为某种设计理念的产物而强调更为具体的政治、经济、宗教、社会生活等因素的作用。[135] 这方面的新近样例除陈志华所进行的乡土建筑研究之外，还有一些美术史界学者的研究，如巫鸿对汉长安的研究，[136] 汪悦进对乾隆花园的研究等。[137] 汪还与郑岩在 2008 年 6 月合作出版了《庵上坊》一书，对这座牌坊的"接受史"进行了深入细致的考察，为中国建筑史的研究提供了一个崭新的思路。[138] 他们的研究告诉我们，对更具体的时间、地点、人物及原因、事件和结果的探究将为建筑史的研究走向深入提供更多的可能。

作者说明：

这是一篇综述性文章，旨在对以中国大陆学界为核心的中国建筑史研究作一方法论的回顾。尽管笔者在评介上力求全面，但限于本人学识以及域外的资料条件，仍有发表在包括《古建园林技术》和《华中建筑》两套重要期刊在内的其他许多专业期刊的大量重要研究未能提及。对此，笔者还希望众作者和读者谅解。需要强调的是，方法论研究本身也需要从多角度进行，但愿拙文能够起到抛砖引玉的作用。

注释

1　梁思成、刘敦桢、林徽因的研究成果已汇编于《梁思成全集》(北京:中国建筑工业出版社,2001 年),《刘敦桢全集》(北京:中国建筑工业出版社,2007年),及《林徽因文集(建筑卷)》(天津:百花文艺出版社,1999 年)

2　王璞子:"清官式石桥做法",《中国营造学社汇刊》,第 5 卷第 4 期,1935 年;《清官式石桥及石涵洞做法》,《中国营造学社汇刊》,第 6 卷第 2 期,1936 年。

3　徐伯安:"《营造法式》斗栱型制解疑探微",《建筑史论文集》,第 7 辑,1980 年,1-35 页;徐伯安、郭黛姮:"《营造法式》的雕镌制度与中国古代建筑装饰的雕刻",《科技史文集》,第 7 辑,1981 年;徐伯安、郭黛姮:"雕壁之美,奇丽千秋",《建筑史论文集》,第 2 辑,1979 年,127-142 页;徐伯安、郭黛姮:"宋《营造法式》术语汇释——壕寨、石作、大木作制度部分",《建筑史论文集》,第 6 辑,1984 年,1-79 页。

4　详见下文。

5　李路珂《〈营造法式〉彩画研究》(南京:东南大学出版社,2011 年)

6　宿白《藏传佛教寺院考古》(北京:文物出版社,1996 年);《中国石窟寺研究》(北京:文物出版社,1996 年)

7　徐怡涛:"河北涞源阁院寺文殊殿建筑年代鉴别研究",《建筑史论文集》,第 16 辑,2002 年,82-94 页。

8　有关调查报告的详细目录可参见陈春生、张文辉、徐荣编《中国古建筑文献指南(1900-1990)》(北京:科学出版社,2000 年)。

9　王世襄《锦灰堆》(全三卷)(北京:三联书店,2001 年);《明式家具珍赏》(北京:文物出版社,2006 年);《明式家具萃珍》(上海:上海人民出

版社,2006 年)

10　杨耀《明式家具研究》(北京:中国建筑工业出版社,1986 年)

11　杨乃济参与写作了刘敦桢主编的《中国古代建筑史》,负责撰写各个历史时期家具、装饰的段落和图版。

12　钟晓青:"魏晋南北朝建筑装饰研究",《文物》,1999 年,第 12 期,54-67 页。

13　王世仁:"汉长安城南郊礼制建筑(大土门遗址)原状推测",《考古》,1963 年第 9 期,55-69、77-82 页;《王世仁建筑历史理论文集》(北京:中国建筑出版社,1980 年)

14　杨鸿勋《建筑考古学论文集》(北京:文物出版社,1987 年);《宫殿考古通论》(北京:紫禁城出版社,2001 年)

15　傅熹年《傅熹年建筑史论文集》(北京:文物出版社,1998 年)

16　萧默《敦煌建筑研究》(北京:文物出版社,1989 年)

17　侯仁之主编《北京历史地图集》(北京:北京出版社,1988 年)

18　王璞子《元大都考》(北京:紫禁城出版社,待出版);姜舜源:"故宫断虹桥为元代周桥考——兼论元大都中轴线",故宫博物院编《禁城营缮记》(北京:紫禁城出版社,1992 年)

19　陈薇:"木结构作为先进技术和社会意识的选择",《建筑师》,第 106 期,2003 年 12 月,70-88 页。

20　该书日本版原名为《支那建筑史》,1931 年出版;1937 年陈清泉译为中文并作增补,改名《中国建筑史》,由商务印书馆出版。有关该书比较详细的评介见徐苏斌《日本对中国城市与建筑的研究》,中国水利水电出版社,1999 年,54-57 页。

21　刘敦桢主编《中国古代建筑史》(北京:中国建筑

工业出版社，1980 年）

22　王世仁："中国古代建筑工程管理"，《中国大百科全书（建筑、园林、城市规划）》（北京：中国大百科全书出版社，1988 年），561-562 页。

23　王世仁编《宣南鸿雪图志》（北京：中国建筑工业出版社，1997 年）

24　陈志华、李秋香、楼庆西合著《楠溪江中游乡土建筑》（台北：英文汉声，1993 年）;《新叶村乡土建筑》（台北：建筑师公会，1993 年）;《诸葛村乡土建筑》（石家庄：河北教育出版社，1996 年）;《婺源乡土建筑》（台北：英文汉声，1998 年）;陈志华（文），楼庆西（摄影）《张壁村》（石家庄：河北教育出版社，2002 年）;李秋香、陈志华《流坑村》（石家庄：河北教育出版社，2003 年）;陈志华（文），楼庆西、贾大戎、李秋香（摄影）《福宝场》（北京：三联书店，2003 年）;陈志华、李秋香《古镇碛口》（北京：中国建筑工业出版社，2004 年）;陈志华、李秋香《梅县三村》（北京：清华大学出版社，2007 年）

25　刘畅："从清代晚期算房高家档案看皇家建筑工程销算流程"，《建筑史论文集》，第 14 辑，2001 年，128-133 页;"从现存文图档案看晚清算房和样式房的关系"，《建筑史论文集》，第 15 辑，2002 年，93-98 页。

26　乔迅翔："宋代官方建筑设计考述"，《建筑师》，第 125 期，2007 年 2 月，59-64 页。

27　王贵祥："关于建筑史学研究的几点思考"，第 69 期，1996 年 4 月，69-71 页;"方兴未艾的中国建筑史学研究"，《世界建筑》，1997 年，第 2 期，80-83 页;"'五亩之宅'与'十家之坊'及古代园宅、里坊制度探析"，《建筑史》，第 21 辑，2005 年，144-156 页。

28　陈薇："天朝的南端——嘉靖三十二年（1553）前后北京外城商业活动与城市格局"，《建筑师》，第 127 期，2007 年 6 月，57-68 页。

29　贺从容："唐长安平康坊内割宅之推测"，《建筑师》，第 126 期，2007 年 4 月，59-67 页。

30　王璞子《工程做法注释》（北京：中国建筑工业出版社，1995 年）

31　王世襄主编《清代匠作则例》（一、二）（郑州：大象出版社，2000、2004 年）

32　目前民居和乡土建筑的研究成果浩繁，限于手中资料，本文暂不一一列举。

33　楼庆西《中国传统建筑装饰》（北京：中国建筑工业出版社，1998 年）;《中国建筑艺术全集：建筑装修与装饰》（北京：中国建筑工业出版社，1999 年）;《中国小品建筑十讲》（北京：三联书店，2004）;《中国古代建筑砖石艺术》（北京：中国建筑工业出版社，2005 年）

34　郭黛姮："中国传统建筑装修的审美趣味"，《中华古建筑》，创刊号，1990 年;"紫禁城宫殿建筑装修的特点及其审美特性"，故宫博物院编《禁城营缮记》（北京：紫禁城出版社，1992 年）

35　陈薇："江南包袱彩画考"，《建筑理论与创作（二）》（南京：东南大学出版社，1988 年），17-27 页。

36　郭伟其："《诗经》图的形态：以广东省博物馆藏〈诗经〉寿屏为例"，范景中、曹意强主编《美术史与观念史（三）》（南京：南京师范大学出版社，2005 年），86-152 页。

37　马炳坚《中国古建筑木作营造技术》（北京：科学出版社，1991 年）

38　刘大可《中国古建筑瓦石营法》（北京：中国建筑工业出版社，1999 年）

39　李全庆等《中国古建筑琉璃技术》（北京：中国建筑工业出版社，1987 年）

40　汉宝德《明清建筑二论》(台北:明文书局,1972 年)

41　刘叙杰:"浅论我国古代的'尊西'思想及在建筑中的反映",《建筑学报》,1993 年,第 12 期,12-14 页。

42　郭湖生《中华古都》(台北:空间出版社,1997 年)

43　朱剑飞:"天朝沙场——清故宫及北京的政治空间构成纲要",《建筑师》,第 74 期,1997 年,101-112 页;Zhu, Jianfei, *Chinese Spatial Strategy: Imperial Beijing, 1420-1911* (New York: Routledge, 2004)

44　诸葛净:"嘉靖朝之制礼作乐",《建筑史论文集》,第 16 辑,2002 年,115-132 页。

45　潘谷西:"《营造法式》初探(一～三)",《南京工学院学报》,1984 年第 4 期,35-51 页;1981 年第 2 期,43-75 页;1985 年第 1 期,1-20 页。"关于《营造法式》的性质、特点、研究方法——《营造法式》初探之四",《东南大学学报》,1990 年第 5 期,3-9 页;《〈营造法式〉解读》(与何建中合著)(南京:东南大学出版社,2005 年)

46　杨鸿勋:"明堂泛论——明堂的考古学研究",[日]《东方学报》,第 70 卷,1998 年 3 月,1-94 页。

47　武葳:"嵩岳寺塔的困惑",《建筑史论文集》,第 11 辑,1999 年,123-131 页。

48　李华东:"韩国高丽时代木构建筑和《营造法式》的比较",《建筑史论文集》,第 12 辑,2000 年,56-67 页。

49　蔡明、张健:"根据史料分析比较中日殿堂建筑设计中的木割基准寸法",《建筑史》,第 3 辑,2003 年,26-33 页。

50　曹汛:"中国南朝寺塔样式之通过百济传入日本——百济定林寺塔与日本法隆寺塔",《建筑师》,第 119 期,2006 年 2 月,101-105 页。

51　张十庆《中日古代建筑大木技术的源流与变迁》(天津:天津大学出版社,1992 年)

52　常青《西域文明与华夏建筑的变迁》(长沙:湖南教育出版社,1992 年)

53　杨昌鸣《东南亚与中国西南少数民族建筑文化初探》(天津:天津大学出版社,1992 年)

54　张良皋《武陵土家》(北京:三联书店,2001 年);《匠学七说》(北京:中国建筑工业出版社,2002 年);《巴史别观》(北京:中国建筑工业出版社,2006 年)

55　陈明达《应县木塔》(北京:文物出版社,1966 年);《〈营造法式〉大木作制度研究》(北京:文物出版社,1981 年);《中国古代木结构建筑技术(战国—北宋)》(北京:文物出版社,1990 年);《陈明达古建筑与雕塑史论》(北京:文物出版社,1998 年);"读《〈营造法式〉注释》(卷上)札记",《建筑史论文集》,第 12 辑,2000 年,25-41 页;"独乐寺观音阁、山门的大木作制度"(上、下),《建筑史论文集》,第 15、16 辑,2002 年,71-88 页、10-30 页。

56　傅熹年《傅熹年建筑史论文集》(北京:文物出版社,1998 年);《中国古代城市规划建筑群布局及建筑设计方法研究》(北京:中国建筑工业出版社,2001 年);"试论唐至明代官式建筑发展的脉络以及与地方传统的关系",《文物》,1999 年,第 10 期,83-95 页。

57　何建中:"《营造法式》材份制新探",《建筑师》,第 43 期,1991 年 12 月,118-127 页;"浅析《中国古代城市规划建筑群布局及建筑设计方法研究》中的单层建筑设计方法",《建筑史》,第 21 辑,2005 年,93-116 页。

58　张十庆:"《营造法式》变造用材制度探析",《东南大学学报》，1990 年，第 5 期，10-16 页；1991 年，第 3 期，3-9 页；"古代建筑的设计技术及其比较——试论从《营造法式》至《工程做法》建筑设计技术的演变和发展"，《华中建筑》，1999 年，第 4 期，92-98 页；"中日佛教转轮藏的源流与形制"，《建筑史论文集》，第 11 辑，1999 年，60-71 页；《五山十刹图与南宋江南禅寺》（南京：东南大学出版社，2000 年）；"《营造法式》研究札记——论'以中为法'的模数构成"，《建筑史论文集》，第 13 辑，2000 年，111-118 页；《中国江南禅宗寺院建筑》（武汉：湖北教育出版社，2002 年）；"古代营建技术中的'样'、'造'、'作'"，《建筑史论文集》，第 15 辑，2002 年，37-41 页；"南方上昂与挑斡作法探析"，《建筑史论文集》，第 16 辑，2002 年，31-45 页；"《营造法式》的技术源流及其与江南建筑的关联探析"，《建筑史论文集》，第 17 辑，2003 年，1-11 页；"是比例关系还是模数关系——关于法隆寺建筑尺度规律的再探讨"，《建筑师》，117 期，2005 年 10 月，92-96 页；"部分与整体——中国古代建筑模数制发展的两大阶段"，《建筑史》，第 21 辑，2005 年，45-50 页。

59　肖旻《唐宋古建筑尺度规律研究》（南京：东南大学出版社，2006 年）

60　徐怡涛："唐代木构建筑材份制度初探"，《建筑史》，第 1 辑，2003 年，59-64 页。

61　刘畅："算房旧藏清代营造则例考查"，《建筑史论文集》，第 16 辑，2002 年，46-51 页；张荣、刘畅、臧春雨："佛光寺东大殿实测数据解读"，《故宫博物院院刊》，2007 年，第 2 期，29-52、156-157 页；张学芹、刘畅："康熙三十四年建太和殿大木结构研究"，《故宫博物院院刊》，2007 年，第 4 期，27-46、156 页。

62　王贵祥："$\sqrt{2}$ 与唐宋建筑柱檐关系"，《建筑历史与理论》，第 3、4 合辑，1984 年，137-144 页；"关于唐宋建筑外檐铺作的几点初步探讨"，《古建园林技术》，1986 年，第 4 期，8-12 页；1987 年，第 1、2 期，43-46、39-43 页；"唐宋单檐木构建筑平面与立面比例规律的探讨"，《北京建筑工程学院学报》，1989 年第 2 期，51-72 页；"唐宋单檐木构建筑比例分析"，《营造》，第 1 辑，2001 年，226-247 页；"关于唐宋单檐木构建筑平立面比例问题的一些初步探讨"，《建筑史论文集》，第 15 辑，2002 年，50-64 页；"唐宋时期建筑平立面比例中不同开间级差系列探讨"，《建筑史》，第 3 辑，2003，12-25 页。

63　雷德侯（著），张总（译）《万物——中国艺术中的模件化和规模化生产》（北京：三联书店，2005 年）

64　赖德霖："从马王堆 3 号墓和 1 号墓看西汉初期墓葬设计的用尺问题"，《湖南博物馆馆刊》，第 1 期，2004 年，240-243 页。

65　刘致平《中国建筑类型及结构》（北京：中国建筑工业出版社，1987 年）

66　潘谷西主编《中国建筑史》（第 1-5 版）（北京：中国建筑工业出版社，1982~2005 年）

67　龙庆忠《中国建筑与中华民族》（广州：华南理工大学出版社，1990 年）

68　贺业钜《考工记营国制度研究》（北京：中国建筑工业出版社，1985 年）；《中国古代城市规划史》（北京：中国建筑工业出版社，1996 年）

69　李允鉌《华夏意匠》（香港：广角镜出版社，1982 年）

70　孙宗文："我国伊斯兰寺院建筑艺术源流初探"，《古建园林技术》，1984 年，第 1、2、3 期，46-51、22、27-32、43-50 页；"南方禅宗寺院建筑及其影响"，《科技史文集》，第 11 辑（上海：上海科学技术出版社，1984 年），80-96 页；"礼制与玄学对建筑的影响——建筑意识研究积微"，《华中建筑》，1986 年，第 3、4 期，59-63、46-54 页；"儒家思想在古代住宅上的反映"，《古建园林技术》，1989 年，第 4 期，28-32 页，1990 年，第 1 期，27-31 页；《中国建筑与哲学》（南京：江苏科学技术出版社，2000 年）

71　傅熹年："中国古代建筑等级制度"，《中国大百科全书（建筑、园林、城市规划）》（北京：中国大百科全书出版社，1988 年），560-561 页。

72　潘谷西《曲阜孔庙建筑》（北京：中国建筑工业出版社，1994 年）；杨慎初《中国书院文化与建筑》（武汉：湖北教育出版社，2002 年）

73　于倬云《中国宫殿建筑论文集》（北京：紫禁城出版社，2002 年）

74　萧默："五凤楼名实考——兼谈宫阙形制的历史演变"，《故宫博物院院刊》，1984 年，第 1 期，76-86 页。

75　于振生："北京王府建筑"，贺业钜等著《建筑历史研究》（北京：中国建筑工业出版社，1992 年），82-141 页。

76　王世仁："北京天宁寺塔三题佛国宇宙的空间模式"，《清华大学建筑学术丛书（1946-1996）建筑历史研究论文集》（北京：中国建筑工业出版社，1996 年）

77　钟晓青："初唐佛教图经中的佛寺布局构想"，《建筑师》，第 83 期，1998 年 8 月，98-104 页；傅熹年主编《中国古代建筑史》（第二卷）（北京：中国建筑工业出版社，2001 年）

78　何培斌："理想寺院：唐道宣描述的中天竺祇洹寺"，《建筑史论文集》，第 16 辑，2002 年，277-289 页。

79　王才强："隋唐长安城市规划中的模数制及其对日本城市的影响"，《世界建筑》，2003 年，第 1 期，

101-107 页。

80　李清泉："真容偶像与多角形墓葬——从宣化辽墓看中古丧葬礼仪美术的一次转变"，《艺术史研究》，第 8 卷，2006 年，433-482 页。

81　侯幼彬《中国建筑美学》（哈尔滨：黑龙江科学技术出版社，1997 年）

82　王世仁《理性与浪漫的交织：中国建筑美学论文集》（北京：中国建筑工业出版社，1987 年）；《王世仁建筑历史理论文集》（北京：中国建筑工业出版社，2001 年）

83　王贵祥："'大壮'与'适形'——中国古代建筑艺术思想探微"，《美术史论》，1985 年，第 1 期；《当代中国建筑史家十书——王贵祥建筑史论选集》，辽宁美术出版社，2013 年，721-730 页。"佛塔的原型、意义与流变"，《建筑师》，第 52 期，1993 年 6 月，10-14 页；"论建筑空间的文化内涵"，《建筑师》，67 期，1995 年 12 月，27-31 页；"空间图式的文化抉择"，《南方建筑》，1996 年第 4 期，8-14 页；《文化、空间图式，与东西方的建筑空间》（台北：田园城市出版社，1998 年）;《东西方的建筑空间——传统中国与中世纪西方建筑的文化阐释》（天津：百花文艺出版社，2006 年）

84　常青："从丝绸之路看中国古代建筑文化"，《建筑师》，第 67 期，1995 年 12 月，51-65 页。

85　王鲁民《中国古代建筑思想史纲》（武汉：湖北教育出版社，2002 年）

86　程建军《中国古代建筑与周易哲学》（长春：吉林教育出版社，1991 年）

87　汉宝德《明清建筑二论》（台北:明文书局,1972 年）

88　张家骥："太和殿的空间艺术"，《建筑师》，第 2 期，1980 年 1 月，151-155 页；"对'崇政殿建筑艺术'的几点质疑"，《建筑师》，13 期，1982 年 12 月，

163-166 页；"独乐寺观音阁的空间艺术"，《建筑师》，第 21 期，1984 年 12 月，42-46 页。

89　刘宝仲："崇政殿建筑艺术"，《建筑师》，第 6 期，1981 年 4 月，162-168 页。

90　傅熹年《中国古代建筑史》（三国两晋南北朝隋唐五代建筑）（北京：中国建筑工业出版社，2001 年）

91　Steinhardt, Nancy S., *Liao Architecture*（Honolulu: University of Hawaii Press, 1997）

92　刘敦桢《苏州古典园林》（北京：中国建筑工业出版社，1979 年）

93　陈植《园冶注释》（北京：中国建筑工业出版社，1984 年）

94　陈从周《苏州园林》，同济大学教材科，1956 年；《园林谈丛》，上海文化出版社，1980 年；《扬州园林》（上海：上海科技出版社，1983 年）；《说园》（上海：同济大学出版社，1984 年）

95　周维权《颐和园》（北京：清华大学出版社，1990 年）；《中国古典园林史》（北京：清华大学出版社，1990 年）；《中国名山风景区》（北京：清华大学出版社，1996 年）

96　郭黛姮、张锦秋："苏州留园的建筑空间"，《建筑学报》，1963 年，第 3 期，19-23 页。

97　夏昌世《园林述要》（广州：华南理工大学出版社，1995 年）

98　王毅《园林与中国文化》（上海：上海人民出版社，1990 年）

99　彭一刚《中国古典园林分析》（北京：中国建筑工业出版社，1986 年）

100　潘谷西《江南理景艺术》（南京：东南大学出版社，2001 年）

101　杨鸿勋《江南园林论》（上海：上海人民出版社，1994 年）

102　曹汛："独乐寺认祖寻亲——兼论辽代伽蓝布置之典型格局"，《建筑师》，第 21 期，1984 年 12 月，30-41 页；"张南垣生卒年考"，《建筑史论文集》，第 2 辑，1979 年；"计成研究——为纪念计成诞生四百周年而作"，《建筑师》，第 13 期，1982 年 12 月，1-16 页；"戈裕良传考论——戈裕良与我国古代园林叠山艺术的终结（上、下）"，《建筑师》，第 110、111 期，2004 年 8、10 月，98-104、98-105 页；"网师园的历史变迁"，《建筑师》，第 112 期，2004 年 12 月，104-112 页；"叶洮传考论"，《建筑师》，第 113 期，2005 年 2 月，92-99 页；"涿州智度寺塔的史源学考证"，《建筑师》，第 126 期，2007 年 4 月，92-100 页；"沧海遗珠——涿州行宫及其假山"，《建筑师》，第 127 期，2007 年 6 月，102-112 页。

103　卢、冯、王在中国园林方面的调查与研究突出反映在《承德古建筑》（北京：中国建筑工业出版社，1982 年）、《清代内廷宫苑》（天津：天津大学出版社，1986 年）、《清代御苑撷英》（天津：天津大学出版社，1990 年）等书，以及王所指导的诸多研究生论文之中。

104　何重义与曾昭奋对于圆明园的系列研究见于《建筑师》第 1、2、4、5、9、12 等期，1979-1982 年。

105　汪荣祖《追寻失落的圆明园》（南京：江苏教育出版社，2005 年）

106　冯钟平《中国园林建筑》（北京：清华大学出版社，1988 年）

107　陈薇："'饮之太和'与'醉之空无'——中国私家园林和日本枯山水庭园的审美思想比较"，《建筑师》，第 41 期，1991 年 6 月，115-123 页。

108　贾珺："清代离宫中的大蒙古包筵宴空间探析"，《建筑史论文集》，第 17 辑，2003 年，40-48 页；"举头见额忆西湖，此时谁不道钱塘"，《建筑史》，第1辑，2003年，73-83页；"田家景物御园备，早晚农功倚栏看——圆明园中的田圃村舍型景观分析"，《建筑史》，第2辑，2003年，102-111页；"虆林前后一舟通，坦然六棹泛中湖——圆明园中的水上游览路线探微"，《建筑史》，第3辑，2003年，93-105页。

109 Keswick, Maggie; Hardie, Alison, *The Chinese Garden: History, Art and Architecture* (Cambridge, MA: Harvard University Press, 2003)

110 Clunas, Craig, *Fruitful Sites: Garden Culture in Ming Dynasty China* (Durham: Duke University Press, 1996)

111 宿白《白沙宋墓》（北京：文物出版社，1957年）

112 冯继仁："论阴阳堪舆对北宋皇陵的全面影响"，《文物》，1994年，第8期，55-68页。

113 王其亨主编《风水理论研究》（天津：天津大学出版社，1992年）

114 何晓昕《风水探源》（南京：东南大学出版社，1990年）

115 程建军《中国古代建筑与周易哲学》（长春：吉林教育出版社，1991年）

116 陈明达、杜拱辰："从《营造法式》看北宋的力学成就"，《建筑学报》，1977年，第1期，42-46、36页。

117 喻维国："经略真武阁评述"，《新建筑》，1984年，第3期，64-68页；喻维国、王鲁民编著《中国古代木构建筑营造技术》（北京：中国建筑工业出版社，1993）

118 郭黛姮："Excellent Aseismatic Performance of Traditional Chinese Wood Buildings"（具有优异抗震性能的中国古代木构建筑），（日）Seventh International Conference on the History of Science in East Asia 会议论文，1993年。

119 张驭寰、郭湖生主编《中国古代建筑技术史》（北京：科学出版社，1985年）

120 朱光亚："探索江南明代大木作法的演进"，《南京工学院学报》，1983年第2期，1-19页。

121 吴庆洲《中国古代城市防洪研究》（北京：中国建筑工业出版社，1995年）

122 杨鸿勋《建筑考古学论文集》（北京：文物出版社，1987年）

123 李浈《中国传统建筑木作工具》（上海：同济大学出版社，2004年）

124 罗德胤、秦佑国："颐和园德和园大戏台声学特性测量与分析"，《建筑史论文集》，第13辑，2000年，133-138页。

125 赵辰："对中国木构传统的重新诠释"，《世界建筑》，2005年，第8期，37-39页。

126 张十庆："从建构思维看古代建筑结构的类型与演化"，《建筑师》，第126期，2007年4月，76-79页。

127 刘叙杰、傅熹年、郭黛姮、潘谷西、孙大章分别主编的五卷本《中国古代建筑史》（北京：中国建筑工业出版社，2001-2003年）

128 萧默主编《中国建筑艺术史》（北京：文物出版社，1999年）

129 Miller, Tracy, *The Divine Nature of Power: Chinese Ritual Architecture at the Sacred Site of Jinci* (Cambridge, MA: Harvard University Press, 2007)

130 笔者在给一位友人的信中说，史料工作"看似简单，甚至可能被讥为非历史，但我一直认为它对于学术研究极为根本，是目前中国研究生建筑史学方法论教育中需要十分强调的一个内容。如果全国所有大学每年不下百位的建筑历史研究生每一位都能把测绘一栋建筑、整理一套目录、搜集一件历史照片或文物、采访一位建筑师作为一项基础训练和实习，从现在做起，并由核心机构汇集、发表这些材料，则若干年后中国建筑史研究的整体必有极大改观。"

131 李国豪、喻维国主编《建苑拾英》（上海：同济大学出版社，1999 年）

132 朱永春："《营造法式》殿阁地盘分槽图新探"，《建筑师》，第 124 期，2006 年 12 月，79-82 页。

133 曹汛："姑苏城外寒山寺——一个建筑与文学的大错结"，《建筑师》，第 57 期，1994 年 4 月，40-49 页；"嵩岳寺塔建于唐代，建筑史上应该重写"，《建筑学报》，1996 年，第 6 期，40-45 页；"中国建筑史基础史学的史源学真谛"，《建筑师》，第 69 期，1996 年，63-68 页；"《营造法式》崇宁本——为纪念李诚《营造法式》刊行 900 周年而作"，《建筑师》，第 108 期，2004 年 4 月，100-105 页；"安阳修定寺塔的年代考证"，《建筑师》，第 116 期，2005 年 8 月，99-106 页；"期望修定寺——碑刻考证与建筑考古"，《建筑师》，第 117 期，2005 年 10 月，97-104 页；"修定寺建筑考古又三题"，《建筑师》，118 期，2005 年 8 月，99-106 页；"二龙塔考证和呼救"，《建筑师》，第 120 期，2006 年 4 月，96-100 页；"涿州云居寺塔的年代学考证"，《建筑师》，第 125 期，2007 年 2 月，97-102 页。

134 在最近了解到的地方建筑、乡土建筑以及少数民族建筑研究中，笔者感到尤其具有启发性的有：李乾朗《传统营造匠师派别之调查研究》，（台北：行政院文化建设委员会，1988 年），《台湾寺庙建筑大师——陈应彬传》（台北：地景企业股份有限公司，2005 年）；曹春平："客家土楼的夯筑技术"，《建筑史论文集》，第 14 辑，2001 年，134-139 页；张十庆："江南殿堂间架形制的地域特色"，《建筑史》，第 2 辑，2003，47-62 页；张玉瑜："大木怕安——传统大木作上架技艺"，《建筑师》，第 115 期，2005 年 6 月，78-81 页；杨立峰、莫天伟："仪式在中国传统民居营造中的意义——以滇南'一颗印'民居营造仪式为例"，《建筑师》，第 124 期，2006 年 12 月，88-91 页；宾慧中："白族传统合院民居营建口诀整理研究"，《第四届中国建筑史学国际研讨会论文集——全球视野下的中国建筑遗产》（上海：同济大学，2007 年），587-591 页。

135 郭湖生："关于中国古代城市史的谈话"，《建筑师》，第 70 期，1996 年 6 月，62-68 页；《中华古都：中国古代城市史论文集》（台北：空间出版社，1997 年）

136 Wu Hung, *Monumentality in Early Chinese Art and Architecture* (Redwood City, CA: Stanford University Press, 1995); *Remaking Beijing: Tiananmen Square and the Creation of a Political Space* (Chicago: University of Chicago Press, 2005)

137 Wang, Eugene, Y., "Back to the Future: The Qianlong Emperor's Retirement Garden on the Forbidden City." First International Symposium on Classical Chinese Gardens: Cultivating the Self and Nurturing the Heart, Columbia University, September 15-16, 2001.

138 郑岩、汪悦进《庵上坊》（北京：三联书店，2008 年）

4 亚洲视野下的中国建筑研究

　　2000 年出版的陈春生等所编《1900-1990 中国古建筑文献指南》一书将 20 世纪中国建筑史研究分"总论"、"建筑历史与理论"、"新石器时代建筑"、"都城"、"宫殿、宫室"、"陵墓"、"石阙"、"寺庙宫观"、"亭台楼阁"、"古塔"、"石幢"、"古桥"、"石窟"、"长城、关隘"、"园林"、"民居、府第"、"建筑装饰与家具"、"其他建筑"、"建筑技术"、"建筑材料与构建"、"古建筑保护与维修"、"古代建筑师与当代古建学者"等 22 类。该书对于中国建筑研究现状的概括可谓详尽，[1] 但其中并无中外建筑文化交流一类。刘敦桢和傅熹年等著名学者关于日本建筑与中国的关系的重要论述要么被列在"建筑历史与理论"下的"各代建筑历史"之内，要么被列于"总论"下的"各地古建筑综述"之内。这不仅反映出编者在当时所囿于的中国视野，也说明尽管已经有中国学者自觉地将视野扩展到亚洲，但这一努力尚未得到学界的充分重视。中国是东亚最大和历史最为悠久的国家，它对亚洲建筑有何贡献和影响？中国又与多个国家接壤，历史上还通过丝绸之路和远洋航行与南亚和西亚有着密切联系，这些联系对中国建筑的发展起到什么作用？亚洲建筑的历史和经验对中国建筑现代化的意义何在？作为亚洲一分子的中国对于建筑现代化的探索在世界现代建筑史中具有怎样的地位？亚洲视野下的中国建筑研究不仅关系到理解中国建筑的过去，而且关系到它发展的未来。

中国建筑史研究始于欧洲，但亚洲视野下的中国建筑史研究始于日本。除了解亚洲历史和文化这个总目的之外，日本学者还关注本国建筑与亚洲其他国家建筑的关系，目的是寻根和评价日本建筑地位。如伊东忠太为寻找法隆寺之源故到中国大陆进行考察，并对云冈石窟所表现的六朝建筑进行研究。[2] 他同时也试图论证唐文明不仅是中国文明的集大成，也是中亚、印度、希腊和罗马文明的继承者，而日本文化将本土神道教与唐文化相结合，因此代表了亚洲文化的精华，足以领导亚洲。[3] 大阪教育大学人类学名誉教授鸟越宪三郎（Kenzaburō Torigoe，1914-2007）寻找倭族之源而研究云南，发现日本传统神社入口的"鸟居"与弥生时代铜镜和铜钟上的高床家屋，以及神社本殿建筑屋脊的"千木"在当地都能找到实例。[4]

20 世纪早期以中国营造学社为代表的中国建筑史学者在视野上曾受到日本影响。如刘敦桢十分关注中国与亚洲建筑文化的关系。他曾发表"佛教对于中国建筑之影响"，[5] 并翻译和注释了日本学者滨田耕作（Kōsaku Hamada，1881-1938）所著的"法隆寺与汉、六朝建筑式样之关系"一文，[6] 1945 年还撰写了"中国之塔"。[7] 1959 年他又赴印度参观，回国后开设印度建筑史课，提出开展东方建筑研究的必要性。[8] 但此后受历史条件所限，刘敦桢的理想并未得到实现。直至 1980 年代中国改革开放之后，中国学者才又获得在亚洲视野之下研究中国建筑的可能。1990 年代刘的学生郭湖生再次提出东方建筑研究。[9]

日本学者出于对日本文化之源的探寻而对中国建筑研究，这同时也是有关中国对日本建筑之影响的研究。中国学者在这方面的研究有：傅熹年"福建的几座宋代建筑及其与日本镰仓'大佛样'建筑的关系"，张十庆"中日佛教转轮藏的源流与形制"、"宋代技术背景下的日本东大寺钟楼技术"等。[10]

其实在 20 世纪以前，中国建筑还对其他周边临国和地区产生过很大影响，其中包括韩国、琉球和越南。目前有关中韩建筑关系的研究有李华东的论文"韩国高丽时代木构建筑和《营造法式》的比较"和专著《朝鲜半岛古代建筑文化》,[11] 以及韩东洙、刘大平、董健菲、全汉宗等进行的一系列有关中韩建筑交流和比较的研究。[12]

台湾曾长期处于中原文化的边缘。台湾李乾朗、阎亚宁、张玉瑜等学者通过研究已经揭示出大陆漳(州)泉(州)地区建筑对台湾的影响。漳派的代表人物是陈应彬(1864-1944),泉派的代表人物是王益顺(1861-1931)。他们可以清楚地指出,台湾桃园、台中、彰化等地区建筑受到漳派与客家影响,新竹和鹿港则受泉派影响。[13]

从公元前 3 世纪晚期至 10 世纪前期越南所在土地大部分处于中国皇朝统治下,之后至 19 世纪的相当长时间里还是中国的朝贡国或藩属国。台湾大学艺术史研究所教授黄兰翔在 2008 年曾出版专著《越南传统聚落、宗教建筑与宫殿》,其中第二章"华人聚落在越南的深植与变迁"、第四章"中国临济宗佛教寺院在越南"和第十章"孔庙建筑配置在中国、越南与〔中国〕台湾的变迁"都直接涉及中国对越南建筑的影响。[14] 但相关研究在大陆尚属空白。

张十庆在专著《五山十刹图与南宋江南禅寺》的前言中引元代文学家杨维桢(1296-1370)"送僧归日本诗"中句:"我欲东夷访文献,归来中土校全经",说明研究亚洲其他国家和地区建筑的另一个目的是从域外寻找研究中国建筑的证据。由于现在中国现存古建筑最早的实物建于 8 世纪,研究更早的木构技术与造型特点只有借助墓葬、石刻、壁画,以及域外的实物。汉宝德《斗栱的起源与发展》曾比较尼泊尔庙宇与汉代门楼在造型、束腰式平座,甚至檐角装饰等方面的相似之处。[15] 而傅熹年在"日本飞鸟、奈良时期建筑中所反映出的中国南北朝、隋、唐建筑特点"一文中指出,法隆寺建造采用了 0.75 倍长的高丽尺(尺长 0.359m),这一长度是下层栱的断面高度,也即《营造法式》中规定的"材高"。通过分析这组世界上现存最早的东亚木构,傅将《营造法式》"以材为祖"原则出现的时间追溯到 7 世纪。同时傅还发现，日本飞鸟和奈良时期的建筑还与中国唐辽时期的建筑相似，都以柱高为一个扩大模数，如金堂上层脊檩之高为下层柱高的 4 倍，五重塔高是下层柱高的 10 倍。通过利用日本的遗构弥补了中国建筑史研究没有六朝到初唐木构建筑实物的缺憾。同时指出中国对日本建筑的影响不仅在于技术和形式，而且还在于设计方法。[16] 张十庆自己研究南宋江南禅寺就利用了当时日本僧人来华绘制名刹图纸和记录的资料。正如郭湖生在序言中所说，这些资料"不仅是研究南宋时期江浙一带建筑的宝贵资料，也是研究中日文化交流史、研究佛教禅宗伽蓝制度与清规、研究宋代家具小木作的宝贵史料。"[17]

在亚洲视野下研究中国建筑，除了揭示中国古代文明对亚洲的贡献之外，还是为了发现中国建筑中的外来影响。早期有关中国建筑中的外来影响的研究强调雕刻、装饰和建筑类型，如石柱、天禄辟邪、莲瓣、相轮、葱形尖拱、忍冬草和牡丹石榴花，以至琉璃工艺、佛寺、石窟寺和佛塔等。郭湖生开始注意到中国建筑在结构技术上受到外来影响。如他发现河南巩县地区的"锢窑"是平地用砖或土坯砌筑拱券，无须模架，券身倾斜，贴砌而成，与新疆吐鲁番土坯拱的斜砌法一样，与中亚的"阿以旺"式也属同一系统，甚至可以追溯到四五千年前的两河流域文明。[18] 萧默、王贵祥则注意到印度佛教建筑空间对中国建筑的影响。如译自印度的佛教净土宗《阿弥陀经》经文所描写的西方极乐世界在敦煌壁画中就有所表现。画中寺院建筑以殿堂楼观为中心，两侧向前凸显，中间联以廊庑的"凸"字形建筑平面布局，前为蓄有八功德水的七宝池。[19] 最近，台湾学者叶乃齐又指出台北板桥林家花园方鉴斋庭园中戏台和桥的布局与日本能剧剧场空间的相似性。[20]

常青的讨论更为广泛。如他所言："中国建筑与西域的关系并不止于印度，也不止于佛教。……西汉通西域以后，中国建筑开始发生的最显著的变化，首先在于起居方式及建筑空间方面。由南北朝至唐宋，西域'胡俗'垂足而坐渐渐流行，促使建筑室内空间加高，以致整体尺度规模都发生了变化。"[21] 他还认为："佛教的右旋礼拜仪轨，可能是使'金箱斗底槽'发展为佛殿平面与空间主要形式的原因之一。巨大的佛像，使殿堂空间向着前所未有的大尺度发展。殿阁中暗层的设置，也与安置巨大佛像有关；佛道帐和转轮藏则是应佛教要求新起的小木作。北朝曾实行的两端收小的梭柱，也可能与希腊、印度意匠有关，溯源于古希腊的'恩塔西斯柱'（entasis）。这种种变化，许多是从汉末至南北朝这段时间里开始的。此外，建筑彩画广泛采用的晕染画法，溯其源流也是与印度有关。……唐许嵩《建康实录》记梁大同三年（537）丹阳一乘寺寺门彩画即仿'天竺遗法'，用朱色和青绿晕染，名凹凸花。"[22]

　　除了雕刻、装饰、类型，以及建筑空间中的外来影响，最近美国学者梅晨曦还注意到印度建筑的设计方法在中国建筑中的体现。如她发现河北定兴县义慈惠石柱（569 年）柱顶平板下部莲纹图案的绘制采用了古代印度传统建筑学（Vastu Shastra）中的多圆作图法。她认为，嵩岳寺塔的 12 边形平面可以根据多圆作图法得出。她进一步尝试从这一角度去理解山西平顺县五代时期的建筑大云院（初名仙岩院）弥陀殿的斗栱分槽设计。[23]

　　在中国近现代建筑史研究中，外来影响，特别是日本影响更不容忽视。日本对中国的影响包括建筑学的学科概念、教育、都市计划、历史研究，以及建筑设计与技术等诸多方面。对此徐苏斌的两部专著《日本对中国城市与建筑的研究》和《近代中国建筑学的诞生》已有非常全面的介绍。[24] 而考察建筑史学史，我们还可以看出 20 世纪早期的中国建筑史研究不仅在材料上曾得益于日本学者的调查，而且其话语的形成也与日本不无关系。如林徽因在"论中国建筑之几个特征"一文就涉及伊东忠太讨论过的一些问题，尽管她的立论和论证都与伊东有别。此外，王敏颖和宣磊还注意到，20 世纪早期中国一些对西方现代建筑的介绍实际上参考了日本的文献。[25]

在亚洲的视野之下研究中国建筑，也是为了更有针对性地学习亚洲其他国家和地区的建筑智慧和经验。正如童寯在专著《日本近现代建筑》的前言中说："中日两国是一衣带水的邻邦，要世世代代友好下去。在现代建筑的创作中，我国能从日本得到很多启发。"[26]吴耀东的专著《日本现代建筑史》开篇也说："现在，从欧洲中心论的视点出发来研究现代建筑仍是普遍的，但亚洲现代建筑的发展有其自身的独特性。日本是在亚洲各国现代建筑的发展上走在前面的，其成长的经验与欧美各国相比无疑对中国现代建筑的研究和发展具有独特的启发性。"[27]

在亚洲视野之下研究中国建筑还包括超越国别，揭示中国建筑与某种文化圈的关联。如日本学者中尾佐助（Sasuke Nakao，1916-1993）就提出"照叶树林文化"的概念，以概括从喜马拉雅山南麓东经不丹、阿萨姆、缅甸、中国云南南部、泰国、老挝、越南北部、中国长江南岸直至日本西部这一辽阔地域文化的共通性，其中就包括干栏式建筑。[28]杨昌鸣《东南亚与中国西南少数民族建筑文化探析》一书的特点就是将中国西南与东南亚视为一个大的文化圈，进而综合考察其居住建筑、聚居环境和小乘佛教建筑。书中指出中国傣族佛教建筑所受的泰缅影响。[29]在近代建筑方面，日本学者藤森照信（Terunobu Fujimori，1946）研究了"外廊式"（Veranda Style）建筑在英属印度殖民地出现并在亚洲传播的历史，并将它称为"中国近代建筑的原点"。[30]这一思路还可以扩展到对于亚洲各国建筑现代化所面对的一些共同问题的研究，如殖民主义、民族主义、东西方文化的冲突与对话，以及地域主义。只有这样，一部有别于欧洲工业化国家建筑现代化历史、具有亚洲国家现代化特点的亚洲现代建筑史才会出现。

在21世纪，特别是在中国政府实行"一带一路"国家战略的今天，提倡亚洲视野，还意味着增进对亚洲文化的了解，这些文化不仅包括儒教和道教文化，也包括印度教、佛教、耆那教、伊斯兰教、神道教，以及基督教文化。只有这样中国学者才能更好地承担起一个世界大国对于保护和发展亚洲建筑文化义不容辞的责任，并掌握对于亚洲建筑历史、现状及未来展望的话语权。在这方面，中国学者已经出版了一些著作，除了上面已经提到的作者和书，还有萧默的《天竺建筑行记》（北京：三联书店，2007 年）、马国馨的《日本建筑论稿》（北京：中国建筑工业出版社，1999 年），以及单军与赵焱所译的《东方建筑》（Mario Bussagli 著）（北京：中国建筑工业出版社，2000 年）、路秉杰所译的《日本建筑史精要》（关野贞著）（上海：同济大学出版社，2012 年）等。但相比日本几代学者对亚洲建筑长达一个多世纪的跨学科调查和研究，以及一些日本学者的门生已经遍布亚洲各国的现状，中国学界已经取得的成果还十分有限。现在，海峡对岸的同行已经把他们研究和教学的视野扩展到岛外，如台湾大学黄兰翔教授开设了《东亚建筑史专题研究》《佛教与印度教建筑》、《亚洲建筑史》、《亚洲中的台湾建筑史》、《亚洲殖民地都市与建筑》、《韩国建筑史导论》等课，中原大学黄俊铭教授开设了《亚洲近代建筑与都市》一课。他们也为大陆的建筑学者们作出了榜样。

可喜的是，一些中国学者已经走出国界，参与亚洲建筑文化遗产的保护工作，并以此为契机，开始研究亚洲建筑。如1993 年，中国参加由柬埔寨王国政府和联合国教科文组织发起的"拯救吴哥古迹国际行动"，1998-2008 年，中国文物研究所（中国文化遗产研究院前身）组建了"中国政府援助柬埔寨吴哥古迹保护工作队"对周萨神庙（Chau Say Tevoda）进行了全面的保护修复。从 2010 年开始，工作队又开始对茶胶寺（Ta Keo）的保护修复工程。2013 年，工作队中年轻的中国建筑史家温玉清出版了专著《茶胶寺庙山建筑研究》（北京：文物出版社，2013）。该书是近代以来中国第一部由中国学者通过深入的实地考察撰写的亚洲历史建筑个案研究专著，堪称中国建筑史研究史上的一座新的里程碑。十分不幸，温玉清在 2014 年 6 月

3 日因病逝世，年仅 42 岁。他生前参与，身后由中国文化遗产研究院、中国政府援助吴哥古迹保护工作队、柬埔寨吴哥古迹保护与发展管理局，以及柬埔寨金边皇家艺术大学合作编撰的《柬埔寨吴哥古迹茶胶寺考古报告》由文物出版社也在 2015 年出版。

亚洲视野的中国建筑研究方兴未艾，中国学者任重道远。

注释

1　陈春生、张文辉、徐荣编著《1900-1990 中国古建筑文献指南》(北京：科学出版社，2000 年)。

2　徐苏斌《日本对中国城市与建筑的研究》(北京：中国水利水电出版社，1999 年)，55 页。

3　于水山："从伊东忠太的学术研究看中国建筑史基本叙事结构的成因"，王贵祥主编《中国建筑史论汇刊》，第 11 辑，2015 年 5 月，3-30 页。

4　鸟越宪三郎著，段晓明译《倭族之源》(昆明：云南人民出版社，1985 年)；张正军《文化寻根：日本学者之云南少数民族文化研究》(上海：上海交通大学出版社，2009 年)。

5　刘敦桢："佛教对于中国建筑之影响"，《科学》，第 13 卷第 4 期，1928 年；《刘敦桢全集 (一)》(北京：中国建筑工业出版社，2007 年)。

6　刘敦桢："法隆寺与汉、六朝建筑式样之关系并补注" (1931)，《刘敦桢全集 (一)》(北京：中国建筑工业出版社，2007 年)。

7　刘敦桢："中国之塔"，1945 年；《刘敦桢全集 (四)》(北京：中国建筑工业出版社，2007 年)。

8　郭湖生："我们为什么要研究东方建筑——《东方建筑研究》前言"，《建筑师》，47 期，1992 年 8 月，46-48 页。

9　同上。

10　傅熹年："福建的几座宋代建筑及其与日本镰仓"大佛样"建筑的关系"，《建筑学报》，1981 年 4 期，70-79 页；张十庆："中日佛教转轮藏的源流与形制"，《建筑史论文集》，11 辑，1999 年，60-71 页，"宋代技术背景下的日本东大寺钟楼技术"，《建筑史》，27 辑，2011 年 4 月，201-211 页。

11　李华东："韩国高利时代木构建筑和《营造法式》的比较"，《建筑史论文集》，12 辑，2000 年，

56-67 页；《朝鲜半岛古代建筑文化》(南京：东南大学出版社，2011 年)。

12　如董健菲、刘大平、韩东洙："韩国首尔景福宫勤政殿与沈阳故宫崇政殿审美表征方式解析"，《华中建筑》，2008 年第 1 期，148-152 页；董健菲、韩东洙："10 世纪末 12 世纪初宋与高丽使臣交流的驿馆建筑研究"，(韩) Journal of China Studies，2010 年 12 月，69-86 页；董健菲、全汉宗、韩东洙："清朝朝鲜使臣的北京使行参仪活动与皇家建筑印象"，(韩) Journal of China Studies，2011 年 12 月，126-141 页；董健菲、全汉宗、韩东洙："朝鲜使臣的北京使行参仪活动与皇家建筑印象 (康熙到道光年间)"，《华中建筑》，2012 年 1 月，145-152 页；韩东洙、朴哲万："关于京城府清国领事馆建筑的研究"，张复合主编《中国近代建筑研究与保护 (八)》(北京：清华大学出版社，2012 年)，347-351 页；董健菲、全汉宗、韩东洙："北京城内的朝鲜使馆建筑研究"，《华中建筑》，2013 年 1 月，171-176 页。

13　李乾朗《传统营造匠师派别之调查研究》(台北：行政院文化建设委员会，1988 年)，《台湾寺庙建筑大师——陈应彬传》(台北：地景企业股份有限公司，2005 年)；李乾朗、阎亚宁等《清末民初福建大木匠师王益顺所持营造资料重刊及清研究》(台：内政部，1996 年)；张玉瑜《福建传统大木匠师技艺研究》(南京：东南大学出版社，2010 年)。

14　黄兰翔《越南传统聚落、宗教建筑与宫殿》(台北：中研院亚太区域研究中心，2008 年)。

15　汉宝德《斗栱的起源与发展》(台北：境与象出版社，1982 年)，8-9 页。

16　傅熹年："日本飞鸟、奈良时期建筑中所反映出的中国南北朝、隋、唐建筑特点"，《文物》，1992 年

10 月；《傅熹年建筑史论文集》，北京：文物出版社，1998 年，147-167 页。

17 郭湖生："序"，张十庆《五山十刹图与南宋江南禅寺》（南京：东南大学出版社，2000 年）。

18 郭湖生："我们为什么要研究东方建筑——《东方建筑研究》前言"，《建筑师》，47 期，1992 年 8 月，46-48 页。

19 萧默《敦煌建筑研究》（北京：文物出版社，1989 年）；王贵祥《东西方的建筑空间》（天津：百花文艺出版社，2006 年）。

20 叶乃齐："板桥林本源花园空间之诗情与画意"，2014 台湾建筑史论坛 "人才技术与资讯的国际交流"，台北，2014 年 5 月 2-3 日。

21 萧默主编《中国建筑艺术史》（上）（北京：文物出版社，1999 年），294 页。

22 常青《西域文明与华夏建筑的变迁》（长沙：湖南教育出版社，1992 年）；萧默主编《中国建筑艺术史》（上），295 页。

23 Miller, Tracy, "Dayunyuan before Dayunyuan: the Design of Xianyanyuan's Amitabha Hall," Paper presented at the "Senior Academics Forum on Traditional Chinese Architectural History," Vanderbilt University, Nashville, July 23-25, 2015.

24 徐苏斌《日本对中国城市与建筑的研究》（北京：中国水利水电出版社，1999 年）、《近代中国建筑学的诞生》（天津：天津大学出版社，2010）。

25 Wang, Min-Ying, The Historicization of Chinese Architecture: The Making of Architectural Historiography in China, from the Late Nineteenth Century to 1953, Ph.D. dissertation, Columbia University, New York, 2009; 宣磊《近代上海大众媒体中的建筑讨论研究》（同济大学博士论文，2010 年）。

26 童寯《日本近现代建筑》（北京：中国建筑工业出版社，1983 年）。

27 吴耀东《日本现代建筑史》（天津：天津科学技术出版社，1997 年）。

28 中尾佐助《现代文明ふたつの源流　照叶树林文化・硬叶树林文化》（朝日新闻社出版局，1978 年）

29 杨昌鸣《东南亚与中国西南少数民族建筑文化探析》（天津：天津大学出版社，1992 年）。

30 藤森照信："外廊样式——中国近代建筑的原点"，汪坦主编《第四次中国近代建筑史研究讨论会论文集》（北京：中国建筑工业出版社，1993 年），21-30 页。

正文人名索引（斜体页码表示该人名出现于注释中）

参考文献

一、史料

《申报》，1924 年。

《中国建筑》，第 1~3 卷，1933~1935 年。

《中国营造学社汇刊》，第 1~7 卷，1930~1945 年。

"贵州巡抚庞鸿书奏乐嘉藻慨捐图书请奖给主事片"，《学部官报》，135 期，宣统二年
　九月（1910 年 10 月）

"苏州游程"，《旅行杂志》，第 1 卷，春季号，1927 年，17-18 页。

爱新觉罗・溥仪《我的前半生》，北京：群众出版社，1983 年。

陈春生、张文辉、徐荣编《中国古建筑文献指南（1900-1990）》，北京：科学出版社，
　2000 年。

陈独秀《陈独秀文章选编》，北京：三联书店，1984 年。

陈明达《陈明达古建筑与雕刻史论》，北京：文物出版社，1998 年。

陈受颐："十八世纪欧洲之中国园林"，《岭南学报》，第 2 卷第 1 期，1931 年 7 月，
　35-70 页。

杜仙洲，"义县奉国寺大雄殿调查报告"，《文物》，1961 年第 2 期，5-13 页。

耿云志主编《胡适遗稿及秘藏书信》，合肥：黄山书社，1994 年。

顾颉刚《中国上古史研究讲义》，北京：中华书局，1988 年。

［日］关野贞："满洲义县奉国寺大雄宝殿"，（日）《美术研究》，第 14 号，1933 年 2 月，
　37-48 页。

胡长风："记拙政园"，《同南》，第 6 期，1917 年，54-55 页。

胡儿："苏州"，《贡献》，第 3 卷第 3 期，1928 年 6 月，34-48 页。

胡石予："游拙政园记"，《新月》，第 1 卷第 2 期，1925 年 11 月，183 页。

胡适著，唐德刚译注《胡适口述自传》，台北：传记文学出版社，1981 年。

康有为《欧洲十一国游记》，长沙：湖南人民出版社，1980 年。

赖德霖主编，王浩娱、袁雪平、司春娟编《近代哲匠录——中国近代重要建筑师、建
　筑事务所名录》，北京：中国水利水电出版社、知识产权出版社，2006 年。

郎绍君、水中天编《二十世纪中国美术文选》，上海：上海书画出版社，1999 年。

李大钊："青年与农村",《晨报》,1919 年 2 月 20-23 日。

李希泌、张椒华编《中国古代藏书与近代图书馆史料(春秋至五四前后)》,北京：中华书局,1982 年。

黎宁《国际新建筑运动论》,重庆：中国新建筑社,1943 年。

黎宁《新建筑造型理论的基础》,重庆：中国新建筑社,1943 年。

梁从诫编《林徽因文集(建筑卷)》,天津：百花文艺出版社,1999 年。

梁启超："梁任公题识《营造法式》之墨宝",《中国营造学社汇刊》,第 2 卷第 3 册,1931 年 11 月。

梁启超："原拟中国文化史目录",《饮冰室合集·专集之四十九》,北京：中华书局,1996 年。

梁启超："致梁思成、林徽因信",1928 年 4 月 26 日,《梁启超著作选集》,第 21 卷,北京：北京出版社,1999 年,6291 页。

梁启超《梁启超全集》,第 3 卷第 2 册,北京：北京出版社,1999 年。

梁思成《梁思成文集(一～四)》,北京：中国建筑工业出版社,1982~1986 年。

梁思成《梁思成全集(一～十)》,北京：中国建筑工业出版社,2001~2007 年。

梁思成主编,刘致平编纂《建筑设计参考图集》,北平：中国营造学社,1935 年。

林克明："国际新建筑会议十周年纪念感言",《新建筑》(战时刊),1942 年 5 月。

林同济："大夫士与士大夫——国史上的两种人格型",重庆《大公报》1942 年 3 月 25 日。

刘敦桢《刘敦桢文集(一～四)》,北京：中国建筑工业出版社,1982~1992 年。

刘敦桢《刘敦桢全集(一～十)》,北京：中国建筑工业出版社,2007 年。

刘致平《中国建筑类型及结构》,北京：中国建筑工业出版社,1987 年。

卢绳："对于形式主义复古主义建筑理论的几点批评",《建筑学报》,1955 年第 3 期,13-23 页。

鲁迅："看镜有感",《语丝》(周刊),第 16 期,1925 年 3 月 2 日。

祁英涛："河北省新城县开善寺大殿",《文物参考资料》,1957 年第 10 期,23-29 页。

上海通社《旧上海史料汇编》,北京：北京图书馆出版社,1998 年。

滕固《中国美术小史》,上海：商务印书馆,1929 年。

童寯《江南园林志》,北京：中国工业出版社,1963 年。

童寯《童寯文集(一～四)》,北京：中国建筑工业出版社,2000~2006 年。

王国维《观堂集林》,北京：中华书局,1984 年。

伍联德《中国大观》,上海：良友图书印刷有限公司,1930 年。

徐志摩："我也'惑'——与徐悲鸿先生书",《美展汇刊》,1929 年。

[日]伊东忠太："日本伊东忠太博士讲演支那建筑之研究",《中国营造学社汇刊》,第 1 卷第 2 册,1930 年 12 月,1-11 页。

[日]伊东忠太著,陈清泉译补,梁思成校订《中国建筑史》,上海：商务印书馆出版,1937 年。

[日]伊东忠太《支那建筑史》,原载于东洋史讲座,第 11 卷,1931 年。

俞剑华编《中国美术家人名词典》,上海：上海人民美术出版社,1981 年。

乐嘉藻《中国建筑史》,杭州：作者自刊,1933 年；长春：吉林人民出版社,2013 年。

乐嘉藻："中国苑囿园林考",《美术丛刊》,1931 年,第 1 期。

乐嘉藻："中国建筑屋盖考",《河北第一博物院半月刊》,第 3-13 期,1931~1932 年。

乐嘉藻："中国塔考",《河北第一博物院半月刊》,第 30~53 期,1932~1933 年。

乐嘉藻："轩考"，《河北博物院画刊》，第 80、82、84 期，1935 年。

乐嘉藻："斗栱考"，《河北博物院画刊》，第 104、106、107、110、112 期，1936 年。

张镈《我的建筑创作道路》，北京：中国建筑工业出版社，1994 年。

周婉："拙政园旅行记"，《妇女杂志》，第 1 卷第 8 号，1915 年 8 月，4 页。

朱启钤著，崔勇、杨永生选编《营造论（暨朱启钤纪念文选）》，天津：天津大学出版社，2009 年。

Boerschmann, Ernst (Hamilton, Louis, trans), *Picturesque China: Architecture and Landscape, A Journey through Twelve Provinces*, New York: Brentano's, 1923.

Boerschmann, Ernst, *Baukunst und Landschaft in China: Eine Reise durch 12 Provinzen*, Berlin: Verlag Ernst Wasmuth, 1923.

Boerschmann, Ernst, *Chinesische Architektur*, Berlin: Verlag Ernst Wasmuth, 1925.

Chambers, William, *Designs of Chinese Buildings, Furniture, Dresses, Machines, and Utensils* (1757), New York: Benjamin Blom, Inc., 1968.

Curtis, Nathaniel Cortlandt, *Architectural Composition*, Cleveland: J. H. Jansen, first printing, 1923, Second printing, 1926, third printing, 1935.

Demiéville, Paul, "Edition photolithographique de la Méthode d'architecture de Li Ming-tchong des Song," *Bulletin de l'Ecole française d'Extrême-Orient*, Vol. 25, 1925, 213-264.

Edkins, Joseph, "Chinese Architecture," *Journal of the China Branch of the Royal Asiatic Society*, Vol. 24, 1890: 1-36.

Fairbank, Wilma, *Liang and Lin: Partners in Exploring China's Architectural Past*, Philadelphia: University of Pennsylvania Press, 1994.

Fergusson, James, *History of Indian and Eastern Architecture*, New York: Dodd, Mead & Company, 1891.

Fergusson, James, *The Illustrated Handbook of Architecture in All Ages and All Countries*, London: John Murray, 1859.

Fletcher, Banister, *A History of Architecture on the Comparative Method*, 6thed. London: B. T. Batsford Ltd., 1921; 5th ed., 1905.

Harbeson, John F., *The Study of Architectural Design*, New York: The Pencil Points Press, Inc., 1926.

Hussey, Harry, *My Pleasures and Palaces: An Informal Memoir of Forty Years in Modern China*, New York: Doableday & Company, 1968.

Liang, Ssu-ch'eng, *A Pictorial History of Chinese Architecture*, Cambridge, Mass.: MIT Press, 1984.

Murphy, H. K., "An Architectural Renaissance in China-The Utilization in Modern Public Buildings of the Great Styles of the Past," *Asia 28*, 1928: 468-74; 507-509.

O'Donneil, Thomas E., "The Ricker Manuscript Translations, I-IV: Gaudet's 'Elements and Theory of Architecture'，" *Pencil Points*, Vol. VII, Nov. 1926: 665-667; Vol. VIII. Mar., May., Aug., 1927: 157-161, 287-292, 477-482.

O'Donneil, Thomas E., "The Ricker Manuscript Translations, V: Viollet-Le-Duc's 'Rational Dictionary of French Architecture—From the Eleventh to the Sixteenth Century,' Volume I," *Pencil Points*, Vol. VIII, Oct. 1927, 609-613.

Pugin, Augustus Welby Northmore, *The True Principles of Pointed or Christian Architecture*, London, 1841; Cambridge: Cambridge University Press, 2014.

Ruskin, John, *Seven Lamps of Architecture*, London: 1849; New York: The Noonday Press, 1961.

Ruskin, John, *Stones of Venice*, London: 1851-1853; Newcastle upon Tyne: Cambridge Scholars Publishing, 2009.

Sirén, Osvald, *A History of Early Chinese Art,* London: Ernest Benn, Limited, 1930.

Viollet-Le-Duc, Eugène Emmanuel (Bucknall, Benjamin, trans.), *Discourses on Architecture,* Paris: 1860; Boston: Ticknor and Company, 1875.

Yetts, Walter Perceval, "A Chinese Treatise on Architecture"（英叶慈博士营造法式之评论）(From the Bulletin of the School of Oriental Studies, London Institute, Vol. IV, Part III, 1927, 473-492),《中国营造学社汇刊》，第 1 卷第 1 册，1930 年 7 月，1-2 页。

Yetts, Walter Perceval, "Writings on Chinese Architecture"（英叶慈博士论中国建筑）(Reprinted from The Burlington Magazine, March, 1927: 1-8),《中国营造学社汇刊》，第 1 卷第 1 册，1930 年 7 月，1-14 页。

业出版社，1994 年

Winckelmann, Johann Joachim (Gode, Alexander, trans). *History of Ancient Art,* New York: Frederick Ungar Publishing Co., 1968.

二、专书

陈其泰《中国史学史（近代时期）》，上海：上海人民出版社，2006 年。

陈越光、陈小雅编《摇篮与墓地》，成都：四川人民出版社，1985 年。

陈志华《中国造园艺术在欧洲的影响》，济南：山东画报出版社，2006 年。

董黎《中国教会大学建筑研究——中西文化的交汇与建筑形态的构成》，珠海：珠海出版社，1998 年。

冯纪忠《建筑人生——冯纪忠访谈录》，上海：上海科学技术出版社，2003 年。

傅朝卿《中国古典式样新建筑——20 世纪中国新建筑官制化的历史研究》，台北：南天书局，1993 年。

傅熹年《傅熹年建筑史论文集》，北京：文物出版社，1998 年。

耿云志《胡适新论》，长沙：湖南出版社，1996 年。

顾长声《传教士与近代中国》，上海：上海人民出版社，1981 年。

顾启良《上海老城厢风情录》，上海：上海远东出版社，1992 年

郭湖生《中华古都：中国古代城市史论文集》，台北：空间出版社，1997 年。

汉宝德《明清建筑二论》，台北：境与象出版社，1969 年。

汉宝德《斗拱的起源》，台北：境与象出版社，1973 年。

贺业钜《〈考工记〉营国制度研究》. 北京：中国建筑工业出版社，1985 年。

侯幼彬《中国建筑美学》. 哈尔滨：黑龙江科学技术出版社，1997 年。

胡海涛《建国初期对唯心主义的四次批判》，南昌：百花洲文艺出版社，2006 年。

R. G. 柯林武德著，何兆武、张文杰译《历史的观念》，北京：中国社会科学出版社，1986 年。

赖德霖《中国近代建筑史研究》，北京：清华大学出版社，2007 年。

雷海宗《从叔本华到尼采》，重庆：在创出版社，1944 年。

李开《戴震评传》，南京：南京大学出版社，2001 年。

李允鉌《华夏意匠》，香港：广角镜出版社，修订版，1984 年。

廖新田《清代碑学书法研究》，台北：台北市立美术馆，1993 年。

林语堂《吾国与吾民》，1935 年初版，北京：北京联合出办公司、群言出版社，2013 年。

林洙《叩开鲁班的大门——中国营造学社史略》，北京：中国建筑工业出版社，1995 年。

刘叙杰、傅熹年、郭黛姮、潘谷西、孙大章主编《中国古代建筑史》，1～5 卷，北京：中国建筑工业出版社，2009 年。

刘昭仁《戴学小记：戴震的生平与学术思想》，台北：秀威资讯科技股份有限公司，2009 年。

卢海鸣、杨新华主编《南京民国建筑》，南京：南京大学出版社，2001 年。

潘谷西主编《中国建筑史》，第 1~5 版，北京：中国建筑工业出版社，1982~2005 年。

潘谷西《曲阜孔庙建筑》，北京：中国建筑工业出版社，1994 年。

钱锋、伍江《中国现代建筑教育史》，北京：中国建筑工业出版社，2008 年。

斯舜威《百年画坛钩沉》，上海：东方出版中心，2008 年。

童明、杨永生《关于童寯》，北京：知识产权出版社，2002 年。

王贵祥《当代中国建筑史家十书——王贵祥建筑史论选集》，沈阳：辽宁美术出版社，2013 年。

王贵祥《承尘集（史说新语——建筑史学人随笔）》，北京：清华大学出版社，2014 年。

王军《城记》，北京：三联书店，2003 年。

王军《历史的峡口》，北京：中信出版集团股份有限公司，2015 年。

王煦华《〈秦汉的方士与儒生〉导读》，上海：上海古籍出版社，1998 年。

巫鸿《礼仪中的美术》，北京：三联书店，2005 年。

许纪霖《二十世纪中国思想史论》，上海：东方出版中心，2000 年。

徐苏斌《日本对中国城市与建筑的研究》，北京：中国水利水电出版社，1999 年。

杨鸿勋《宫殿考古通论》，北京：紫禁城出版社，2001 年。

杨慎初《中国书院文化与建筑》，武汉：湖北教育出版社，2002 年。

杨永生、明连生编著《建筑四杰：刘敦桢、童寯、梁思成、杨廷宝》，北京：中国建筑工业出版社，1998 年。

杨永生、王莉慧编《建筑百家谈古论今——图书篇》，北京：中国建筑工业出版社，2008 年。

杨永生、王莉慧编《建筑史解码人》，北京：中国建筑工业出版社，2006 年。

"中央研究院"近代史研究所编《近世中国经世思想研讨会论文集》，台北："中央研究院"近代史研究所，1984 年。

周维权《中国古典园林史》，北京：清华大学出版社，1990 年。

朱剑飞主编《中国建筑 60 年（1949-2009）：历史理论研究》，北京：中国建筑工业出版社，2009 年。

朱涛《梁思成与他的时代》，南宁：广西师范大学出版社，2014 年。

邹德侬《中国现代建筑史》, 天津 : 天津科学技术出版社, 2001 年。

Allsopp, Bruc, *The Study of Architectural History*, New York: Praeger Publishers, Inc., 1970.

Banham, Reyner, *Theory and Design in the First Machine Age,* New York: Frederick A. Praeger, Publishers, 1960.

Carr, Edward H., *What is History?* Cambridge: University of Cambridge, 1961.

Cody, Jeffrey W., *Building in China: Henry K. Murphy's 'Adaptive Architecture" 1914-1935*, Hong Kong & Seattle: The Chinese University Press, University of Washington Press, 2001.

Collins, Peter, *Changing Ideals in Modern Architecture, 1750-1950,* Montreal & Kingston: McGill-Queen's University Press, 2nd. ed., 1998.

Colquhoun, Alan, *Modernity and the Classical Tradition, Architectural Essays 1980-1987,* Cambridge: The MIT Press, 1989.

Duara, Prasenjit, *Rescuing History from the Nation,* Chicago: The University of Chicago Press, 1995.

Chafee, Richard, *The Teaching of Architecture at the Ecole des Beaux-Arts,* Drexler, Arthur, *The Architecture of Beaux-Arts,* New York: The Museum of Modern Art, 1977.

Drexler, Arthur, *The Architecture of the Ecole Des Beaux-Arts,* New York: The Museum of Modern Art, 1977.

Feng, Jiren (冯继仁), *Chinese Architecture and Metaphor: Song Culture in the Yingzao fashi Building Manual*, Honolulu: University of Hawai'i Press; Hong Kong: Hong Kong University Press, 2012.

Giedion, Sigfried, *Space, Time and Architecture: The Growth of A New Tradition,* Cambridge: Harvard University Press, 1st edition, 1941, 3th edition, 1954.

Gramsci, Antonio (Hoare, Quintin & Smith, Nowell eds. & trans.), *Selections from the Prison Notebook,* London: Lawrence and Wishart, London, 1971.

Hegel, Georg W. F. (Sibree, J., trans), *The Philosophy of History,* New York: Dover Publications, 1956.

Hitchcock, Henry-Russell, *Modern Architecture: Romanticism and Reintegration,* New York: Payson & Clarke Ltd., 1929; New York: Dacapo Press, 1993.

Hitchcock, Henry-Russell & Johnson, Philip, *The International Style: Architecture Since 1922,* New York: W. W. Norton & Company, Inc. 1932.

Inn, Henry Inn (阮勉初) & Lee, Shao Chang (李绍昌), *Chinese Houses and Gardens* (Honolulu: Fong Inn's Limited, 1940)

Kruft, Hanno-Walter (Taylor, Ronald, Callander, Elsie & Wood, Antony, trans.), *A History of Architectural Theory: from Vitruvius to the Present,* Zwemmer: Princeton Architectural Press, 1994.

Lee, Leo Ou-fan, *Shanghai Modern: The Flowering of a New Urban Culture in China, 1930-1945,* Cambridge: Harvard University Press, 1999.

Levenson, Joseph R., *Liang Chi-chao and the Mind of Modern China,*

Cambridge: Harvard University Press, 1953.

Lowe, David Garrard, *Art Deco New York,* New York: Watson-Guptill Publications, 2004.

Middleton, Robin, *The Beaux-Arts and Nineteenth-Century French Architecture,* Cambridge: The MIT Press, 1982.

Middleton, Robin & Watkin, David, *Neoclassical and 19th Century Architecture,* New York: Harry N. Abrams, Inc., Publishers, 1977.

Pevsner, Nikolaus, *The Sources of Modern Architecture and Design,* New York: Frederick A. Praeger, 1968.

Pfammatter, Ulrich, *The Making of the Modern Architect and Engineer: The Origins and Development of a Scientific and Industrially Oriented Education,* Boston: Birkhauser, 2000.

Rabinow, Paul, *French Modern: Norms and Forms of the Social Environment,* Cambridge: The MIT Press, 1989.

Rykwert, Joseph, *The Necessity of Artifice: Ideas in Architecture,* New York: Rizzoli International Publications, 1982.

Steinhardt, Nancy S., *Liao Architecture,* Honolulu: University of Hawai'I Press, 1997.

Strong, Ann, *The Book of the School: 100 Years, The Graduate School of Fine Arts of the University of Pennsylvania,* Philadelphia: University of Pennsylvania Press, 1990.

Su, Gin-djih (徐敬直), *Chinese Architecture: Past and Contemporary,* Hong Kong: The Sin Poh Amalgamated, Ltd., 1964.

Tang, Xiaobing, *Global Space and the Nationalist Discourse of Modernity: The Historical Thinking of Liang Qichao,* Stanford: Stanford University Press, 1996.

Ware, William R., *The American Vignola, A Guide to the Making of Classical Architecture,* New York: W. W. Norton & Company, 1977.

Watkin, David, *The Rise of Architectural History,* London: The Architectural Press, 1980.

Watkin, David, *Morality and Architecture Revisited,* Chicago: The University of Chicago Press, 1977, 2001.

Wright, Gwendolyn & Parks, Janet, eds., *The History of History in American Schools of Architecture, 1865-1975,* New York: The Temple Hoyne Buell Center for the Study of American Architecture, 1990.

Vischer, Robert; Fiedler, Conrad; Wolfflin, Heinrich; Goller, Adolf; Von Hildebrand, Adolf & Schmarsow, August (Mallgrave, Harry Francis & Ikonomou, Eleftherios Introduction & trans.),

Empathy, Form, and Space, Problems in German Aesthetics, 1873-1893 (Texts and Document Series), Santa Monica, CA: Getty Center for the History of Art and the Humanities, 1994.

Zevi, Bruno, *The Modern Language of Architecture,* Seattle: University of Washington Press, 1978.

三、论文

包慕萍："伊东忠太的建筑论与中国调查"，张复合主编《中国近代建筑研究与保护（八）》（北京：清华大学出版社，2012 年），705-717 页。

陈寒鸣："论近代中国无政府主义思潮"，2004 年 8 月 16 日，http：//www.xslx.com/htm/sxgc/sxsl/2004-08-16-17166.htm.

陈薇："天籁疑难辨，历史谁可分——疑难年代中国建筑史研究谈"，《建筑师》，第 69 期，1996 年 4 月，79-82 页。

陈植："意境高逸，才华横溢——悼念童寯同志"，《建筑师》，1983 年第 16 期，3-4 页。

[日] 村松伸："二十世纪初中国におけろ'中国建筑の复兴'と西洋人建筑家"，载稻垣荣三先生还历记念委员会编《建筑史论丛》，东京：中央公论美术出版社，1987 年，687-726 页。

戴念慈："从华揽洪的建筑理论和儿童医院设计谈到对'现代建筑'的看法"，《建筑学报》，1950 年第 10 期，65-73 页。

丁晓萍、温儒敏："'战国策派'的文化反思与重建构思"，许纪霖《二十世纪中国思想史论（下）》，上海：东方出版中心，2000 年，324-347 页。

窦武："中国造园艺术在欧洲的影响"，《建筑史论文集（三）》，北京：清华大学出版社，1979 年，104-166 页。

傅熹年："试论唐至明代官式建筑发展的脉络及其与地方传统的关系"，《文物》，1999 年第 10 期，81-93 页。

傅熹年："王希孟《千里江山图》中的北宋建筑"，《故宫博物院院刊》，1979 年第 2 期，50-61 页。

傅熹年："一代宗师，垂范后学——学习《梁思成文集》的体会"，"博大精深，高山仰止——学习《刘敦桢文集》的体会"，《傅熹年建筑史论文集》，北京：文物出版社，1998 年，437-439 页，440-442 页。

郭黛姮、张锦秋："苏州留园的建筑空间"，《建筑学报》，1963 年第 2 期，19-23 页。

蒋大椿："八十年来的中国马克思主义史学（一）"，《历史教学》，2000 年第 6 期，5-10 页。

赖德霖："'科学性'与'民族性'——近代中国的建筑价值观"，《建筑师》，1995 年 2 月、4 月，第 62、63 期，48-59、59-76 页。

赖德霖："梁思成建筑教育思想的形成及特色"，《建筑学报》，1996 年第 6 期，26-29 页。

赖德霖："中国现代建筑教育的先行者——江苏省立苏州工业专门学校建筑科"，杨鸿勋、刘托编《建筑历史与理论》，北京：中国建筑工业出版社，1997 年，71-77 页。

赖德霖："梁思成、林徽因中国建筑史写作表微"，《二十一世纪》，2001 年 4 月，90-99 页。

赖德霖："设计一座理想的中国风格的现代建筑——梁思成中国建筑史叙述与南京国立中央博物院辽宋风格设计再思"，《艺术史研究》，第 5 卷，2003 年，471-503 页。

赖德霖："梁思成'建筑可译论'之前的中国实践"，《建筑师》，137 期，2009 年 2 月，22-30 页。

赖德霖："文化观遭遇社会观：梁刘史学分歧与 20 世纪中国两种建筑观的冲突"，朱剑飞主编《中国建筑 60 年（1949-2009）：历史理论研究》，北京：中国建筑工业出版社，2009 年，246-263 页。

赖德霖："构图与要素：学院派来源与梁思成'文法-语汇'表述及中国现代建筑"，《建筑师》，第 142 期，2009 年 12 月，55-64 页。

赖德霖："社会科学、人文科学、技术科学的结合——中国建筑史研究方法初识，兼议中国营造学社研究方法'科学性'之所在"，东南大学建筑学院编著《刘敦桢先生诞辰 110 周年纪念暨中国建筑史学史研讨会论文集》，南京：东南大学出版社，2009 年，163-168 页。

赖德霖："鲍希曼对中国近代建筑之影响试论"，《建筑学报》，2011 年第 5 期，94-99 页。

赖德霖："梁思成《中国雕塑史》与喜龙仁"，《万象》，第 13 卷第 8 期，2011 年 8 月，1-25 页。

赖德霖："多重语境下的梁思成中国建筑史学思想研究管窥"，《Domus 中国》，第 59 期，2011 年 11 月，126-127 页。

赖德霖："二十八岁的林徽因与世界的对话"，《Domus 中国》，第 61 期，2012 年 1 月，108-115 页。

赖德霖："童寯的职业认知、自我认同和现代性追求"，《建筑师》，第 155 期，2012 年 2 月，31-44 页。

赖德霖："中国文人建筑传统现代复兴与发展之路上的王澍"，《建筑学报》，2012 年第 5 期，1-5 页。

赖德霖："从现代建筑'画意'话语的发展看王澍建筑"，《建筑学报》，2013 年第 4 期，80-90 页。

赖德霖："关联与差异：中国建筑的平面浪漫——林徽因'论中国建筑之几个特征'与伊东忠太《支那建筑史》"，《北京青年报》，2014 年 2 月 28 日。

赖德霖："亚洲视野下的中国建筑史研究"，《建筑学报》，2015 年第 11 期，15-17 页。

李传义："武汉大学校园初创规划及建筑"，《华中建筑》，1987 年第 2 期，68-73 页。

李海清、刘军："在艰难探索中走向成熟——原国立中央博物院建筑缘起及相关问题之分析"，《华中建筑》，第 19 卷第 6 期，2001 年 12 月，85-86 页；第 20 卷第 1、2 期，2002 年 2、4 月，87、99-103 页。

李华："从布杂的知识结构看'新'而'中'的建筑实践"，"'组合'与建筑知识制度化的构筑"，朱剑飞主编《中国建筑 60 年（1949-2009）：历史理论研究》，北京：中国建筑工业出版社，2009 年，33-45 页、236-245 页。

李军："古典主义、结构理性主义与诗性的逻辑——林徽因、梁思成早期建筑设计与思想的再检讨"，《中国建筑史论汇刊》，第 5 辑，2012 年，383-427 页。

李琼："林同济传略"，许纪霖、李琼编《天地之间——林同济文集》（上海：复旦大学出版社，2004 年），385-408 页。

刘涤宇："北宋东京的街市空间界面探析——以《清明上河图》为例"，《城市规划学刊》，2012 年第 3 期，111-119 页。

刘广京、周启荣："《皇朝经世文编》关于经世之学的理论"，《中央研究院近代史研究所集刊》，第 15 期，上册，1986 年，33-99 页。

卢毓骏："中国古代明堂建筑之研究"，卢毓骏《中国建筑史与营造法》（台北：中国文化学院建筑及都市计划学会，1971 年），109-140 页。

倪明、李海清："可贵的尝试——原中央博物院建筑缘起与历史评价"，《东南文化》，2001 年第 5 期，86-91 页。

潘谷西："《营造法式》初探（一～三）"，《南京工学院学报》，1984 年第 4 期，35-51 页；1981 年第 2 期，43-75 页；1985 年第 1 期，1-20 页。

彭长歆："现代主义与勷勤大学建筑工程学系"，张复合主编《中国近代建筑研究与保护（三）》，北京：清华大学出版社，2003 年，374-383 页。

钱锋："同济现代建筑思想的渊源与早期发展"，罗小未、李德华："原圣约翰大学的建筑工程系"，《时代建筑》，2004 年第 6 期，18-23、24-26 页。

邱博舜："中译导读"，威廉·钱伯斯（William Chambers）著，邱博舜译注《东方造园论》，台北：联经出版事业股份有限公司，2012 年，1-144 页。

田时纲："一切历史都是当代史——《克罗齐史学名著译丛》概论"，《哲学动态》，2005 年第 12 期，65-68 页。

童明："忆祖父童寯先生"，杨永生编《建筑百家回忆录》，北京：中国建筑工业出版社，2000 年，221-222 页。

王贵祥："贵驳《新京报》记者谬评"，王贵祥《承尘集（史说新语——建史学人随笔）》，北京：清华大学出版社，2014 年，97-109 页。

王军："建筑师林徽因的一九三二"，《中国建筑史论汇刊》，2014 年 10 月，第 10 辑，3-20 页。

王宁："'世界主义'及其之于中国的意义"，《南国学术》，2014 年第 3 期，28-43 页。

王强："中国古代名物学初论"，《扬州大学学报（人文社会科学版）》，2004 年，第 8 卷第 6 期，53-57 页。

王世仁："汉长安城南郊礼制建筑（大土门村遗址）原状的推测"，《考古》，1963 年第 3 期、1963 年 9 月，501-15 页

王世仁："关于刘敦桢遗稿'中国封建制度对古代建筑的影响'的说明和认识"，《古建园林技术》，2007 年第 4 期，8 页。

吴庆洲："宫阙、城阙及五凤楼的产生和发展演变"，《古建园林技术"，2006 年第 4 期，43-50 页。

夏铸九："营造学社—梁思成建筑史论述构造之理性分析"，《台湾社会研究季刊》，1990 年春季号，第 3 卷第 3 期，6-48 页。

萧默："五凤楼名实考——兼谈宫阙形制的历史演变"，《故宫博物院院刊》，1984 年第 1 期，76-86 页。

肖毅强、施亮："夏昌世的创作思想及其对岭南现代建筑的影响"，《时代建筑》，2007 年，32-37 页。

阎崇年："北京满族的百年沧桑"，《北京社会科学》，2002 年第 1 期，15-23 页。

于振生："北京王府建筑"，贺业钜等著《建筑历史研究》，北京：中国建筑工业出版社，1992 年，82-141 页。

于倬云："紫禁城始建经略与明代建筑考"，故宫博物院编《禁城营缮记》，北京：紫禁城出版社，1992 年，16-42 页。

张帆："乐嘉藻《中国建筑史》评述"，王贵祥主编《中国建筑史论汇刊》，第 4 辑，2011 年，337-68 页。

张驭寰："近年发现的朱启钤先生手稿——《中国营造学研究计画书》"，《建筑史论文集》，第 17 辑，2003 年 5 月，189-192 页。

赵辰："'民族主义'与'古典主义'——梁思成建筑理论体系的矛盾性与悲剧性之分析"，张复合主编《中国近代建筑研究与保护（二）》，北京：清华大学出版社，2001 年，77-86 页。

赵辰："从'建筑之树'到'文化之河'"，《建筑师》，2000 年第 93 期，92-95 页。

赵辰："中国建筑学术的先行者林徽因"，赵辰《立面的误会》，北京：三联书店，2007 年，46-83 页。

朱振通《童寯建筑实践历程探究（1931–1949）》，南京：东南大学硕士论文，2006 年。

Fanon, Frantz (Farrington, Constance, trans.) , "On National Culture" , *in The Wretched of the Earth* , New York: Grove Press, Inc, 1963: 145–180.

Kögel, Eduard, "Early German Research in Ancient Chinese Architecture (1900–1930)," *Berliner Chinahefte/Chinese History and Society*, Nr. 39, 2011: 81–91.

Lai, Delin, "Renewing, Remapping, and Redefining Guangzhou, 1910s – 1930s," Purtle, Jennifer & Thomsen, Hans Bjarne, eds., *Looking Modern: East Asian Visual Culture from Treaty Ports to World War II*, Chicago: Center for the Art of East Asia, University of Chicago and Art Media Resources, Inc., 2009, 140–171.

Lai, Delin, "Architecture, Historiography of, Since 1800," "Architecture, History of." David Pong, Editor in Chief, *Encyclopedia of Modern China*, Detroit: Gale Cengage Learning, 2009, Vol. I, 57–59; 59–62.

Lai, Delin, "Liang Sicheng and the Historiography of Chinese Architecture," Foreword to *Chinese Architecture Art and* Artifacts (by Liang Sicheng), Beijing: Foreign Language Teaching and Research Press, 2014, vii–xxiv.

Li, Shiqiao (李士桥) , "Writing a Modern Chinese Architectural History: Liang Sicheng and Liang Qichao", *Journal of Architectural Education*, Vol. 56, No. 1, Sep., 2002: 35–45.

Rowe, Colin, "Review: Forms and Functions of Twentieth Century Architecture," *Art Bulletin*, 1953, Vol. 35, No.1: 169–174.

Steinhardt, Nancy Shatzman, "The Tang Architectural Icon and the Politics of Chinese Architectural History," *Art Bulletin* 86, June 2004, No.2, 228–254.

后　　记

本书的缘起要从一次尴尬的经历说起。1997年秋我进入芝加哥大学美术史系博士学程巫鸿教授的门下，开始了新一番"接受再教育"的过程。原本以为有了北京清华大学建筑历史与理论的博士学位，我的学习和研究会相对轻松，但完全出乎我的预想，所有课程对我来说几乎都是全新的体验。而我遭遇的最大挫折竟发生在第二学期所修的"现代建筑史学史"（Historiography of Modern Architecture）一课。——我是带着在国内学习西方建筑史的经验，以复习现代建筑史中的大师、作品、风格，以及社会背景的期待去上课的，所以面对任课的教师——我的副导师泰勒（Katherine Fischer Taylor）教授——不断就写作方面的问题提问时便顿感失语，完全不知从何说起。看到泰勒老师失望的表情，自己当时的感受只有"无地自容"一词可以形容。直至她告诉我建筑的history关乎历史的过去，而historiography关乎历史的文本，我这才恍然大悟。在国内学习时导师汪坦先生曾经讲过"话语世界"是主客观二元世界之间的"第三世界"，而同一教研室的老师陈志华教授也经常希望中国建筑史的教学能有史论方面的训练。但是这些内容在我先前受过的教育中都不曾存在。至此我终于懂得，historiography关注的对象就是话语，Historiography of Modern Architecture就是现代建筑史方面的史论课。

我庆幸自己能有机会补上建筑历史学习中这非常重要的一课。虽然我并不认为经过一个学期自己就可以全面了解西方现代建筑的史学史，但我依然欢喜，因为通过这门课的学习，我获得了认识中国建筑史学的一个新视角。第二学年我为"美术史方法论"（Methodology of Art History）一课所写的论文"梁思成、林徽因中国建筑史写作表微"（初刊于香港《二十一世纪》，第64期，2001年4月，本书第二章）就是自己第一次通过这个视角在中国近代建筑史研究方面获得的新知。此前阅读梁、林著作仅仅是"知其然"，此时我终于可以领略他们的"所以然"。以此为起点，10余年来我又对两位前辈的写作和实践做了更多分析，并将这一思路扩展到对于乐嘉藻、朱启钤、刘敦桢和童寯等另外几位中国建筑史学奠基人历史写作的析读。

2012年夏天，我与中国建筑工业出版社签署了出版一部中国建筑史学史专著的合同，但当年年底一项更大的出版计划使我不得不推迟这项工作。直至2014年春我在台北 Academia Sinica 访研时发现，拙著书讯已经被录入其图书馆检索系统，自己这才意识到必须加紧杀青，以示对于学术承诺的信守。

在本书即将问世之际，我衷心感谢泰勒教授对我的宽容和启蒙，这还不包括在我通过资格考试之后，她戴着墨镜——一种因偏头疼发作而惧光的表现——又如约到办公室为我讲解回答中可以改进之处。我还要再次感谢导师巫鸿教授长期的关怀、指导与鼓励，这还不包括那句几乎令我落泪的话——在经历了五年的学习之后，我向他报告，自己将要开始研究一个新的课题——南京中央博物院设计与梁思成中国建筑史叙述的关系，正准备回国调查时，他说："德霖，你现在会提问题了。"

作为中国建筑史学史研究的一名后继者，我尤其要向开辟了这一话语场的台湾建筑家汉宝德、夏铸九教授表示敬意。而在研究过程中，刘叙杰先生曾接受过我的采访；童文、童明昆仲曾向我展示过童寯前辈的画稿与诗作。我还分享了许多师友在中国建筑史学史或中国学术史相关研究方面的成果或心得，他们中有王军、赵辰、徐苏斌、李华、李军、李士桥、王贵祥、郭黛姮、高亦兰、陈薇、夏南悉（Nancy S. Steinhardt）、包慕萍、朱永春、林伟正、朱涛、王敏颖、于水山、邱博舜、冯仕达、朱剑飞、Cary Liu、诸葛净、沈旸、丁垚，以及洪再新、朱渊清、李清泉、郑岩、苏荣誉、刘巍和李恭忠等。此外，我还曾得到过 Elizabeth Grossman、Swati Chattopadhyay、罗圣庄、张十庆、徐怡涛等教授对本书一些篇章提出的极具启发性的修改意见。南京城市建设档案馆的周建民馆长和程桂红女士为我查阅并在论文中引用中央博物院设计图纸给予了大力支持。《建筑学报》、《建筑师》、《二十一世纪》、《Domus 中国》，以及美国《建筑史家学会会刊》（Journal of the Society of Architectural Historians）等学刊对拙文的录用则使我的研究在最终成书之前有更多机会得到学界的反馈。李严和姚颖两位学友不辞辛劳，慷慨承担了全书清样的校对工作。中国建筑工业出版社王莉慧副总编辑和徐冉、李鸽等编辑在出版过程中所付出的辛劳更是本书质量的保证。所有一切帮助、切磋，甚至砥砺，都令我心存感念。

从大学一年级开始我就有幸认识了林洙老师，并由此与梁思成、林徽因先生的著作结缘。在她身上我看到的不仅是她对梁、林二前辈，以及他们事业的敬与爱，还有她本人对于真、善和美的执著。而她，还有陈志华先生以及侯幼彬先生多年来对我本人的关爱与支持，曾经，也将永远是我追寻前辈心路历程，探秘中国建筑史和建筑史学史的鞭策。

孔子门生端木赐（子贡）在评论老师时说："譬之宫墙，赐之墙也及肩，窥见室家之好。夫子之墙数仞，不得其门而入，不见宗庙之美，百官之富。得其门者或寡矣。夫子之云，不亦宜乎！"（《论语·子张》）小子微甚，焉敢比附宫墙？然倘有读者可借拙著而得一瞥，由之去透视中国建筑史和建筑史学"宗庙之美"与"百官之富"，吾愿足矣！

2015 年 6 月 10 日初稿于南京
2015 年 11 月 25 日补充于路易维尔

图书在版编目（CIP）数据

中国近代思想史与建筑史学史／赖德霖著．—北京：
中国建筑工业出版社，2012.11（2021.3 重印）
ISBN 978-7-112-14675-8

Ⅰ.①中…　Ⅱ.①赖…　Ⅲ.①建筑史－史学史－研究－
中国－近代　Ⅳ.① TU-092

中国版本图书馆 CIP 数据核字（2012）第 218269 号

责任编辑：徐　冉　黄　翊
书籍设计：付金红
责任校对：李欣慰　张　颖

中国近代思想史与建筑史学史

赖德霖　著

*

中国建筑工业出版社出版、发行（北京海淀三里河路9号）
各地新华书店、建筑书店经销
北京雅盈中佳图文设计公司制版
北京富诚彩色印刷有限公司印刷

*

开本：787 毫米 ×1092 毫米　1/16　印张：19　字数：271 千字
2016 年 1 月第一版　2021 年 3 月第二次印刷
定价：76.00 元
ISBN 978-7-112-14675-8
　　　（36968）